Wirtschaftsführertum und Vertragsethik im neuen Aktienrecht

Anregungen zum Neubau des deutschen Aktienrechts auf Grund einer vergleichenden Darstellung des deutschen und nordamerikanischen Aktienrechts

Von

DR. JUR. JOHANNES C. D. ZAHN
S. J. D. (HARVARD)

BERLIN UND LEIPZIG 1934
WALTER DE GRUYTER & CO.
VORMALS G. J. GÖSCHEN'SCHE VERLAGSHANDLUNG - J. GUTTENTAG, VERLAGSBUCHHANDLUNG - GEORG REIMER - KARL J. TRÜBNER - VEIT & COMP.

Archiv-Nr. 24 31 34

Druck von Walter de Gruyter & Co. Berlin W 10

Vorwort.

Die vorliegende Arbeit ist aus dem Wunsch heraus entstanden, rechtswissenschaftliche und wirtschaftspolitische Unterlagen für eine Reform unseres Aktienrechts oder für die Schaffung einer neuen deutschen Unternehmungsform zusammenzutragen. Aus der Beschäftigung mit diesen sind eine Anzahl von Gedanken entstanden, die unmittelbar für die Diskussion der Reform von Bedeutung sein können. Ich habe mich darauf beschränkt, diese Gedanken in ihren Grundzügen niederzulegen, und habe absichtlich davon abgesehen, endgültig formulierte Reformvorschläge zu machen.

Grundlage der juristischen Arbeit ist die vergleichende Darstellung des deutschen und des nordamerikanischen Aktienrechts. Ich habe das anglo-amerikanische Aktienrecht deshalb zum Vergleich herangezogen, weil es im Rahmen eines in seinen Grundlagen germanischen Rechts gewachsen ist, welches weder das römische Recht rezipiert hat noch von französischen und italienischen Vorbildern wesentlich beeinflußt ist. Aus diesem Grunde vermag es für die Reformarbeit besonders wertvolle Anregungen zu geben. Die vergleichende Darstellung ist für alle Gebiete durchgeführt, auch für diejenigen, aus denen im Augenblick ein unmittelbarer Gewinn für die Arbeit an unserer Rechtsreform nicht zu erwarten ist. Hierher rechnet insbesondere die ultra vires- Lehre (S. 54—74). Derjenige Leser, der auf eine vollständige Übersicht über die Struktur des amerikanischen Aktienrechts kein Gewicht legt und dem es nur auf die für die Aktienrechtsreform wichtigen Fragen ankommt, mag daher auf das Studium dieser recht verwickelten Materie verzichten.

In der Arbeit ist weiterhin der Versuch unternommen, die weltanschaulichen Fundamente und wirtschaftspolitischen Gründe für die Ausgestaltung des geltenden deutschen und amerikanischen Rechts darzustellen. Ich habe mich bemüht, aus den gewonnenen Erkenntnissen Wege für die Fortentwicklung unserer Unternehmungsformen auf der Grundlage der nationalsozialistischen Weltanschauung zu suchen und ihre juristische Gestaltung zu erörtern.

Der Ausschuß für Aktienrecht in der Akademie für deutsches Recht hat an mich die Aufforderung gerichtet, ihm im Laufe der von ihm veranstalteten Enquète meine Anregungen für die deutsche Aktienrechtsreform vorzutragen. Ich danke dem Ausschuß auch an dieser Stelle für den ehrenvollen Auftrag.

Die verwendete ausländische Literatur wurde mir während meiner Tätigkeit als Hilfsarbeiter am Seminar für vergleichendes Privatrecht der Harvard University in Cambridge Mass. von der Harvard Law School und später von dem Institut für ausländisches und internationales Privatrecht in Berlin zur Verfügung gestellt. Beiden Instituten sei an dieser Stelle gedankt.

Berlin, den 1. Januar 1934.

Johannes C. D. Zahn.

Inhaltsangabe.

Anhang

(In deutscher und englischer Sprache.)

Verzeichnis des Schrifttums.

I.

Quellen in deutscher Sprache.

Alexander, Die Sonderrechte der Aktionäre. Berlin 1892.

Anwaltsverein, deutscher, Antworten auf die Fragen des Reichsjustizministers zur Reform des Aktienrechts. Leipzig 1929.

Bachmann, Die Sonderrechte des Aktionärs mit besonderer Berücksichtigung des deutschen und schweizerischen Rechts. Zürich 1902.

Bernicken, Das Bezugsrecht des Aktionärs in rechtlicher und banktechnischer Hinsicht. Berlin 1928.

Bondi, Die Rechte der Aktionäre. Berlin 1930.

Bondi-Winkler, Die aktienrechtlichen und steuerrechtlichen Änderungen durch die neuen Notverordnungen. Berlin 1932.

Brodmann, Aktienrecht. Berlin 1928.

Brodmann, Besprechung des Kommentars von Liebmann zum Gesetze betr. die Gesellschaften m. b. H. Gruchot Bd. 66 S. 119.

Brodmann, Die Sanierung unseres Aktienwesens. Berlin 1931.

Curti, Die englische Aktiengesellschaft nach neuem Recht. Berlin 1929.

Deutscher Juristentag, Bericht der durch den 34. deutschen Juristentag zur Prüfung einer Reform des Aktienrechts eingesetzten Kommission. Mannheim 1928.

Dölle, Theoretische Jurisprudenz in Nordamerika. Gruchot Bd. 68 S. 492.

Düringer-Hachenburg, Handelsgesetzbuch. 3. Auflage. Mannheim 1930ff.

Egger, Das Dividendenbezugsrecht des Aktionärs. Berlin 1929.

Feine, Die Gesellschaft mit beschränkter Haftung. Handbuch des gesamten Handelsrechts. Hrsg. von Ehrenberg. 3. Band Abteilung 3. Leipzig 1929.

Fischer, Die Aktiengesellschaft. Handbuch des gesamten Handelsrechts. Hrsg. von Ehrenberg. 3. Band Abteilung 1. Leipzig 1916.

Flechtheim-Wolff-Schmulewitz, Die Satzungen der deutschen Aktiengesellschaften. Mannheim 1929.

Frank-Fahle, Die Stimmrechtsaktie. Berlin 1923.

Friedländer, Aktienrecht. Handkommentar. Stuttgart 1932.

Friedländer, Konzernrecht. Mannheim 1927.

Gadow, Die Sonderrechte der Körperschaftsmitglieder. Gruchot Bd. 66 S. 514.

Geldart, Grundzüge des englischen Rechts. Übersetzt von A. Werth Regendanz. Berlin 1929.

Geiler, Die wirtschaftsrechtliche Methode im Gesellschaftsrecht. Gruchot Bd. 68 S. 593.

Gieseke, Vorzugsaktien mit mehrfachem Stimmrecht. Gruchot Bd. 66 S. 1.
Gieseke, Soll bei einer künftigen Reform des Aktienrechts eine Annäherung an das englisch-amerikanische Recht stattfinden? DJZ. 1926 S. 1292.
Goldmann, Kommentar zum Handelsgesetzbuch. Berlin 1901—1906.
Goldschmit, Das neue Aktienrecht. Handkommentar. München 1932.
Goldschmit, Das Recht des Aufsichtsrats der Aktiengesellschaft, der Kommanditgesellschaft auf Aktien, der Gesellschaft mit beschränkter Haftung. Berlin 1922.
Grützmann, Bemerkungen über Nichtigkeiten nach Aktienrecht. Archiv für die zivilistische Praxis Bd. 122 S. 52.
Hallstein, Die Aktienrechte der Gegenwart. Berlin 1931.
Haußmann, Vom Aktienwesen und vom Aktienrecht. Mannheim 1928.
Heilbrunn, Zur Reform des Aktienrechts. Berlin 1930.
Herzfelder, Stimmrecht und Interessenkollision bei den Personenverbänden des deutschen Reichsprivatrechts. München 1927.
Hoffmannsthal, Grenzen des Minderheitenschutzes im Aktienrecht. Referat erstattet auf dem Kongreß für vergleichende Rechtswissenschaft im Haag 1932. Wien 1932.
Homburger, Neugestaltung des Aktienrechts. Berlin 1931.
Horrwitz, Schutz und Vorratsaktien. Berlin 1926.
Hueck, Die Sittenwidrigkeit von Generalversammlungsbeschlüssen der Aktiengesellschaften und die Rechtsprechung des Reichsgerichts. In: Die Reichsgerichtspraxis im deutschen Rechtsleben. Band 4 Seite 167. Berlin 1929.
Keßler, Die neueste Gesetzgebung und Rechtsprechung auf dem Gebiet des nordamerikanischen Aktienrechts. Zeitschrift für ausländisches und internationales Privatrecht 1932. Seite 926.
Koch, Gesellschaftsformen des englischen Rechts. Gruchot Bd. 68 S. 619.
Könige-Teichmann-Köhler, Handausgabe des Handelsgesetzbuchs. 3. Auflage. Mannheim 1932.
Lehmann, Julius, Soll bei einer zukünftigen Reform des Aktienrechts eine Annäherung an das englisch-amerikanische Recht in grundlegenden Fragen stattfinden? Gutachten, erstattet auf dem 34. deutschen Juristentag. Verhandlungen des Kölner deutschen Juristentags Band 1 Seite 258. 1926.
Lehmann-Hirsch, Verordnung über Aktienrecht vom 19. September 1931. 2. Auflage. Mannheim 1932.
Lehmann, Karl, Das Recht der Aktiengesellschaft. Berlin 1898, 1904.
Ludewig, Hauptprobleme der Reform des Aktienrechts. Marburg 1928.
Marx, Die Bedeutung der Interessenkollision für das Aktienstimmrecht und die Rechtsgültigkeit von Generalversammlungsbeschlüssen. Heidelberg. 1927.
Meyerowitz, Das Recht der Aktionäre auf gleichmäßige Behandlung. Berlin 1932.
Mez, Das Recht der amerikanischen Aktiengesellschaften (stock corporations). Marburg 1913.
Molitor, Die Bestellung zum Vorstandsmitglied einer Aktiengesellschaft, ihre Voraussetzungen und Folgen. Leipzig 1927.
Müller-Erzbach, Umgestaltung der Aktiengesellschaft zur Kerngesellschaft verantwortungsvoller Großaktionäre. Berlin 1929.

Müller-Erzbach, Die Entartung des deutschen Aktienwesens seit der Inflationszeit. Tübingen 1926.
Müller-Erzbach, Handelsrecht. 2./3. Auflage. Tübingen 1928.
von Nell-Breuning, Aktienreform und Moral. Berlin 1930.
Netter, Die aktienrechtliche Auskunftspflicht. Berlin 1928.
Netter, Probleme des lebenden Aktienrechts. Berlin 1929.
Netter, Zur aktienrechtlichen Theorie des »Unternehmens an sich«. Berlin und Leipzig 1932.
Nord, Die Rechte des Aktionärs und die Folgen ihrer Verletzung. Berlin 1925.
Nußbaum, Aktionär und Verwaltung. Berlin 1928.
Passow, Die Aktiengesellschaft. Eine wirtschaftswissenschaftliche Studie. 2. Auflage. Jena 1922.
Pinner, Die Minderheitsrechte der Aktionäre und das Reichsgericht. JW. 1916 Seite 988.
Planitz, Die Stimmrechtsaktie: Ein Beitrag zur Reform des Aktienrechts. Leipzig 1922.
Rathenau, Vom Aktienwesen. Berlin 1922.
von Rauchhaupt, Kodifiziertes und nicht kodifiziertes Recht in Europa und Amerika. Gruchot Bd. 70 S. 218.
Renaud, Das Recht der Aktiengesellschaften. 2. Auflage. Leipzig 1875.
Ring-Schachian, Die Praxis der Aktiengesellschaft. Berlin 1929.
Ritter, Kommentar zum Handelsgesetzbuch. 2. Auflage. Berlin 1932.
Rosendorff, Das neue deutsche Aktienrecht unter besonderer Berücksichtigung seiner Auswirkungen auf die Praxis des Aktienwesens. 2. Auflage des Werkes: Was müssen die Aktionäre und die Verwaltung vom neuen Aktienrecht wissen? Berlin-Wien 1932.
Ruth, Eintritt und Austritt von Mitgliedern. Eine Studie zum Körperschaftsrecht. Zeitschrift für Handelsrecht Band 88 Seite 454.
Schlegelberger, Probleme des Aktienrechts. Leipzig 1926.
Schlegelberger-Quassowski-Schmölder, Verordnung über Aktienrecht. Berlin 1932.
Schmalenbach, Finanzierungen. 4. Auflage. Leipzig 1929.
Schmey, Aktie und Aktionär im Recht der Vereinigten Staaten mit besonderer Berücksichtigung der Trustbildung. Marburg 1930.
Schmulewitz, Die Verwaltungsaktie, Herrschafts- und Vorratsaktie. Ihre rechtlichen und wirtschaftlichen Grundlagen. Berlin 1927.
Schneider, Die Aktie nach englischem, amerikanischem und französischem Recht. Dissertation Marburg 1930.
Seckel, Die Rechtsnatur der Beteiligungsakte bei der Gründung einer Aktiengesellschaft. Frankfurt 1914.
Simon, Firmen als Mitglieder des Aufsichtsrats von Aktiengesellschaften. LZ. 1908 Seite 1.
Solmssen, Probleme des Aktienrechts unter besonderer Berücksichtigung der Entwicklung in den Vereinigten Staaten. 2. Auflage. Berlin 1928.
Solmssen, Reformbestrebungen zum Aktienrecht. In: Ergänzungsband zur 4. Auflage des Handwörterbuchs der Staatswissenschaften. Hrsg. von Elster u. a.
Sombart, Die Zukunft des Kapitalismus. Berlin 1932.
Sontag, Die Aktiengesellschaft im Kampf zwischen Macht und Recht. Berlin 1918.

Stammler, Unbestimmtheit des Rechtssubjekts. Sonderabdruck aus der Festschrift der juristischen Fakultät der Universität Gießen zur 3. Jahrhundertfeier. 1907.

Staub-Koenige-Pinner-Bondi (Staub-Pinner), Kommentar zum Handelsgesetzbuch. 12./13. Auflage. Mit Nachtrag, enthaltend die Vorschriften der Verordnung über Aktienrecht vom 19. September 1931. Berlin 1926 und 1932.

Stern, Der Grundsatz der gleichmäßigen Behandlung der Gesellschaften und der Ausschluß des Aktionärbezugsrechts. Soest 1925.

Ullmann, Die Veräußerung des Vermögens einer Aktiengesellschaft. Leipzig 1915.

Verhandlungen und Berichte des Enquêteausschusses zur Untersuchung der Erzeugungs- und Absatzbedingungen der deutschen Wirtschaft. I. Unterausschuß, 3. Arbeitsgruppe: Wandlungen in den wirtschaftlichen Organisationsfragen. Erster Teil: Wandlungen in den Rechtsformen der Einzelunternehmungen und Konzerne. Berlin 1928. Dritter Teil: Wandlungen in der aktienrechtlichen Gestaltung der Einzelunternehmungen und Konzerne. Generalbericht. 1930.

Vossen, Die Handelsgesellschaften der wichtigsten Kulturstaaten in rechtsvergleichender Darstellung. Zürich 1910.

Wenck, Die Einberufung der Generalversammlungen. Marburg 1914.

Wussow, Grundauffassungen im englischen Aktienrecht. Gruchot Bd. 71 Seite 32.

Wolff, Neue Methoden der Rechtsvergleichung an der Columbia Universität JW. 1932 Seite 563.

Zahn, Die treuhänderische Übertragung und Verwaltung von Körperschaftsrechten, insbesondere von Aktien, Kuxen und G.m.b.H.-Anteilen. Heft 18 der Bonner rechtswissenschaftlichen Abhandlungen, Bonn 1931.

Zahn, Kapitalgesellschaften, Wirtschaftsführertum und Staat, Deutsches Recht 1933, S. 228.

II.

Quellen in englischer Sprache.

Ballantine, H. W., Questions of Policy in Drafting a Modern Corporation Law. 19 California Law Review 465, 482.

Ballantine, H. W., Problems in Drafting a Modern Corporation Law. 17 American Bar Association Journal 579.

Berle, A. A., Cases and Materials in the Law of Corporation Finance. St. Paul 1930.

Berle, A. A., Studies in the Law of Corporation Finance. Chicago 1928.

Berle, A. A., Noncumulative Preferred Stock. 23 Columbia Law Review 360.

Canfield, G. F. and Wormser, J. M., Cases and other Materials on Private Corporations. Indianapolis 1932.

Clark, W. M. L., Handbook of the Law of Private Corporations. (3rd edition). St. Paul 1916.

Cooley, R. W., Handbook of the Law of Municipal Corporations. St. Paul 1914.

Cushing, H. A., Liability of the Inactive Corporate Director. 8 Columbia Law Review 18.

Dewing, A. S., The financial Policy of Corporations. New York 1926.
Dodd, D. L., Stock Watering. The Judicial Valutation of Property for Stock Issue Purposes. New York 1930.
Dodd, E. M. jr., Dissenting Stockholders and Amendments to Corporate Charters. 75 University of Pensylvania Law Review 585, 723.
Dodd, E. M. jr., Dogma and Practice of the Law of Associations. 42 Harvard Law Review 977.
Dodd, E. M. jr., Partnership Liability of Stockholders in Defective Corporations. 40 Harvard Law Review 521.
Dwight, F., Liability of Corporate Directors. 17 Yale Law Journal 33.
Dwight, F., The Right of Stockholders to New Stock. 18 Yale Law Journal 101.
Fain, Limitations on the Statutory Power of Majority Stockholders to Dissolve a Corporation. 25 Harvard Law Review 676.
Fletscher, W. M., Cyclopedia of the Law of Private Corporations. Band 1—7: Chicago 1931. Band 8ff.: Chicago 1919.
Frey, A. H., Shareholders' Preemptive Rights. 38 Yale Law Journal 563.
Hills, G. S., Consolidation of Corporations by Sale of Assets and Distribution of Shares. 19 California Law Review 349.
Kühn, A. K., A Comparative Study of the Law of Corporations with particular Reference to the Protection of Creditors and Shareholders.
Lattin, N. D., The Minority Stockholder and Intercorporate Conflict. 17 Iowa Law Review 313.
Lattin, N. D., Remedies of Dissenting Stockholders under Appraisal Statutes. 45 Harvard Law Review 233.
Lattin, N. D., Equitable Limitations on Statutory or Charter Powers given to Majority Stockholders. 30 Michigan Law Review 646.
Levy, Purchase of Corporation of its own Stock. 15 Minnesota Law Review 1.
Levy, Rights of Dissenting Shareholders to Appraisal and Payment. 15 Cornell Law Quarterly 420.
Lorenzen, E. G., Conflict of Laws of Germany. 39 Yale Law Journal 804. 40 Yale Law Journal 401.
Lynch, M. C., Diligence of Directors in Management of Corporations. 3 California Law Review 21.
Mead, E. S., Corporation Finance. New York. 1926.
Moody's Manual of Investments, Industrial Section. New York 1929.
Morawetz, V., Preemptive Rights of Shareholders. 42 Harvard Law Review 186.
Parker, J. B. and Smith, J. B. R., The Corporation Manual. (33rd edition). New York 1932.
Rhodes, Personal Liability of Directors for Corporate Mismanagement. 65 Pensylvania Law Review 128.
Richards, H. S., Cases on Private Corporations. St. Paul 1924.
Ripley, W. Z., Main Street and Wall Street. Boston 1929.
Robinson, Dissenting Shareholders. 32 Columbia Law Review 60.
Sears, J. H., The new Place of the Stockholder. Boston 1929.
Seligmann, E., Broader legal Aspects of Customer Stock Ownership. 50 Reports of American Bar Association 851.
Sparger, Profits, Surplus and the Payment of Dividends. 8 North Carolina Law Review 14.

Spellmann, H. H., A Treatise on the Principles of Law governing Corporate Directors. New York 1931.

Stern, H., The Limitations of the Power of State under a Reserved Right to Amend or Repeal Charters of Incorporation. 53 American Law Review 1.

Stevens, W. H. S., Stockholders Voting Rights and the Centralisation of Voting Power. Quarterly Journal of Economics 1926. 352.

Warren, E. H., Select Cases and other Authorities on the Law of Private Corporations. Cambridge 1929. Hierzu: E. M. Dodd, Supplemental Cases on Corporations for Use with Warren's Cases on Corporations.

Warren, E. H., Voluntary Transfers of Corporate Undertakings. 30 Harvard Law Review 335. 358.

Weiner, Payment of Dissenting Stockholders. 27 Columbia Law Review 547.

Weiner, Theory of Anglo-American Dividend Law. 28 Columbia Law Review 1046. 29 Columbia Law Review 461, 906. 30 Columbia Law Review 954.

Wood, The Status of Management Stockholders. 38 Yale Law Journal 57.

Wormser, J. M., The Power of a Corporation to Acquire its own Stock. 17 Yale Law Journal 177.

Einleitung.

Eine Arbeit rechtsvergleichenden Inhalts kann niemals Selbstzweck sein. Soll sie einen tieferen Sinn haben, so muß sie unter irgend einem höheren Gesichtspunkt stehen und auf ein bestimmtes Ziel hinstreben. Auf manchen Rechtsgebieten kann dieses Ziel schon in der Angleichung des Rechts der verschiedenen Staaten liegen; ein schönes Beispiel dieser Art ist das am 7. Juni 1930 in Genf geschlossene Abkommen über das Wechselrecht (RGBl. 1933 Teil II, S. 377). Weiter bietet die Rechtsvergleichung mannigfache Anregung bei der Anwendung und Auslegung geltenden Rechts. Sie erweitert den Gesichtskreis bei der Erörterung von Reformbestrebungen und gibt Fingerzeige für den Praktiker bei der Suche nach rechtlichen Möglichkeiten für die Befriedigung neu auftauchender wirtschaftlicher Bedürfnisse [1]). Die Rechtsvergleichung bietet aber nicht nur positive Anregungen. Vielfach wird sie auch der Rechtsprechung, dem Gesetzgeber und dem beratenden Praktiker den Blick dafür schärfen, ob und inwieweit im eigenen Lande einer bestimmten im Kreise des Vergleichsrechts beobachteten Rechtsentwicklung entgegenzutreten ist.

Soll die Rechtsvergleichung für irgendeinen dieser Zwecke fruchtbar sein, so darf sie sich nicht damit begnügen, die entsprechenden Rechtsgedanken und Rechtssätze der bearbeiteten Rechte

[1]) Der praktische Wert eines im wesentlichen feststellenden Eindringens in fremde Rechte soll nicht bestritten werden. Besonders interessant sind in diesem Zusammenhang die Bemühungen deutscher und amerikanischer Anwälte bei der Ausgabe deutscher Anleihen in Amerika. Die Anleihen wurden meist in Deutschland ausgegeben; die in der Regel hypothekarische Sicherung mußte nach deutschem Recht (lex rei sitae) erfolgen. Auf der anderen Seite mußten aber die Anleihen dem amerikanischen Käufer dadurch mundgerecht gemacht werden, daß die Bedingungen und Sicherheiten in möglichst weitgehendem Maße denen der amerikanischen Anleihen, die er zu kaufen gewohnt war, entsprachen. Besonders bei den ersten, nach der Inflation in Amerika aufgelegten Anleihen (1924) hatte die Emission mit großen psychologischen Schwierigkeiten zu kämpfen und mußte daher in besonders hohem Maße auf diese Gesichtspunkte Bedacht nehmen.

nebeneinander darzustellen. Vielmehr muß sie von vornherein bemüht sein, den Stoff unter einem dem jeweiligen Vergleichszweck entsprechenden Gesichtswinkel zusammenzustellen und die für ihn wertvollen Gedanken herauszuarbeiten.

Bei einer vergleichenden Darstellung des deutschen und amerikanischen Aktienrechtes steht der Gedanke an eine deutsche Aktienrechtsreform im Vordergrund. Diese wird schon seit geraumer Zeit lebhaft erörtert. Der Sieg der nationalen Revolution hat dieser Erörterung neuen Auftrieb und zum Teil eine andere Richtung gegeben; es ist selbstverständlich, daß dieser Erörterung eine verstärkte Arbeit an der Neugestaltung folgen wird.

Dabei wird zunächst einmal die Einordnung der Einzelunternehmung in den nationalen Wirtschaftsorganismus, d. h. das Verhältnis des Privatunternehmens zum Staat eine Neuordnung erfahren. Diese Aufgabe ist mehr eine politische als eine juristische. Außerdem wird sich das Verhältnis von Unternehmung zu Unternehmung oder, besser gesagt, das von Unternehmer zu Unternehmer umgestalten. Beide Probleme gehen über den Rahmen dieser Untersuchung hinaus. Schließlich werden sich beim Aufbau jeder Einzelunternehmung neue Formen herausbilden. Der Arbeit an dieser Neuentwicklung durch Rechtsvergleichung vorzuarbeiten, ist die Aufgabe der vorliegenden Untersuchung. Sie wird im einzelnen zu zeigen versuchen, in welchem Punkte und unter welchen Voraussetzungen ein Neugestalter unseres Aktienrechts gerade auf der Grundlage der sich neubildenden nationalen und sozialen Rechts- und Wirtschaftsanschauungen aus einem Studium des amerikanischen Gesellschaftsrechts Anregungen schöpfen kann.

Lebensvolle Rechtsinstitutionen entstehen nicht von heute auf morgen durch die Tätigkeit des menschlichen Verstandes. Vielmehr erwachsen sie allmählich auf volklicher Grundlage, jeweils der seelischen Eigenart eines Volkes entsprechend. Bewußt oder auch unbewußt drängt das im Volke herrschende Lebensgefühl die Rechtsentwicklung in eine Bahn, die seiner Lebensauffassung entspricht.

Infolgedessen ist ein fremdes Recht nur dann wirklich zu verstehen, wenn man gleichzeitig das Volkstum und die geistige Mentalität untersucht, auf dem es erwachsen ist. Auf der anderen Seite muß man, ehe man die Übernahme eines in einem fremden Rechte gefundenen Rechtsgedankens in das eigene Recht empfiehlt, prüfen, ob er auch dem eigenen Volkstum entspricht. Gegebenenfalls wird er unter Berücksichtigung der Verschiedenheit umzugestalten sein.

Als Einführung zu der vorliegenden Arbeit muß für den deutschen Leser kurz auf die volklichen Grundlagen des amerikanischen Wirtschafts- und Gesellschaftsrechtes eingegangen werden. Beide Rechtsgebiete sind in hohem Maße vom Volkscharakter und der geistigen Mentalität ihres Ursprungslandes abhängig. Daher kann eine Betrachtung unter rein juristischen Gesichtspunkten dem amerikanischen Wirtschaftsleben und Wirtschaftsrecht nicht gerecht werden. Sie sind nur verständlich, wenn man von den weltanschaulichen Grundlagen des amerikanischen Volkslebens seinen Ausgangspunkt nimmt.

Das Recht der amerikanischen Wirtschaftsunternehmungen, insbesondere das der Gesellschaften, ist herausgewachsen aus der Vorstellung des amerikanischen Volkes vom Unternehmer. Zum größten Teil unbewußt, zum Teil aber auch bewußt hat die amerikanische Welt einen Unternehmertypus herausgebildet, dessen Gestalt selbst für Nichtamerikaner gefühlsmäßig erfaßbar ist. In der Wirklichkeit mag es vielleicht diesen amerikanischen Unternehmer selten geben. Darauf kommt es jedoch nicht an. Als Idee ist er auf jeden Fall so lebendig und stark, daß er weltanschaulich für das amerikanische Bewußtsein und dadurch auch für das Recht von richtunggebender Bedeutung geworden ist.

Wenn wir an einen amerikanischen Unternehmer denken, dann fallen uns Namen ein wie Rockefeller, Ford, Carnegie, Woolworth und Edison. Beim bloßen Gedanken an diese Männer weiß jeder, was mit einem »amerikanischen Unternehmer« gemeint ist. Versuchen wir zunächst klarzustellen, welche geistigen Entwicklungsfaktoren den amerikanischen Unternehmertypus hervorgebracht haben. Es sind dies im wesentlichen zwei: der erste ist der sog. Pioniergedanke. Er knüpft an die ersten Zeiten der Besiedelung des nordamerikanischen Kontinents an, in denen der wagemutige Einwanderer, allein mit den Seinen, kärglich mit dem Notdürftigsten ausgerüstet, westwärts zog, um der Wildnis und dem roten Mann einen Streifen Landes abzugewinnen. Nur ein eiserner Wille, der die eigenen Kräfte und die Kräfte der Seinen zwang, sich restlos der Idee des Eroberns und Schaffens unterzuordnen, war imstande, mit Erfolg alles einzusetzen, um alles zu gewinnen. Die Pioniergestalten aus der Vergangenheit sind im heutigen Amerika noch sehr lebendig, und der Pioniergedanke wird bewußt auf allen Lebensgebieten gepflegt und vom einzelnen als ideale Richtschnur empfunden.

Die zweite Wurzel der amerikanischen Welt- und Wirtschaftsauffassung ist der liberale Individualismus. Es braucht nur wieder an die oben erwähnten amerikanischen Wirtschaftsführer erinnert zu werden, um dies verständlich zu machen. Sie sind die Vertreter eines bis in die letzten Folgerungen entwickelten Wirtschaftsliberalismusses, der als höchstes Ziel die möglichst ungehinderte Selbstentfaltung eines jeden Einzelnen erstrebte und weitgehend erreicht hat. Dieser Wirtschaftsliberalismus stellt es theoretisch einzig und allein auf die Leistungsfähigkeit des Einzelnen ab, und gewährt vom Staat aus jedem größtmögliche Freiheit und Entfaltungsmöglichkeit. Gleichzeitig billigt er die unbegrenzte Selbstsucht und den hemmungslosesten Wettbewerb. Der letztere ist sogar durch die zahlreichen Gesetze zur Sicherung der »free competition« zu einem sittlichen Prinzip erhoben. Hand in Hand mit dem Wirtschaftsliberalismus hat sich naturgemäß eine materialistische Weltanschauung ausgebreitet, in der schließlich jeder Einzelne das gesamte Volks- und Wirtschaftsleben nur unter dem Gesichtspunkt des materiellen Erfolges sieht. Das wirtschaftliche Wohlergehen des Einzelnen, der Erfolg des Gewinnstrebens wird als höchstes vollwertiges Lebensziel anerkannt. Das gilt nicht nur für die besitzende Klasse und die »Kapitalisten« im engeren Sinne. Vielmehr ist sich das gesamte amerkanische Volk in dieser Beziehung einig. Auch die Arbeiter und Bauern billigen die auf dem liberalen Individualismus aufgebaute Wirtschaftsordnung, die theoretisch jedem die gleichen Möglichkeiten bietet [1]).

Wenn man das deutsche und das amerikanische Gesellschaftsrecht in ihrer Gesamtheit nebeneinander stellt, ergibt sich, daß die beiden Rechte in ihrem tiefsten Wesen verschieden sind. Abweichungen in Einzelheiten gehen, wie die Darstellung der Einzelgebiete zeigen wird, fast stets auf den Unterschied in den Grundlagen zurück. Es erscheint daher zweckmäßig, vorweg herauszustellen, worin sich im tiefsten Grunde das deutsche und das amerikanische Gesellschaftsrecht unterscheiden. Die geistige Durchdringung dieses Wesensunterschiedes ist eine wesentliche Voraussetzung zum Verständnis der Einzelgebiete und zugleich die Quelle für eine fruchtbare Verwertung rechtsvergleichender Untersuchungen im Rahmen der Arbeit an der deutschen Aktienrechtsreform. Als rechtliches Resultat wird diese Untersuchung zwei Dinge zeigen: Erstens eine grundlegend andersartige Auffassung des Verhältnisses

[1]) Es sei gleich an dieser Stelle klargestellt, daß keineswegs beabsichtigt ist, den Wert verschiedener Weltanschauungen gegeneinander abzuwägen. Es sollen hier nur zur Erlangung rechtsvergleichender Erkenntnisse die verschiedenen Lebensanschauungen mit der praktischen Lebensgestaltung ihrer Träger in Beziehung gesetzt werden.

des Unternehmers zum Unternehmen, d. h. vom Direktor zur Gesellschaft bzw. zu den Aktionären, und zweitens eine gleichfalls vom deutschen Recht stark abweichende Auffassung des Verhältnisses der Aktionäre untereinander.

Wenn man den oben geschilderten Gehalt der amerikanischen Wirtschaftsauffassung und Mentalität einmal philosophisch betrachtet, könnte man sagen: Die amerikanische Unternehmung ist nicht um ihrer selbst oder um der Aktionäre willen, sondern um des Unternehmers willen da. In der Rechtsform der corporation kann sich der Unternehmergedanke leichter und außerdem in Ausmaßen auswirken, die dem Einzelkaufmann wegen der Natur der Sache nicht mehr zugänglich sind. Weil nun im Sinne der amerikanischen Auffassung der Unternehmer und nicht die Unternehmung im Vordergrund steht, ist auch innerhalb der corporation das Schwergewicht von der Gesellschaft, d. h. den Aktionären, zu den Direktoren verlegt. Die Amerikaner haben mit ihrem außerordentlich sicheren Blick für die Notwendigkeiten der Praxis den wirtschaftlichen Unternehmungen diejenige rechtliche Ausgestaltung gegeben, die im Sinne der amerikanischen Weltanschauung dem tüchtigen Menschen die besten Entfaltungsmöglichkeiten bietet. Sie haben dabei richtig erkannt, daß es im gewerblichen Leben entscheidend auf die führende Einzelpersönlichkeit ankommt und daß man mit der Zersplitterung der Leitung den Keim der Schwäche in ein Unternehmen hineinlegt. Die corporations sind daher in Amerika nicht wie in Deutschland der Herrschaft einer vielköpfigen Generalversammlung wechselnder Aktionäre unterworfen. Die Herrschaft über das Unternehmen liegt vielmehr grundsätzlich fest in der Hand der Direktoren. Sind sie einmal gewählt, so sind sie für die Dauer ihrer Amtszeit unabsetzbar und in der Geschäftspolitik nicht an Weisungen der Generalversammlungen gebunden.

Bei dieser großen Machtfülle amerikanischer Direktoren muß die Stellung der Aktionäre innerhalb der Gesellschaft notwendig schwach sein. Das Stimmrecht, welches doch die Grundlage der Stellung eines deutschen Aktionärs ist, hat im amerikanischen Gesellschaftsrecht eine viel geringere Bedeutung. Dies kommt besonders darin zum Ausdruck, daß das amerikanische Recht stimmlose Aktien zuläßt, was im deutschen Recht eine Unmöglichkeit wäre. In Amerika überwiegt sogar die Zahl der stimmlosen Aktien die Zahl der stimmberechtigten (vgl. S. 101 f.). Aber auch die gesellschaftlichen Rechte der stimmberechtigten Aktionäre sind viel geringer als in Deutschland. Dieser Umstand wird jedoch vom

Publikum nicht als nachteilig empfunden und zwar aus folgendem psychologischen Grunde, der mit dem Unternehmergedanken zusammenhängt: Unternehmertum heißt Wirtschaftsführertum. Dieses ist, ebenso wie jedes andere Führertum aufgebaut auf dem Vertrauen der Geführten. Im Aktienwesen gilt dies um so uneingeschränkter, als ein Aktionär sich (durch den Erwerb von Aktien) einer Führung, von Sonderfällen abgesehen, stets freiwillig unterwirft. Auch für den deutschen Aktionär ist die Beteiligung eine Vertrauensangelegenheit. Und doch liegt in dem Vertrauensmoment der ausschlaggebende Unterschied. Der Deutsche kauft I.G.Farben-Aktien, Stahlvereins- oder Lloyd-Aktien, weil er zu dem betreffenden Unternehmen Vertrauen hat. Der Amerikaner dagegen investiert sein Geld in eine bestimmte Leitung, von der er besondere Leistungen erwartet. Er beteiligt sich nicht an einem Unternehmen, sondern stellt sein Geld einem Unternehmer zur Verfügung, weil er annimmt, daß gerade dieser für ihn am erfolgreichsten damit arbeiten wird. Es handelt sich wohlverstanden um eine freiwillige Gefolgschaft aus privatwirtschaftlichen Zweckmäßigkeitserwägungen. Ist man sich hierüber einmal klar, so erscheint es gar nicht sonderbar, daß der Amerikaner als Aktionär gerne auf den persönlichen Einfluß in der Gesellschaft verzichtet.

Die Grundauffassung des deutschen Rechts über das Verhältnis vom Unternehmer zur Unternehmung, d. h. vom Direktor zur Gesellschaft bzw. zu den Aktionären, ist von der amerikanischen sehr verschieden. Für deutsche Begriffe steht nicht der Unternehmer im Vordergrunde, sondern die Unternehmung. Wenn man die vielen Bestimmungen des HGB. zum Schutze der Aktionäre und der Gläubiger durchliest, so gewinnt man den gefühlsmäßigen Eindruck: Dieses Wirtschaftsgebilde lebt für die Aktionäre und Gläubiger. Der Vorstand ist Mittel zum Zweck. In den wesentlichen Entscheidungen ist er von anderen Instanzen abhängig gemacht. Die großzügige, selbstverantwortliche Entfaltungsmöglichkeit der Einzelpersönlichkeit ist eingeengt, ausgebaut ist dagegen der Schutz der Aktionäre, der Gläubiger und der Unternehmung an sich gegen unlauteres Verhalten des Vorstandes oder der Gründer. Dies allerdings mit dem Erfolg, daß Fälle offenbarer Mißwirtschaft zum Nachteil derselben seltener sind als anderswo.

Dieser Grundauffassung entspricht auch die psychologische Einstellung der deutschen Aktionäre. Wie oben bereits angedeutet, haben sie nicht das Gefühl, ihr Geld einem bestimmten Unternehmer anzuvertrauen, sondern es in einer bestimmten Unternehmung anzulegen. Deshalb gehen sie auch von dem Gedanken aus, daß die Kapitalbeteiligung das Maß des Einflusses jedes Einzelnen bestimmen müsse. Die Praxis hat hier in vielen Fällen zwar ein anderes Bild geschaffen, psychologisch ist jedoch diese Einstellung immer noch die Grundlage der deutschen Aktionärmentalität.

Bei der vorliegenden rechtsvergleichenden Arbeit müssen wir also im Auge behalten, daß das deutsche Recht von der Unternehmung, das amerikanische von dem Unternehmer ausgeht. Dadurch werden mannigfache Verschiedenheiten ohne weiteres verständlich, die, wenn man diesen Zusammenhang unberücksichtigt läßt, unerklärlich bleiben würden.

Bei der Verwendung amerikanischer Rechtsgedanken bei der Rechtsreform gewinnt dieser Unterschied eine große Bedeutung. Der Verfasser setzt als selbstverständlich voraus, daß die Neuordnung unseres Wirtschaftslebens bei einer Neugestaltung der gewerblichen Unternehmungsformen die verantwortungsbewußte sittliche Einzelpersönlichkeit, erzogen und geleitet von ständischer Disziplin, d. h. den Wirtschaftsführer im modernen Sinne, zum Ausgangspunkt ihrer Aufbauarbeit nehmen wird. Es wird dazu nötig sein, den Boden der alten Aktiengesellschaft, d. h. die sog. »Demokratie des Kapitals« zu verlassen und einen neuen Wesensinhalt der deutschen Unternehmung zu schaffen. Hierbei wird der amerikanische Unternehmergedanke weitgehend herangezogen werden können. Im amerikanischen Gesellschaftsrecht ist das Führerprinzip, das letzten Endes eine der wesentlichsten Grundlagen des Erfolges der amerikanischen Wirtschaftskönige gewesen ist, voll und ganz anerkannt; es beruht allerdings auf gänzlich anderen Grundlagen, als der vom deutschen Nationalsozialismus herausgearbeitete Führergedanke. Immerhin ist daran festzuhalten, daß es in seiner praktischen Ausgestaltung in vielen Punkten auf dasselbe herauskommt.

Die Neuordnung unseres Aktienrechts wird auch eine Umgestaltung der Beziehungen von Aktionär zu Aktionär bringen müssen. Früher waren die einzelnen Unternehmungen noch kleiner, und die Aktien befanden sich meist in Händen einer verhältnismäßig kleinen Anzahl von Personen, die wegen ihrer räumlichen Beziehung zum Betrieb der Gesellschaft die Aktien erwarben. Mit dem Wachsen der Unternehmungen hat sich die Zahl der Aktionäre der einzelnen Gesellschaft immer mehr vermehrt. Durch die Verbreitung der Aktien einer einzelnen Gesellschaft über das ganze Land und die leichte Übertragbarkeit derselben sind die Aktionäre ein unfaßbarer, wechselnder Personenkreis geworden, dessen einzige Beziehung zueinander die Beteiligung an derselben Gesellschaft ist.

Psychologisch hat sich das sowohl in Deutschland als in Amerika dahin ausgewirkt, daß das Interesse des Einzelnen mehr dem Kurs und der Dividende seiner Aktien als dem Unternehmen an sich gilt. Ein Interesse für den Mitaktionär ist erst recht nicht vorhanden. In Deutschland wird diese Entwicklung von der Rechtsordnung noch begünstigt. Die deutsche Aktiengesellschaft ist eine Körperschaft des Privatrechts. Zwischen den Aktionären inter sese bestehen keine vertraglichen Beziehungen [1]). Dementsprechend geht das Reichsgericht in feststehender Rechtsprechung davon aus, daß Handlungen, die ein Aktionär in seiner Eigenschaft als Aktionär, z. B. durch Mißbrauch des Stimmrechts, vornimmt, soweit sein Verhältnis zu den anderen Aktionären in Betracht kommt, nur nach den Vorschriften über die unerlaubten Handlungen beurteilt werden dürfen. Die strengeren Grundsätze, die bei der Beurteilung der Pflichten aus einem Vertragsverhältnis maßgebend sind, finden im Verhältnis von Aktionär zu Aktionär keine Anwendung.

Im Gegensatz zu der geltenden deutschen Auffassung der Aktiengesellschaft als Körperschaft ist die corporation des anglo-amerikanischen Rechts ein dreifaches Vertragsverhältnis. Es besteht einmal ein Vertrag zwischen den Mitgliedern inter sese, außerdem ein Vertrag zwischen der Gesellschaft und den einzelnen Mitgliedern und endlich ein privatrechtlicher (!) Vertrag zwischen Gesellschaft und Staat, der Inkorporierungsvertrag. Dieser konstruktive Unterschied zwischen der deutschen und der anglo-amerikanischen Auffassung der Aktiengesellschaft hat die praktische Folge, daß das Verhalten des einen Aktionärs gegenüber dem anderen in Deutschland nach den Grundsätzen über die unerlaubte Handlung, in Amerika dagegen nach den Grundsätzen über gegenseitige Verträge beurteilt wird. Die rechtliche Verbundenheit und damit die Verantwortlichkeit der Aktionäre untereinander ist demgemäß viel strenger als in Deutschland. Während wir eine Verantwortlichkeit erst bei vorsätzlicher, sittenwidriger Schadenszufügung annehmen, genügt nach amerikanischem Recht jedes vertragsbrüchige oder wider Treu und Glauben verstoßende Verhalten zur Begründung eines Ersatz- bzw. Unterlassungsanspruchs.

Das Bestehen eines Vertragsverhältnisses zwischen den einzelnen Aktionären ist im amerikanischen Recht die Grundlage aller Be-

[1]) Die Bezeichnung »Aktiengesellschaft« ist daher falsch; richtig müßte es heißen: »Aktienverein«.

ziehungen von Aktionär zu Aktionär. Bei der vergleichenden Darstellung muß dies besonders berücksichtigt werden, da das deutsche Recht ein solches Verhältnis nicht annimmt. Bei der Untersuchung jedes Einzelgebiets (Bezugsrecht, Dividendenrecht, Stimmrechtsmißbrauch usw.) muß man sich also jedesmal vergegenwärtigen, daß die beiden Rechte von einer gänzlich verschiedenen Auffassung des Verhältnisses der Aktionäre zueinander ausgehen.

Im Rahmen der Arbeit an der Reform des deutschen Aktienrechts wird es einer eingehenden Prüfung wert sein, ob das deutsche Recht an der körperschaftlichen Auffassung der A.G. festhalten soll, oder ob man sich dazu entschließen will, auch unsere Kapitalgesellschaften als Vertragsverhältnis aufzubauen und damit alle Fragen des Minderheitenrechts usw. auf einer neuen und, wie es dem Verfasser scheint, natürlicheren Grundlage zu lösen als bisher.

Dem Vergleich des deutschen und des amerikanischen Gesellschaftsrechts stellen sich insofern besondere Schwierigkeiten entgegen, als es zwar ein »deutsches«, nicht aber ein »amerikanisches« Gesellschaftrecht gibt. Nordamerika besteht aus 48 Bundesstaaten, die alle eine im wesentlichen selbständige Gesetzgebungsgewalt und eine voneinander unabhängige Rechtsprechung haben. In allen Staaten galt zwar ursprünglich das von England übernommene common law. Dieses, nur durch Rechtsprechung fortgebildet, ist aber in den verschiedenen Staaten von den Gerichten nicht gleichmäßig fortentwickelt worden. Die Unterschiede vergrößerten sich noch, als die Einzelstaaten das common law durch statutory law (Gesetzes- und Verordnungsrecht) uneinheitlich ergänzten. Hierdurch ist nun ein unentwirrbares Durcheinander entstanden, da jeder Staat seine Vorschriften ohne Rücksicht auf die anderen Staaten erlassen hat. Die Gründe für die Verschiedenheit der Regelungen in den einzelnen Staaten sind zum geringen Teil juristischer Natur, oder durch die besonders gearteten Interessen des betreffenden Staates als Industrie- oder Agrikulturterritorium begründet. Vielmehr steht als maßgebend die Sucht der Staaten [1]) im Vordergrund, durch die Inkorporierung von Gesellschaften finanzielle Vorteile

---

[1]) Die Inkorporierung von Gesellschaften gehört zur Zuständigkeit der Einzelstaaten. Die U.S.A. Bundesregierung hat keine allgemeine Befugnis zur Inkorporierung. Sie kann dies nur tun, wenn sich die Berechtigung hierzu unmittelbar aus den sonstigen Befugnissen der Bundesregierung ergibt. Außerdem kann sie inkorporieren im District of Columbia und die Inkorporierungsbefugnisse an Verwaltungsbehörden der auswärtigen Territorien verleihen. Im einzelnen vgl. Ballantine, On Corporations, S. 53 f.

zu erlangen. Die Gründer wählen nämlich selten denjenigen Staat als Inkorporierungsstaat, in dem sie später das Unternehmen betreiben wollen; sie wählen vielmehr den Staat, dessen Gesetze für ihre Zwecke am günstigsten sind. Die Staaten ziehen hieraus ihren Nutzen, indem sie durch Lockerung der Gründungsvoraussetzungen und den Erlaß milder Rechtsregeln möglichst viele corporations anlocken [1]), aus deren Gründungsgebühren und laufenden Steuern sie beträchtliche Einnahmen ziehen [2]). An der Spitze des Gründungsgeschäftes standen früher die Staaten New Jersey und Maine, heute sind sie von Delaware überflügelt. Dieser Staat mit 288000 Einwohnern ist die Heimat der Gesellschaften, die ein laxes Gesetz nötig haben. Die Zunahme an Delaware-corporations betrug 1920 — 5053, die Gesamtzahl 71000; es kam also auf 4 Einwohner eine Aktiengesellschaft.

Interessant ist in diesem Zusammenhang eine von Berle [3]) mitgeteilte Statistik über die 200 größten Aktiengesellschaften der Vereinigten Staaten (unter Ausschluß der Banken, Versicherungsgesellschaften oder Investierungsgesellschaften, die besonderen Regeln unterliegen und daher nicht in Betracht kommen).

I. Von den 200 größten Gesellschaften sind inkorporiert:

35 = 17% in Delaware (jetzt der bevorzugte Staat),
35 = 17% in New Jersey (früher der Hauptinkorporierungsstaat),
35 = 17% in New York.
Der Rest von 49% verteilt sich auf die 43 übrigen Staaten.

II. 99 dieser Gesellschaften sind seit 1909 inkorporiert und zwar:

35 = 35% in Delaware (man beachte die Zunahme gegenüber Tafel I),
18 = 18% in New York,
6 = 6% in New Jersey (New Jersey ist fast vollkommen aus dem Inkorporierungsgeschäft verdrängt).

---

1) In den Zeitungen finden sich Annoncen, wie »Charters, Delaware best, quickest, cheapest, most liberal. Nothing need be paid in. Do business and hold meetings anywhere. Free forms! Colonial Charter Company, Wilmington Del.« Oder: »Incorporate in Arizona. Complete in one day. Any capitalisation, least cost, greatest advantages. Transact business anywhere. Laws, bylaws, forms free. — Stoddard Inc. Co. Phoenix Arizona«.

2) Ein nicht zu überbietendes Beispiel führt Ripley S. 23 an. Die New York California Vineyard company wurde in Pensylvania inkorporiert und autorisiert »to do business anywhere except in Pennsylvania«.

3) Berle, Cases and Materials in the Law of Corporation Finance S. 122 f.

III. 40 dieser Gesellschaften sind seit 1922 inkorporiert und zwar:

22 = 55% in Delaware,
7 = 18% in New York.

Noch krasser wird dieses Bild, wenn man die Einbahn-Gesellschaften und die gemeinnützigen Betriebe (public utilities) ausscheidet, die naturgemäß stärker als die Industriegesellschaften örtlich gebunden sind. 12 der 15 größten seit 1922 inkorporierten Industriegesellschaften (= 80%) sind in Delaware inkorporiert.

Es ist nicht der Zweck einer Untersuchung wie der vorliegenden, die Rechtsregeln aller Einzelstaaten in allen behandelten Punkten vollständig zu erörtern, sie wird sich vielmehr damit begnügen, die wesensbestimmenden Merkmale des amerikanischen Aktienrechts in ihren Grundlagen herauszustellen. Besonderheiten einzelner Jurisdiktionen werden nur dann Berücksichtigung finden, wenn ein besonderes Interesse dies rechtfertigt. Bei der Behandlung des deutschen Rechts wird sich die Untersuchung ebenfalls an das Typische halten und grundsätzlich von der herrschenden Lehre ausgehen, selbst wenn der Verfasser im Einzelfall ihren Standpunkt nicht teilen sollte. Polemik gehört nicht in den Bereich der Rechtsvergleichung. Sie mag bei der Verwertung ihrer Ergebnisse ihren Platz finden.

Als Quellen wird die Untersuchung für das deutsche Recht die Gesetze, die üblichen Kommentare, Lehrbücher und Abhandlungen sowie Entscheidungen der Gerichte und Satzungen einzelner Gesellschaften heranziehen. Diese Quellen reichen jedoch für die Zwecke der Untersuchung nicht aus. Vielmehr müssen in weitgehendem Maße auch Unterlagen aus der Praxis der Gesellschaften herangezogen werden. Immer nur ein Teil eines jeden Rechtsgebietes beschäftigt die Gerichte und Juristen, während weite andere Teile lebendig und von großer Bedeutung sind, ohne erst der Erörterung durch die Rechtsprechung oder Rechtslehre zu bedürfen. Dies gilt besonders bei wirtschaftlichen Dingen, die oft so empfindlich sind, daß die Beteiligten sie niemals unter dem Gesichtspunkt des »Rechthabens oder Unrechthabens« betrachten und deshalb von selbst nicht vor den Richter kommen lassen. Gerade diese Gebiete sind beim Aktienrecht von besonderer Bedeutung und müssen zur Rechtsvergleichung mit herangezogen werden.

Für die Untersuchung des amerikanischen Rechtes hat der Verfasser Arbeiten in deutscher Sprache, die sich lediglich mit der

Darstellung des englischen oder amerikanischen Rechts befassen, nicht berücksichtigt, sondern stets die amerikanischen bzw. englischen Quellen herangezogen.

Es ist hier nicht der Ort, auf die grundsätzliche Unterschiede des deutschen kodifizierten Rechtes und des anglo-amerikanischen ungeschriebenen Rechtes einzugehen. Es sei nur daran erinnert, daß der deutsche Richter — wenigstens theoretisch — das als bestehend vorausgesetzte Recht anwendet, während der common law-Richter das Recht selber findet, wobei er allerdings vorliegende Entscheidungen (prejudices) zugrundelegt. Bezüglich dieser Unterschiede wird auf die eingehenden Untersuchungen von Pound [1]), Cardozo [2]), Geldart [3]) u. a. verwiesen. Bei der andersartigen Stellung des anglo-amerikanischen Richters kommt naturgemäß der Rechtsprechung eine noch höhere Bedeutung zu als in Deutschland. Die Gesetze (Bundes- oder Staatsgesetze) sind in Amerika für den Richter nicht so unbedingt maßgebend wie in Deutschland. Die ursprüngliche Rechtsquelle für den Richter ist das common law. Die einzelnen Gesetze sind nur eine Festlegung bzw. Ergänzung oder Erweiterung desselben. Es gilt common law, soweit nicht ein Gesetz etwas anderes bestimmt. Dabei ist es nicht selten, daß die Gerichte einem Gesetz, das sie nicht billigen, die Anwendung versagen oder ihm eine Auslegung geben, die mit dem Wortlaut in hellem Widerspruch steht. Einen in einem statute oder law niedergelegten Rechtssatz kann man erst dann als geltendes Recht ansprechen, wenn die Gerichte ihn tatsächlich anwenden.

Die wichtigste Quelle des amerikanischen Rechts sind also die Entscheidungen der Gerichte. Und zwar, da das Privatrecht und die Gerichtsbarkeit grundsätzlich Sache der Einzelstaaten sind, zunächst die Judikatur der 48 Einzelstaaten. Jeder Staat hat einen Supreme Court (oberstes Gericht), dessen Entscheidungen fortlaufend veröffentlicht werden. Außerdem wird eine Auswahl der Entscheidungen der unteren Gerichte in verschiedenen Sammlungen herausgegeben. In den der amerikanischen Übung entsprechenden Zitaten bedeutet das (abgekürzte) Wort die Sammlung, in der die Entscheidung erschienen ist, meist den Namen des betreffenden

---

1) Pound, Theory of Judicial Decision, 36 Harvard Law Review 641 f., ders. Interpretation of legal History.

2) Cardozo, The nature of the judicial process; ders., The growth of the Law.

3) Geldart, Grundzüge des englischen Rechts, übersetzt von Werth-Regendanz.

Staates (z. B. Mich. = Michigan; N. Y. = New York), die Zahl vor dem Wort bedeutet den Band, die Zahl hinter demselben die Seite, wo die Entscheidung zu finden ist.

Außer der Judikatur der Gerichte der Einzelstaaten wird die Rechtsprechung der Federal Courts (Gerichte der U. S. A.) als Quelle herangezogen. (1 Supreme Court, 9 Circuit Courts, 80 District Courts.) Die Federal Courts sind aber nur in besonderen Fällen für aktienrechtliche Streitigkeiten zuständig, hauptsächlich dann, wenn Interstate Commerce betroffen ist. (Art. I § 3 der Constitution of the United States of America.) Das ist z. B. dann der Fall, wenn die Parteien eine verschiedene Landesangehörigkeit haben, wenn z. B. der Kläger in Florida, der Beklagte in Kalifornien seinen Wohnsitz hat und nicht eine ausschließliche Zuständigkeit gegeben ist. Aus der Natur der Sache ergibt sich, daß die Bundesgerichte den Gerichten der Staaten nicht übergeordnet, sondern nebengeordnet sind. Manchmal ist sogar eine konkurrierende Zuständigkeit gegeben. Es mag hier jedoch hervorgehoben werden, daß die U. S.-Gerichte der Qualität und dem Ansehen nach hoch über den Landesgerichten stehen, von wenigen Ausnahmen (z. B. New York und Massachusetts) abgesehen. Die Federal Courts in erster Linie haben das common law zu einem auch den heutigen Verhältnissen angepaßten Stande weiter entwickelt. Ihre Rechtsprechung steht aber oft mit der der Landesgerichte in Widerspruch, wodurch eine große Unsicherheit in das Rechtsleben getragen wird, zumal es sich auf Grund formaler Maßnahmen leicht ermöglichen läßt, die Sache je nach Wunsch vor den Federal Court oder das Landesgericht zu bringen.

Neben den Gerichtsentscheidungen sind die Laws und Statutes der einzelnen Staaten und der U. S. A. die wichtigsten Rechtsquellen. Nach dem Kriege ist der Versuch gemacht worden, eine »Uniform Corporation Act« als gemeinsames Recht zur Annahme durch alle Staaten zu bringen; dies ist aber mißglückt. Nur die wirtschaftlich weniger bedeutenden Staaten Louisiana und Idaho haben das Gesetz, teils noch mit Änderungen, angenommen.

Verschiedene Staaten haben ihr Gesellschaftsrecht in einem einheitlichen statute niedergelegt. Vorbildlich war in dieser Beziehung die Kodifikation von Ohio (Ohio General Corporation Act von 1927), die in vieler Beziehung den anderen statutes zum Vorbild gedient hat, und die Kodifikation von California von 1931.

Schließlich kommen als Quellen noch die amerikanischen Lehrbücher, Abhandlungen und Zeitschriften in Betracht. Es sei aber darauf hingewiesen, daß rein wissenschaftlich — theoretischer Arbeit in der amerikanischen Juristenwelt längst nicht das Gewicht und die Bedeutung zukommt wie in Deutschland. Im allgemeinen beschränken sie sich auch auf die Darstellung der von den Gerichten entwickelten Rechtsgedanken.

Da das heutige amerikanische und englische Recht auf eine gemeinsame Wurzel zurückgehen, nämlich das in England Ende des 19. Jahrhunderts geltende Recht, werden auch englische Quellen herangezogen werden müssen und zwar nicht nur Quellen aus der Zeit vor der Unabhängigkeitserklärung Amerikas, sondern auch solche aus neuerer Zeit, vorausgesetzt, daß es sich nicht um eine Frage handelt, in der das amerikanische Recht eine andere Entwicklung genommen hat als das englische. Englische Entscheidungen werden in demselben Umfang herangezogen, wie es auch die amerikanische Rechtswissenschaft und Praxis tut. Entsprechendes gilt für kanadische Quellen.

Viel Stoff bei der Erforschung des amerikanischen Gesellschaftsrechts bietet eine Beschäftigung mit der Praxis. Es werden daher in großem Umfange Satzungsbestimmungen einzelner Gesellschaften, Verträge usw. herangezogen werden. Was die Satzungsbestimmungen anbelangt, sei folgendes zur Erläuterung vorausgeschickt. Der deutschen »Satzung« entspricht in Amerika die »charter«. Diese ist die eigentliche Gründungsurkunde und enthält alle wesentlichen und unumgänglich notwendigen Bestimmungen über die corporation. Außer der charter hat jede Gesellschaft noch sog. »by laws«. Diese enthalten alle weniger wichtigen Bestimmungen. Da es mit großem Umstand und sehr viel Schwierigkeiten verbunden ist, die charter zu ändern, werden meist alle Bestimmungen, die nicht in der charter enthalten sein müssen, in die by laws verwiesen, deren Errichtung und Änderung sehr viel einfacher ist. Der deutschen Satzung entspricht also die amerikanische charter, ergänzt durch die by laws.

Bei der Untersuchung des amerikanischen Rechts wird es gelegentlich nötig sein, Quellen zu verwerten, die nicht rein juristisch sind, so z. B. betriebswirtschaftliche Literatur, Pressenotizen, Berichte der Interstate Commerce Commission und statistische Zusammenstellungen, wie das American Commerce Yearbook, Parkers' und Moody's Manual.

Grundsätzliches.

I. Abschnitt.

Das Wesen der Aktiengesellschaft und der corporation.

Die deutsche Aktiengesellschaft und die amerikanische corporation sind beide juristische Personen. Gleichwohl sind sie in ihrer Struktur voneinander grundlegend verschieden. Diese Verschiedenheit ist am besten dadurch zu erläutern, daß man kurz darstellt, wie eine Aktiengesellschaft und eine corporation entstehen.

Bei der Gründung einer deutschen Aktiengesellschaft sind drei Stadien zu unterscheiden: Gründerkonsortium, Vorgesellschaft und fertige Aktiengesellschaft [1]). Im ersten Stadium arbeiten die Gründer Hand in Hand ohne rechtliche Bindung. Gehen sie schon hierbei eine gegenseitige Verpflichtung ein, auf die Gründung der A.G. hinzuarbeiten, so ist auch im ersten Stadium schon eine Vorgesellschaft anzunehmen [2]). Das eigentliche Stadium der Vorgesellschaft beginnt regelmäßig erst mit der Feststellung des Gesellschaftsvertrages. Jetzt sind die Gründer zu einer bürgerlich-rechtlichen Gesellschaft verbunden, die die Schaffung der A.G. zum Ziele hat. Wird dann nach staatlicher Prüfung der Gesetzmäßigkeit von Statut und Gründungsvorgang die Gesellschaft in das Handelsregister eingetragen, so gelangt die Aktiengesellschaft kraft Gesetzes als juristische Person zur Entstehung. Anschaulich stellt Brodmann [3]) diesen Vorgang dar: »Erst mit der Eintragung in das Handelsregister ist die A.G. da, nicht einen Augenblick früher, jetzt aber fertig und gerüstet wie Athene aus Jupiters Haupt.« Die Vorgesellschaft ist im Augenblick der Entstehung der A.G. beendet, da sie ihren Zweck erreicht hat. Nach deutschem Recht ist die Eintragung der Gesellschaft kein Gnadenakt, wie beim sogenannten Konzessionssystem, sondern eine Tätigkeit der Gerichte als Justiz-

---

[1]) Vgl. Brodmann, Aktienrecht, Anm. 1 a zu § 200.

[2]) Wichtig für entstehende Kosten usw.

[3]) a. a. O., Anm. 1 a zu § 200.

verwaltungsbehörden, zu der sie verpflichtet sind, wenn eine Gesellschaft die aufgestellten Normen erfüllt.

Die Aktiengesellschaft ist eine Körperschaft. Die einzelnen Aktionäre stehen untereinander nicht in einem Vertragsverhältnis. Nach deutschem Recht leitet der Aktionär, wenn die Aktiengesellschaft einmal entstanden ist, seine Rechte als Mitglied ausschließlich aus der Satzung bzw. aus dem Gesetz her. Er steht in einer körperschaftlichen Beziehung zur Gesellschaft. Alle Befugnisse sind ihm in seiner Eigenschaft als Gesellschafter verliehen [1]). Nach herrschender Auffassung zieht sich kein Band irgend welcher Art von Aktionär zu Aktionär [2]). Die durch die Satzung begründeten Pflichten sind nicht zugleich Vertragspflichten [3]). Renaud [4]) bezeichnet es geradezu als ein juristisches Unding, ein Verhältnis, »bei welchem die Kontrahenten möglicherweise nichts voneinander wissen, wo die Zahl der Genossen eine unbestimmte und ihre Individualität ohne Erheblichkeit ist«, als Vertragsverhältnis aufzufassen. Nach Seckel [5]) tut man dem Willen des einzelnen Aktionärs Gewalt an, »wenn man ihm unterschiebt, er wolle mit den übrigen Zeichnern in ein obligatorisches Verhältnis treten«. Hachenburg [6]) sagt: »Mitglieder der A.G. treten niemals in persönliche Beziehungen zueinander..... Unmittelbare Rechtsverhältnisse bestehen nur zwischen A.G. und Aktionär« [7]). In diesem Zusammenhange kann die Streitfrage unerörtert bleiben, ob im Stadium der sogenannten Vorgesellschaft, d. h. vor der Entstehung der A. G., ein Vertragsverhältnis zwischen den Gründern anzunehmen ist oder nicht [8]). Die Verfechter beider Meinungen nehmen übereinstimmend jedenfalls vom Augenblick der Entstehung der A.G. an nur noch Beziehungen zwischen A.G. und Aktionär, nicht mehr solche zwischen den Gesellschaftern

---

[1]) RGZ. 107, 202 (204).

[2]) Vgl. RGZ. 63, 203 ff. »Eine besondere Gesellschaft der Aktionäre neben der Aktiengesellschaft ist dem geltenden Rechte fremd.«

[3]) RG. Recht 1915, Nr. 2420.

[4]) Renaud, Das Recht der A.G., S. 225.

[5]) Seckel, Die Rechtsnatur des Beteiligungsaktes bei der Gründung einer A.G., S. 17.

[6]) Düringer-Hachenburg III, Anm. 78 der Einleitung II.

[7]) Es ist meines Erachtens nicht richtig, das Fehlen einer Vertragsbeziehung aus der Natur der A.G. als Kapitalgesellschaft zu erklären, wie es Wussow (Gruchot 71, S. 35) in seiner ausgezeichneten Arbeit »Grundauffassungen des englischen Aktienrechts« tut. Vielmehr folgt die deutsche Auffassung unmittelbar aus der Natur der Körperschaft.

[8]) Vgl. die eingehenden Untersuchungen und Literaturangaben bei Hausmann, Die Gründung der A.G., S. 46 ff.

untereinander an [1]). Die Ablehnung der Vertragsauffassung ist von großer Bedeutung für alle Probleme, die mit dem Schutz der Minderheitsaktionäre zusammenhängen. Nach deutschem Recht ist die Mehrheit in ihrer Macht grundsätzlich unbeschränkt. Ihr sind, von den Sonderregeln über Minderheits- und Sonderrechte abgesehen, nur durch § 826 BGB. Grenzen gezogen [2]). Vertragsregeln finden auf das Verhältnis der Mehrheit zur Minderheit keine Anwendung [3]).

Die ersten corporations des anglo-amerikanischen Rechts waren munizipale, karitative oder kirchliche Körperschaften, regelmäßig ausgestattet mit besonderen Monopolen und Privilegien. In England konnten sie entstehen durch königliche Verleihung, durch Parlamentsakt oder durch lange Ausübung (by prescription). Corporations dieser Art scheiden für unsere Betrachtung aus. Der bei ihnen übliche Gründungsvorgang ist jedoch hier zu erwähnen, da auch die corporations des Privatrechts, auf die sich unsere Untersuchung beschränkt, ursprünglich auf dieselbe Weise begründet wurden. Heute gilt in England für die privatrechtlichen corporations die Companies Act vom 10. Mai 1929. Bei der Gründung [4]) müssen mindestens zwei Gründer die Gründungsurkunde (memorandum) mit den obligatorischen Angaben über Sitz und Zweck der Gesellschaft, das Aktienkapital und die Zahl sowie den Haftungsgrad [5]) der Aktionäre unterzeichnen und der Registerbehörde zur Eintragung einreichen. Die Gesellschaft wird rechtsfähig mit der Registrierung der Gründungsurkunde. (In Deutschland wird die Gesellschaft eingetragen.)

In den Vereinigten Staaten war der Gang der Gründung einer corporation ursprünglich folgender: Einbringung eines Gesetzes bei der gesetzgebenden Körperschaft des Staates, in dem die Körper-

---

[1]) Die in der Mitte des vorigen Jahrhunderts viel vertretene Ansicht, daß die A.G. auf die römische societas zurückgehe und daher kontraktlichen Charakter habe, ist heute völlig aufgegeben. Nachweise bei Lehmann, a. a. O., I, S. 132 ff., 227 ff., und Seckel, a. a. O., S. 15 ff.

[2]) Ring-Schachian, Die Praxis der A.G., S. 364: »Es ist eins der schwierigsten Probleme des Aktienrechts unserer Zeit, ob man diese Schutzvorschrift für ausreichend halten soll oder nicht«.

[3]) Vgl. Hueck, Die Sittenwidrigkeit von Generalversammlungsbeschlüssen der Aktiengesellschaften und die Rechtsprechung des Reichsgerichts, abgedruckt in »Die Reichsgerichtspraxis im deutschen Rechtsleben«, Bd. 4, S. 167 ff.

[4]) §§ 1—5 Companies Act.

[5]) Um kenntlich zu machen, ob es sich um eine company limited by guarantee oder eine company limited by shares handelt.

schaft ihren Sitz haben sollte, Bearbeitung durch einen Ausschuß, Abstimmung im Senat und Abgeordnetenhaus, Ausfertigung der charter (Gründungsurkunde, Satzung) durch den Staatsgouverneur. Dies Verfahren ist heute abgeschafft, da es sich als zu umständlich und teuer erwies und außerdem die Korruption begünstigte. In allen Staaten sind Gesetze erlassen, die die Gründung normieren und jedem Personenzusammenschluß, der die aufgestellten Normen erfüllt, einen Anspruch auf Inkorporierung geben. Diese Normen erfordern zur Entstehung einer corporation einen Gründungsvertrag und Eintragung der Gründungsurkunde. Die Einzelheiten sind in den verschiedenen Staaten verschieden geregelt. In manchen entsteht die Gesellschaft im Augenblick der Eintragung, in anderen erst, wenn außerdem der Eintragungsstelle die Publikation der Eintragung nachgewiesen ist; in einigen wenigen erst, wenn nach Zeichnung der Aktien der erste Vorstand gewählt ist [1]).

Nach deutschem Recht läßt sich die Frage, ob eine Aktiengesellschaft entstanden ist, im wesentlichen auf Grund einer formellen Prüfung entscheiden. Es läßt sich objektiv feststellen, ob eine Aktiengesellschaft vorhanden ist oder nicht. Damit ist dann auch die Frage nach der Haftung beantwortet. Das anglo-amerikanische Recht kennt diese strengen Abgrenzungen nicht, sondern läßt für die Entscheidung jedes einzelnen Falles jeweils die materielle Rechtslage entscheiden, ohne auf die Prüfung der Formalien ausschließliches Gewicht zu legen. Außer den fehlerlos entstandenen »corporations de jure« gibt es noch solche Gesellschaften, denen von den Erfordernissen der Inkorporierung die eine oder andere fehlt, die aber trotzdem als juristische Personen, also als corporations, behandelt werden. Es sind dies die »de facto corporations« und die »corporations by estoppel«.

Ist eine Gesellschaft fehlerhaft gegründet, so kann der Staat diesen Fehler durch »direkt attack« rügen und auf eine besondere Klage hin (quo warranto procedure) durch Urteil des ordentlichen Gerichtes das Nichtbestehen der Gesellschaft feststellen lassen. Ein Dritter jedoch, der in einen Rechtsstreit mit der Gesellschaft gerät, kann sich nicht durch Berufung auf einen Fehler bei der Gründung seinen Verpflichtungen gegenüber der corporation entziehen. Er kann den Gründungsfehler nicht als sog. »collateral

---

[1]) Einzelheiten bei Ballantine, On corporations, S. 62. Im Anhang Nr. 1 ist die Gründungsurkunde der United Staates Steel Corporation mit notariellen Vermerken und der Bestätigung der Registrierungsbehörde und des Secretary of State in deutscher und englischer Sprache wiedergegeben.

attack« (unterstützende Einrede) geltend machen, vorausgesetzt, daß wenigstens vorhanden ist [1]):

»1. a special act or general statute under which a corporation with the powers assumed by the association in question might exist;
2. a bona fide attempt to organize as a corporation under such charter or law and comply with the statutary formalities;
3. the exercise or user of corporate powers«.

(1. ein besonderes oder allgemeines Gesetz, unter dem eine corporation mit den im vorliegenden Fall angenommenen Befugnissen entstehen könnte;
2. ein bona fide Versuch der Gründer, die Gesellschaft in einer Weise zu gründen, die den gesetzlichen Bestimmungen entspricht und die vorgeschriebenen Formalitäten erfüllt;
3. das tatsächliche Auftreten als Gesellschaft.)

Eine solche Gesellschaft, die im Rechtsverkehr als corporation gilt, obwohl sie in Wahrheit keine solche ist, heißt de facto corporation. Für die Aktionäre ist die sog. de-facto-corporation-doctrin insofern von besonderer Bedeutung, als nach ihr die Aktionäre einer de facto corporation für deren Schulden nur in demselben Umfang haften, wie sie für die Schulden einer corporation de jure haften würden. Da im amerikanischen Gründungsverfahren keine amtliche Prüfung der Gründungsvorgänge erfolgt und auch durch Eintragung ins Register oder Zeitablauf ein Mangel bei der Entstehung der juristischen Person nicht geheilt wird, würde ohne die de-facto-corporation-doctrin ein Aktionär jederzeit damit rechnen müssen, daß ein Gläubiger irgendeinen verborgenen Mangel bei der Inkorporierung entdeckt und die Aktionäre persönlich haftbar macht.

Der entsprechende Schutz für die Gläubiger ist die Lehre von der »corporation by estoppel«. Diese besagt, daß eine Gesellschaft, die sich als corporation ausgegeben hat, und als solche in Rechtsbeziehungen zu Dritten getreten ist, sich nicht später darauf berufen kann, daß sie wegen eines Fehlers bei der Gründung keine corporation sei [2]). Selbstverständlich ist die Gesellschaft an der Geltendmachung der Gründungsfehler nur zu ihren Gunsten, nicht zu ihren Ungunsten, verhindert. Ebensowenig kann aber auch

---

1) Ballantine, a. a. O., S. 77.

2) Das deutsche Recht kennt eine solche Regel für juristische Personen nicht. Ein verwandter Grundsatz ist jedoch der, daß jeder, der sich im Rechtsverkehr einem Dritten gegenüber als Kaufmann, als Vollkaufmann oder als offene Handelsgesellschaft ausgegeben hat, sich auch von dem Dritten so behandeln lassen muß, als ob er es wäre.

ein Gläubiger, der mit der Gesellschaft unter der Voraussetzung, sie sei eine juristische Persönlichkeit, Verträge abgeschlossen hat, nachher Gründungsmängel hervorsuchen, um die Aktionäre persönlich haftbar zu machen. In allen estoppel-Fällen ist zwar weder eine corporation de jure, noch eine corporation de facto vorhanden, die Partei aber, die »estopped« ist, kann sich im Prozeß nicht darauf berufen.

Der äußere Vorgang bei der Gründung einer corporation ähnelt dem Verfahren bei der Gründung einer Aktiengesellschaft. Gleichwohl ist die rechtliche Konstruktion der corporation von der der A.G. grundverschieden. Die A.G. ist eine Körperschaft. Die englisch-amerikanische corporation dagegen ist ein Vertragsverhältnis. Nach anglo-amerikanischem Recht verbinden sich die Gründer durch Vertrag zu einer Gesellschaft, diese wird dann »incorporated«, d. h. der bestehende Personenzusammenschluß wird, so wie er ist, mit juristischer Persönlichkeit ausgestattet. Schon das Wort in-corporated, das man oft in der Abkürzung »Inc« dem Firmennamen beigefügt findet, weist darauf hin, daß wir es bei der Gründung und Inkorporierung einer corporation nicht mit einem schöpferischen körperschaftlichen Akt zu tun haben, sondern mit der Verleihung einer Eigenschaft oder besser eines Privilegs an eine Gesellschaft bzw. ihre Gründer, wobei alle bisher vorhandenen Merkmale der Gesellschaft erhalten bleiben. Aktionäre, die nicht bei der Gründung beteiligt waren, sondern später Aktien erwerben, treten dem Gesellschaftsvertrage durch den Aktienerwerb stillschweigend bei [1]); für sie gelten also dieselben Regeln wie für die schon bei der Gründung beteiligten Aktionäre. Zum Vertragscharakter der corporation führt eine englische Entscheidung folgendes aus [2]): »The articles of association constitute a contract not merely between the shareholders and the company, but between each individual shareholder and every other.« (Die Satzung stellt einen Vertrag dar, nicht nur zwischen Aktionär und Gesellschaft, sondern zwischen jedem Aktionär und jedem einzelnen anderen Aktionär.) Das amerikanische Recht geht ebenfalls vom Vertragscharakter der corporation aus. In der Entscheidung Davis v.Louisville Gas & Electric Co. [3]) ist ausdrücklich gesagt, daß bei der Corporation von dem Bestehen

---

1) Ausführlich dargestellt in Borland's Trustee v. Steel Brothers & Co. Ltd. 1901, 1 Ch 279 (290). Siehe auch Wussow, Gruchot 71, S. 37.

2) Salmon v. Quin & Axtens, 1909, 1 Ch. 311.

3) Davis v. Louisville Gas & Electric Co., 142 Atlantic 654 (Court of Chancery of Delaware, 1928).

dreier Verträge auszugehen ist. Es besteht a) ein Vertrag zwischen Staat und corporation, b) ein Vertrag zwischen Gesellschaft und Mitglied, und c) ein Vertrag zwischen Mitglied und Mitglied [1]: »A corporate charter creates a contractual relation between the creating sovereign and its corporate creature, between the corporation and its stockholders and between the stockholders inter sese.« (Eine Gesellschafts-charter schafft eine vertragliche Beziehung zwischen dem inkorporierenden Staat und dem inkorporierten Wesen, zwischen der Gesellschaft und ihren Aktionären und außerdem zwischen den Aktionären inter sese.) Ähnlich sagt Ballantine [2]), daß die Gründungsurkunde den Kontrakt enthalte, dessen Bindungen sich jeder Aktionär dadurch, daß er Aktien erwirbt, unterwerfe.

Die Verleihung der juristischen Persönlichkeit ist nach amerikanischer Auffassung kein staatlicher Hoheitsakt, wie sie es z. B. nach § 22 BGB. ist, vielmehr ist sie ein nach privatrechtlichen (!) Grundsätzen zu beurteilender Vertrag zwischen dem Staat und der Gesellschaft. Das gilt nicht nur für solche Gesellschaften, die durch Verleihung, sondern auch für solche, die durch Registrierung inkorporiert worden sind [3]). »Das Vertragsprinzip ist nicht etwa deshalb fallen zu lassen, weil heutzutage die meisten unserer Gesellschaften durch bloße Erfüllung der in einem allgemeinen Gesetz aufgestellten Normen juristische Persönlichkeit erlangen. Das Vorrecht, als juristische Persönlichkeit bestehen zu dürfen, hört nicht deshalb auf, eine Gabe des Staates zu sein, weil dieser jetzt in allgemeinen Bestimmungen die Bedingungen festlegt, unter denen er zur Gewährung derselben bereit ist« [4]). Für unsere Auffassung ist es merkwürdig, daß die Inkorporierung als ein privatrechtliches Rechtsgeschäft aufgefaßt wird. An dieser Auffassung halten die amerikanischen Gerichte [5]) jedoch trotz der im neueren Schrifttum [6]) erörterten Bedenken einhellig fest.

---

[1]) Das gleiche ist ausdrücklich ausgesprochen in Morris et al v. American Public Utilities Co., 14 Delaware Ch. 136, 122 Atlantic 696.

[2]) Ballantine, a. a. O., S. 55, unter Berufung auf die Entscheidung State rel. Hilton v. Mortgage Security Co., 154 Minnesota 453, 192 N.W. 348.

[3]) State von Georgia Medical Society, 38 Georgia 608; Fietsam v. Hay, 122 Illinois 293, 13 N.E. 50; Union Steam-Pump Sales Co. v. Secretary of State, 216 Michigan 261, 185 N.W. 353

[4]) H. A. Smith, Law of Associations, S. 137 (zitiert nach Ballantine, a. a. O., S. 10); vgl. auch Memphis & Little Rock R. Co. v. Board of Railroad Commissioners, 112 U.S. 609.

[5]) Die für unsere Rechtsbegriffe unverständliche Auffassung der Inkorporierung als eines privatrechtlichen Vertrags drängt dazu, das juristische

Die berühmte Dartmouth College Entscheidung [1]) hat auf den Inkorporierungsvertrag sogar den Art. I section 10 clause 1 der amerikanischen Verfassung angewendet, der bestimmt, daß kein Staat ein Gesetz erlassen darf, welches die Heiligkeit der Verträge verletzt [2]). Der Staat als die eine Vertragspartei des Inkorporierungsvertrages kann also nicht einmal durch ein Gesetz an den durch die Inkorporierung verliehenen Rechten etwas ändern. Der Staat darf die einmal gewährte juristische Persönlichkeit nicht wieder nehmen, es sei denn aus polizeilichen Gründen. Das oben genannte Urteil spricht aus, daß der Staat, wenn er für sich ein Recht auf Änderung bzw. auf Widerruf der charter hätte schaffen wollen,

---

Gebiet einen Augenblick zu verlassen und nach einer irgendwie gearteten Erklärung für diese Merkwürdigkeit zu suchen. Das um so mehr deshalb, als die kontinentale Auffassung der Inkorporierung als eines staatlichen Hoheitsaktes sich in das amerikanische Rechtssystem zwanglos einfügen würde.

Worauf die Auffassung der Inkorporierung als vertragliche Verleihung letzten Endes zurückgeht, ist natürlich schwer zu sagen. Meines Erachtens reicht es nicht aus, auf die Neigung des anglo-amerikanischen Rechtes hinzuweisen, die Grenzen des privaten und öffentlichen Rechtes möglichst zu verwischen, und zwar infolge seiner liberalen individualistischen Gesamtauffassung stets zu Ungunsten des letzteren. Vielmehr scheint mir, daß historisch-psychologische Momente hereinspielen. Die amerikanischen Kolonien haben während der Kolonialzeit dem englischen Mutterlande gegenüber immer die Auffassung vertreten, daß die »royal charters« der Kolonien Staatsverträge zwischen Gleichgestellten, nicht Hoheitsakte seien, und daher von England nicht ohne Zustimmung der Kolonien geändert werden könnten. Die Verfasser des Urteils in dem unten genannten Dartmouth College case, Marshal und Story, sowie der Anwalt Daniel Webster, sind politische Persönlichkeiten, die — 1819 — noch ganz im Eindruck der letzten politischen Ereignisse und der amerikanischen Unabhängigkeitserklärung standen. Es ist immer gewagt, über psychologische Dinge bei einem fremden Volk eigene Mutmaßungen aufzustellen; immerhin liegt die Vermutung eines Zusammenhanges im Denkprozeß nahe, da das Verhältnis Staat-corporation dem Verhältnis England-Kolonien sehr ähnlich sieht.

[6]) Ballantine, ein sehr moderner, analytisch-kritischer Rechtslehrer, sagt z. B., a. a. O. S. 810: „It may be argued that a charter is not a contract because it involves no promise or obligation and because it is a mere law or grant of special previlege and not intended as a contract at all.« (Man könnte vielleicht einwenden, daß eine Inkorporierung kein Vertrag ist, weil sie weder ein Versprechen enthält, noch eine Verpflichtung schafft, und weil sie nur die Verleihung und Gewährung einer Vorzugsstellung ist, die keinesfalls als Vertrag beabsichtigt ist.)

[1]) Trustes of Dartmouth College v. Woodward, 4 Wheaton (17 U.S.) 518—715.

[2]) The Constitution of the United States Art. I section 10 clause 1: »No. State shall.... pass any bill of atteinder, ex post facto law, or law impairing the obligation of contracts, or grant any title of nobility«.

dies nur durch ausdrücklichen Vorbehalt bei der Inkorporierung hätte tun können. Auf die im Jahre 1819 erlassene, heute noch als maßgebend anerkannte Entscheidung im Dartmouth College case hin, haben fast alle Staaten regelmäßig in die von ihnen erteilten charters einen Widerrufs- und Änderungsvorbehalt hineingesetzt. In neuester Zeit behalten sich fast alle Staaten durch ein allgemeines Gesetz die Änderungs- und Widerrufungsbefugnis ausdrücklich vor. Ein solches Gesetz ist jedoch nur auf die nach seinem Erlaß inkorporierten Gesellschaften anwendbar. Grundsätzlich hält auch heute die Rechtsprechung an der Vertragsauffassung der charter fest und erklärt eine charter, die ohne ausdrücklichen Vorbehalt zu einer Zeit gewährt worden ist, wo keine gesetzlichen Änderungs- und Widerrufsrechte bestanden, für unwiderruflich. Nur durch Vereinbarung zwischen den Vertragsparteien kann eine Änderung der charter oder Aufhebung der Inkorporierung herbeigeführt werden. Streitig ist allerdings, wer eigentlich die Vertragspartner des Inkorporierungsvertrages sind. Eine Minderheitsauffassung (Massachusetts und in beschränktem Umfang New York) sieht Staat und Gesellschaft als Vertragsgegner an. »In creating a corporation no contract is made by the legislature with the individual members or stockholders any further then they are represented by the artificial body which the act of incorporation calls into being« [1]). (Bei Schaffung einer Gesellschaft ist ein Vertrag der Legislativen mit den einzelnen Mitgliedern oder Aktionären nur insoweit zustande gekommen, als diese in der künstlichen Körperschaft, welche durch die Inkorporierung zur Entstehung gelangt, enthalten sind.) Daraus ergibt sich: Grundsätzlich können die Generalversammlung und der Staat durch Vereinbarung auch gegen den Willen einer Minderheit die charter der Gesellschaft aufheben oder ändern [2]). Die Rechtsprechung in ihrer Mehrheit neigt jedoch zu der Auffassung, daß die Inkorporierung nicht ein Vertrag des Staates mit der Gesellschaft, sondern ein Vertrag des Staates mit den einzelnen Mitgliedern ist [3]). Infolgedessen hält sie für eine Änderung der in der charter

---

1) Durfee v. Old. Colony R. Co., 5 Allen (Massachusetts) 230.

2) Es kann hier außer Betracht bleiben, daß bei public utilities (Eisenbahnen, Wasser-, Gas- und Elektrizitätswerken) der Staat aus öffentlichrechtlichen Gründen Änderungen durchführen kann.

3) Der führende Fall ist Zabrikskie v. The Hackensack and New York Railroad Co. (1867), 18 N. J. Eq. 178. Vgl. auch die Entscheidung State v. Georgia Medical Society, 38 Georgia, 608, 93 Am. Dec. 408, welche unterscheidet zwischen der franchise to be, welche den Mitgliedern, und der franchise to do, welche der Gesellschaft gehört. Dortheißt es: »Das Privileg

niedergelegten Vertragsbestimmungen nicht ein Übereinkommen des Staates mit der Gesellschaft oder mit der Generalversammlung für ausreichend, sondern verlangt zur Änderung eine Vereinbarung des Staates mit allen Mitgliedern.

Die Feststellung, daß die Aktiengesellschaft eine Körperschaft, die corporation dagegen ein Vertragsverhältnis ist, bildet die wesentlichste Grundlage für die gegenwärtige Untersuchung. Es ist erstaunlich, daß in der umfangreichen deutschen Literatur, die sich im Hinblick auf die Aktienrechtsreform mit dem angelsächsischen Aktienrecht befaßt hat, dieser Gesichtspunkt kaum erörtert ist. Selbst Solmssen [1]), Lehmann [2]) und die Aktienrechtskommission des 34. Deutschen Juristentages gehen auf diesen Kernpunkt nicht ein. Klar herausgestellt ist der Vertragscharakter der englisch-amerikanischen Aktiengesellschaft allerdings von Wussow [3]), der aber im Rahmen seiner Arbeit aus dieser Erkenntnis keine weiteren Folgerungen ziehen konnte. Eine rechtsvergleichende Bearbeitung von Einzelproblemen (Bezugsrecht, Dividendenmarkt, Satzungsänderung usw.) kann nicht fruchtbar sein, wenn sie den Unterschied in der Grundauffassung von A.G. und corporation außer Acht läßt.

Dieser Unterschied ist von ausschlaggebender Bedeutung. Nach deutschem Recht ist ein Aktionär vor dem anderen, d. h. praktisch die Minderheit vor der Mehrheit, nur durch die Vorschriften über unerlaubte Handlungen (insbesondere § 826 BGB.) geschützt [4]). Das amerikanische Recht beurteilt das Verhältnis von Aktionär zu Aktionär nach den Grundsätzen über gegenseitige Verträge. Hieraus erklären sich ohne weiteres die meisten Unterschiede der beiden Rechtssysteme auf dem Gebiete des Gesellschaftsrechtes. Wenn man die Frage, ob die Mehrheit ihr Stimmrecht mißbraucht, ob und in welcher Weise sie gegen bzw. ohne den Willen der Minderheit eine Satzungsänderung herbeiführen kann, oder ob sie die Gesellschaft vorzeitig auflösen oder sie über die satzungsmäßige Dauer verlängern, sämtliche Aktiven im ganzen verkaufen, über das Dividenden- oder Vorzugsrecht verfügen oder Fusionen vornehmen darf,

---

eine juristischen Persönlichkeit zu sein (the franchise to be a corporation) gehört den Mitgliedern als Einzelpersonen, nicht der Gesellschaft selber.«

[1]) Solmssen, Probleme des Aktienrechts.

[2]) Julius Lehmann, Soll bei einer zukünftigen Reform des Aktienrechtes eine Annäherung an das englisch-amerikanische Recht in grundlegenden Fragen stattfinden? Gutachten zu den Verhandlungen des 34. Deutschen Juristentages, Band I S. 258ff.

[3]) Wussow, Gruchot 71, S. 35ff.

[4]) Vgl. die ausführliche Darstellung bei Hueck, a. a. O.

nur unter dem Gesichtspunkt der Sittenwidrigkeit (§ 826 BGB.) prüft, ergibt sich natürlich ein ganz anderes Bild, als wenn man den strengen Maßstab über Vertragspflichten anlegt. Es ist besonders notwendig, diesen Unterschied einmal vorweg ausführlich zu erörtern, da er auch in den deutschen und ausländischen Schriften über die Einzelfragen kaum berührt wird. Den amerikanischen und kontinentalen Juristen ist jeweils ihre Auffassung von dem Wesen der A.G. und der corporation so selbstverständlich, daß sie sie ihrer Arbeit zugrunde legen, ohne sie in jedem Fall ab ovo zu entwickeln.

Vom rechts- und wirtschaftspolitischen Standpunkt ergibt sich folgendes: Die amerikanische Auffassung der corporation als Vertragsverhältnis bringt es mit sich, daß der für die deutsche Betrachtungsweise bedeutsame Unterschied zwischen den sog. Kapital- und Personalgesellschaften gegenstandslos wird. Da auch bei der größten corporation eine unmittelbare rechtliche Beziehung von Person zu Person besteht, hat die Inkorporierung im englisch-amerikanischen Recht im wesentlichen Bedeutung nur für das Verhältnis zu Dritten. An der inneren Struktur der corporation ändert sich nichts. Nur so erklärt sich auch die Bestimmung des Art. 357 der englischen Companies Act vom 10. Mai 1929, die vorschreibt, daß eine Gesellschaft mit mehr als 20 Mitgliedern inkorporiert werden muß. Art. 357 lautet (in der Übersetzung von Curti[1])): »Keine Gesellschaft (company), association oder partnership, welche aus mehr als 20 Personen besteht, darf für den Betrieb irgend welchen Geschäftes (es handele sich denn um ein Bankgeschäft), das die Erzielung von Gewinnen durch sie oder durch die einzelnen Mitglieder zum Zwecke hat, gegründet werden, wenn sie nicht als company (Aktien-Gesellschaft) gemäß den Vorschriften dieses Gesetzes eingetragen ist oder gegründet wurde, gestützt auf ein anderes Parlamentsgesetz oder auf königliche Verleihung durch »letters patent«, oder eine Gesellschaft ist, die an Bergwerken oder Zinngruben beteiligt ist, und der Gerichtsbarkeit des Gerichts unterworfen ist, das für die Zinngruben Zuständigkeit hat.« Für eine deutsche O.H.G. von mehr als 20 Gesellschaftern die Erwerbung der juristischen Persönlichkeit durch Umwandlung in eine A.G. obligatorisch zu machen, wäre gar nicht angängig, weil man im deutschen Recht nicht ohne weiteres eine Kapitalgesellschaft an die Stelle einer Personalgesellschaft setzen kann.

---

[1]) Curti, Die Englische Aktien-Gesellschaft, S. 244.

In England und Amerika geht das, da eben durch die Inkorporierung gar keine Umwandlung in der inneren Struktur der Gesellschaft vorgenommen wird.

Es erscheint dem Verfasser einer besonderen Prüfung wert zu sein, ob man bei einer Reform des Aktienrechts an dem Unterschied Kapitalgesellschaften — Personalgesellschaften festhalten soll. Im Schrifttum ist eine Lockerung und Umgestaltung der Gesellschaftsformen lebhaft befürwortet worden [1]). Das Reichsgericht hat zwar für die Aktiengesellschaft bisher theoretisch an der Körperschaftsauffassung festgehalten, hat aber in einzelnen Fällen unter dem Gesichtspunkt des § 826 BGB. einen Maßstab der Sittenwidrigkeit angelegt, dessen Strenge eigentlich nur zu verstehen ist, wenn man Bindungen der Aktionäre anerkennt, die über die körperschaftliche Beziehung hinausgehen (vgl. RGZ. 108, 322; 112, 14; 113, 196). In RGZ. 132, 149 spricht das Reichsgericht etwas derartiges sogar aus, indem es auf S. 163 von »einer gesellschaftlichen Pflicht der Mehrheit« redet. Es ist bestimmt anzunehmen, daß die Entwicklung des Rechts in dieser Richtung weitergehen wird. Der Verfasser würde es begrüßen, wenn man entweder die neue deutsche Unternehmensform unter Zugrundelegung eines Vertragsverhältnisses aufbauen würde, oder sich wenigstens dazu entschließen könnte, auf die Beziehungen der Gesellschafter untereinander Vertragsregeln anzuwenden, so daß man an Stelle des Maßstabes der Sittenwidrigkeit den Maßstab von Treu und Glauben als Ausgangspunkt nehmen kann.

II. Abschnitt.

Die Zweckbestimmung der Aktiengesellschaft.

Alle modernen Rechtssysteme bieten die juristische Möglichkeit, ein Unternehmen in einer Form zu betreiben, die etwa der deutschen Aktiengesellschaft entspricht. Fragt man, was der eigentliche Zweck der Aktiengesellschaft sei, so wird einen der deutsche und der ausländische Jurist zunächst auf die Satzung der Gesellschaft verweisen. Die Feststellung des Gegenstandes des Unternehmens ist in allen Rechtssystemen ein zwingend vorgeschriebenes Erfordernis

[1]) Düringer-Hachenburg III, Anm. 78, 79 der Einleitung II; Ring-Schachian, a. a. O., S. 364, 682; Bericht der Aktienrechtskommission des 34. Deutschen Juristentages, S. 27ff.

bei der Errichtung einer Aktiengesellschaft [1]). Der Gegenstand des Unternehmens bestimmt maßgebend das Verhältnis der Aktionäre unter sich und das Verhältnis der Leitung zur Gesellschaft. Manche Rechtssysteme machen es außerdem von dem Gegenstand des Unternehmens abhängig, ob das Unternehmen sich der Rechtsform der Aktiengesellschaft überhaupt bedienen darf oder nicht [2]).

Mit dem Hinweis auf den Gegenstand des Unternehmens ist die Frage nach dem eigentlichen Zweck der Aktiengesellschaft nur von einem bestimmten Betrachtungspunkt aus beantwortet. Wenn wir diesen einmal verlassen und die Aktiengesellschaft im Rahmen des gesamten Wirtschaftsorganismusses in seinen verschiedenartigen Beziehungen zu Staat, Aktionär, Arbeiter und Verbraucher betrachten, bekommt die Frage nach dem Zweck der Aktiengesellschaft ein ganz anderes Gesicht. Der reine Jurist kann sie nicht beantworten. Die Antwort zu finden ist vielmehr eine Aufgabe der Wirtschaftspolitik. Sie mag so oder so ausfallen, auf jeden Fall kann der Jurist seine Arbeit erst beginnen, wenn diese Antwort gefunden ist. Er muß Klarheit darüber haben, welche Zweckbestimmung in dem Wirtschafts- und Rechtssystem seines Landes der A.G. zugewiesen sein soll. Nur aus dieser Klarheit heraus kann er die juristischen Fundamente der Aktiengesellschaft bauen und die sie betreffenden letzten Wahrheiten des Rechts ergründen.

Der aus § 210 II HGB. zu ziehende Schluß, daß die normale A.G. ein Handelsgewerbe betreibe, ist nur eine Scheinantwort. Gewiß, der Zweck der A.G. ist in der Regel der Betrieb eines Handelsgewerbes. Was ist aber der Zweck ihres Gewerbebetriebes? Die unbedenkliche Antwort lautet: Geld zu verdienen. Es fragt sich weiter: Geld für wen? Darauf lassen sich zwei Antworten hören: Für die Gesellschaft! — Für die Aktionäre!

---

[1]) Vgl. Hallstein, Die Aktienrechte der Gegenwart, S. 73.

[2]) In Holland und Spanien ist das Betreiben von Handelsgeschäften für eine A.G. begriffsnotwendig. Das italienische und das portugiesische Recht kennen »Handelsgesellschaften« und »Zivilgesellschaften«, die aber den Vorschriften über die Gesellschaft mit Handelszwecken unterstellt sind. Nach deutschem, französischem, argentinischem, polnischem, ungarischem und (mit Einschränkungen) japanischem Recht ist jede Aktiengesellschaft Handelsgesellschaft und damit Kaufmann, gleichgültig, wozu sie betrieben wird. Das schwedische und das schweizerische Recht vermeiden die hierin liegende unlogische Ausdehnung (vgl. Lehmann, a. a. O., S. 145) und stellen es überhaupt nicht auf den Zweck ab; sie lassen vielmehr ausschließlich die Form darüber entscheiden, nach welchen Grundsätzen ein Personenzusammenschluß zu behandeln ist.

Die A.G. in ihrer heutigen Form verdankt zwei Tatsachen des mittelalterlichen Wirtschaftslebens ihre Einführung: Dem wachsenden Umfang der einzelnen Handelsunternehmungen und der wachsenden Zahl der an einer Unternehmung beteiligten Personen. Wie Lehmann [1]) in seiner eingehenden Untersuchung über die geschichtliche Entwicklung der A.G. nachgewiesen hat, ist die Unternehmungsform der A.G. vornehmlich hervorgegangen aus umfassenden Vereinbarungen von überwiegend den kaufmännischen Kreisen angehörigen Personen zu Zwecken des überseeischen Handels. Hieraus erklären sich zwei auch der heutigen A.G. wesentliche Merkmale: Die verhältnismäßig große Mitgliederzahl und die Eigenschaft einer Handelsgesellschaft. Regelmäßig treffen diese noch heute für sie zu. Regelmäßig ist auch heute die A.G. eine Vereinigung von vielen Mitgliedern, regelmäßig sind ihre Zwecke kommerzielle. Das Reichsgericht [2]) sagt hierzu: »Wo eine Gesellschaft für die Erreichung ihres Zweckes die Vereinigung nicht bloß von Vermögen, sondern von gleichgesinnten, gleichgestellten, gleichgearteten Personen voraussetzt, ist es geboten, nicht die Form der A.G. zu wählen, sondern eine andere Form der Gesellschaft oder die Form des Vereins.«

Wenn auch nach deutschem Recht die Form der A.G. auch für Gesellschaften, die nicht Erwerbszwecken dienen, zulässig ist [3]), so gehen wir zweckmäßigerweise bei der Rechtsvergleichung zunächst einmal von der kommerziellen A.G. aus und vergessen für einen Augenblick, daß gerade das deutsche Recht (§ 210 II) auch nicht kommerzielle Zwecke zuläßt [4]).

Es ist besonders in neuerer Zeit Gegenstand lebhafter Erörterung gewesen, ob in unserem Wirtschafts- und Rechtssystem die erwerbende Tätigkeit einer A.G. in erster Linie den einzelnen Mitgliedern zugute kommen soll, oder ob man dem Unternehmen als solchem einen wirtschaftlichen Selbstzweck zugestehen soll. Für die letztgenannte Auffassung hat man geltend gemacht, daß aus privatrechtlichen und wirtschaftlichen Gründen die in einer A.G. als laufendem Betrieb vorhandenen Werte Anspruch auf einen be-

---

[1]) a. a. O. S. 141.

[2]) RGZ. 49, S. 81.

[3]) In ihrem Bericht S. 7 hat die durch den 34. Deutschen Juristentag zur Prüfung einer Reform des Aktienrechts eingesetzte Kommission es ausdrücklich abgelehnt, eine Abweichung von diesem Grundsatz zu empfehlen.

[4]) Die gegenteilige vereinzelte Meinung von Simon, ZHR. 49, S. 8 kann heute als erledigt angesehen werden.

sonderen Schutz hätten, ohne Rücksicht auf die Interessen der Einzelaktionäre bzw. der Aktionärmehrheit. Man hat in der »Unternehmung an sich« einen besonderen wirtschaftlichen Interessenträger zu schaffen versucht, dem eigene, von denen der Aktionäre unabhängige, privatrechtlich schutzwürdige Belange zuerkannt werden [1]). Düringer-Hachenburg [2]) spricht von einer »Ablösung der rein individualistischen Auffassung durch die Rechtsidee, daß das Unternehmen nicht nur der äußere Rahmen für die Verfolgung der Interessen der einzelnen beteiligten Staatsbürger, sondern als solches ein Rechtsgut besonderer Eigenart und eine Einrichtung mit besonderen Aufgaben sei.«

Die Verdrängung des Unternehmers zugunsten des »Unternehmens an sich« aus der privatwirtschaftlichen Vorstellungswelt ist letzten Endes nur die Übertragung der marxistisch-sozialistischen Volkswirtschaftstheorie in das Privatrecht. Der marxistische Sozialismus lehnte letzten Endes jede selbstverantwortliche privatwirtschaftliche Betätigung ab und strebte die Sozialisierung aller Betriebe in dieser oder jener Form an. Für ihn sollte die A.G. ebenso wie jeder andere Wirtschaftsbetrieb der staatlichen Planwirtschaft dienen und zwar unter Ausschaltung der Privatinitiative. Eine Verdrängung des Begriffs der Privatunternehmungen durch den Gedanken, daß das Unternehmen an sich, losgelöst von dem Unternehmer, privatwirtschaftlichen Schutz verdiene, wäre die beste Vorarbeit für die Durchführung des marxistischen Sozialismus.

Die dem marxistischen Sozialismus entgegengesetzte Wirtschaftsanschauung, der sog. Privatkapitalismus, hätte wohl, ohne es zu wollen, unsere Wirtschaft gleichfalls einer weitgehenden Ausschaltung der wirtschaftlichen Privatinitiative des Einzelnen und damit einer beamteten Wirtschaft entgegengeführt. Sombart [3]) hat m. E. richtig herausgearbeitet, daß das Wirtschaftssystem des sogenannten Hoch- oder Spätkapitalismus in allen Wirtschaftszweigen zur Bildung von Riesengesellschaften geführt hätte, die dann nicht mehr der Privatinitiative des Einzelnen Raum gewährt, sondern beamtenhafte Wirtschaftsapparate hervorgebracht hätten. Auf jeden Fall hätten sie, wenn nicht unmittelbar zur Sozialisierung in irgendeiner Form, so doch jedenfalls zu einer Aushöhlung des privatwirtschaftlichen Erwerbscharakters der Unternehmungen geführt.

Das geltende Recht erkennt den Gedanken, daß das Unter-

[1]) Vgl. besonders Rathenau, Vom Aktienwesen.

[2]) HGB. III, erläuternde Bemerkungen S. 94.

[3]) Sombart, Die Zukunft des Kapitalismus.

nehmen an sich, ohne Rücksicht auf den Unternehmer, ein selbständiges, privatrechtlich schutzwürdiges Subjekt sei, nicht an. Es zieht lediglich bei der Prüfung der Frage, ob irgendeine Maßnahme einer Aktionärmehrheit einen Mißbrauch des Stimmrechts gegenüber der Minderheit darstellt, das Interesse des Unternehmens an sich als Maßstab heran (vgl. hierüber Abschnitt VI B c). Düringer-Hachenburg [1]) weist darauf hin, daß besonders in guten Zeiten der Gedanke der Loslösung der A.G. von ihrem Personensubstrat als extremste Auffassung von dem Zurückdrängen des Aktionärs auch in Deutschland sich verbreitet habe. Er spricht sich [2]) selbst gegen den Gedanken aus, die A.G. lediglich zu einer »wirtschaftlichen Niederlassung des Staates« zu machen. Er ist, abgesehen von den Fällen, wo die Mehrheit den Hinweis auf die Interessen der Gesellschaft nur zur Stützung ihrer Herrschaft benützt, indem sie sich mit dem Unternehmen und dieses mit der Gesamtwirtschaft identifiziert, der Meinung, daß »man die A.G. nicht lediglich als eine der Allgemeinheit dienende Körperschaft auffassen darf, deren Mitglieder zwar nicht geleugnet werden können, die aber im Grunde genommen gegenüber den höheren Interessen keine Existenzberechtigung mehr haben«.

Brodmann [3]) schreibt hierzu: »Es muß und soll nicht übersehen werden, daß die Vereinigung der Aktionäre im letzten Grunde darauf hinausläuft, daß die Mitglieder ihr Geld zu dem Zweck hingeben, damit für sich Erträge zu erzielen.« Das will heißen, möglichst hohe, möglichst gleichmäßige und möglichst sichere Erträge. Dazu kommt als selbstverständlich die Auszahlung einer möglichst hohen Liquidationsquote bei der Auflösung der Gesellschaft. Im Einzelfall kann es bezüglich all dieser Merkmale Ausnahmen geben; aber der normale, nicht spekulierende Durchschnittsaktionär, von dem wir auszugehen haben, wird regelmäßig die genannten Erfolge anstreben. Hierin wird er auch von unserer geltenden Rechtsordnung durch öffentlich-rechtliche und privatrechtliche Vorschriften geschützt. — Für das geltende Recht haben wir also davon auszugehen, daß privatrechtlich gesehen eine kommerzielle A.G. dazu da ist, für die Aktionäre auf erlaubte Weise möglichst große Vorteile zu erzielen; Einschränkungen dieses Grundsatzes im Hinblick auf entgegenstehende öffentliche Interessen oder solche der Gesamt-

---

[1]) a. a. O., Anmerkung 77 der Einleitung II.
[2]) a. a. O., Anmerkung 11 der Einleitung I.
[3]) a. a. O., Anmerkung 1 zu § 210.

wirtschaft werden nur außerhalb des reinen Privatrechtes berücksichtigt.

Die Gefahr, daß bei dem Neubau unseres Rechts die marxistisch-sozialistische oder die reine privatkapitalistische Wirtschaftsauffassung zugrunde gelegt werden, ist mit dem Siege der nationalen Revolution beseitigt. Auch den Gedanken des »Unternehmens an sich« muß eine Rechtsordnung, die die Privatwirtschaft und die Einzelinitiative als ihre Grundlagen anerkennt, folgerichtig ablehnen, solange es sich um reine Fragen des Privatrechts handelt. Macht man nämlich das »Unternehmen an sich« zu einem privatrechtlichen Interessen- und Rechtssubjekt ohne Rücksicht auf den Unternehmer, so leugnet man das Prinzip der Privatwirtschaft als solches. Wir können daher davon ausgehen, daß im Wirtschaftsleben die Entfaltung der selbstverantwortlichen Privatinitiative weitgehend gefördert werden wird, immer jedoch in den Grenzen, die das öffentliche Interesse und das der Gesamtwirtschaft der Betätigung des Einzelnen zieht. Die Hand des Staates wird nicht das Einzelglied des Wirtschaftsorganismus anrühren, wird sich aber in verstärktem Maße die Formung des Gesamtwirtschaftsorganismusses angelegen sein lassen. Auch für die Reform des deutschen Rechts werden wir also davon ausgehen können, daß es die Zweckbestimmung der A.G. ist, für die Aktionäre möglichst hohe Erträge abzuwerfen, soweit dies auf rechtmäßige Weise möglich ist und nicht öffentliche Interessen oder solche der Gesamtwirtschaft entgegenstehen.

Auch im Sinne des amerikanischen individualistisch-liberalistischen Kapitalismus ist eine private corporation dazu bestimmt, möglichst hohe Gewinne abzuwerfen. Diese Anschauung ist auf anderen Grundlagen aufgebaut, als die oben für das deutsche Recht entwickelte, für das Privatrecht kommt sie aber praktisch im wesentlichen auf dasselbe hinaus.

In Amerika sind die Zweifel an der Richtigkeit der Lehre, daß die corporation reinen Erwerbscharakter habe, auf privatrechtlichem Gebiet viel stärker in Erscheinung getreten als in Deutschland. Zur Erläuterung sei der berühmte Fall Dodge gegen Ford [1]) herangezogen. Um dem deutschen Juristen zugleich einen Einblick in die psychologischen Zusammenhänge der amerikanischen Wirtschaftswelt zu verschaffen, sei er hier ausführlicher dargestellt, als der unmittelbare Anlaß seiner Erörterung es notwendig machen würde.

[1]) Dodge v. Ford Motor Co., 204 Michigan 459, 170 N.W. 668, 3 A.L.R. 413.

Die Ford Motor Company wurde 1903 gegründet. Gegenstand des Unternehmens war es, Motore sowie Gegenstände und Zubehörteile, die zu deren Konstruktion und Benutzung gehören, zu kaufen, herzustellen und zu vertreiben. Das Grundkapital wurde auf $ 150 000 festgesetzt, eingeteilt in 1500 Shares zu $ 100, von denen $ 100 000 ausgegeben wurden. Eingezahlt wurden $ 49 000 in bar und $ 51 000 in Sachwerten. 1908 wurde das Grundkapital auf $ 2 000 000 erhöht. Die Gesellschaft gab 500 noch im Portefeuille befindlichen und 18 500 neue Aktien aus. Die alten Aktionäre übernahmen sämtliche neuen Aktien, leisteten aber keine Bareinzahlung. Die Einzahlung wurde vielmehr durch den Verzicht der Aktionäre auf Auszahlung der bereits festegsetzten Dividende von insgesamt $ 1 900 000 ersetzt. Die Ford Motor Co. erklärte in der Folgezeit regelmäßig auf alle Aktien eine vierteljährlich zahlbare Dividende von 5% pro Monat, was einer Jahresdividende von 1200% auf die ursprüngliche Einzahlung von $ 100 000 gleichkam, auf der anderen Seite aber nur eine Verzinsung von etwa 1% des in der Unternehmung tatsächlich arbeitenden Kapitals darstellte. Außerdem wurden je nach der Kassenlage Sonderdividenden in unregelmäßigen Abständen gezahlt, so z. B. am

15. Mai 1912	$ 2 000 000
11. Juli 1912	$ 2 000 000
16. Juni 1913	$ 10 000 000
13. Dezember 1913	$ 1 000 000
14. Mai 1914	$ 2 000 000
12. Juni 1914	$ 2 000 000
im ganzen bis zur Klageerhebung	$ 41 000 000

Das macht für das Jahr 1913 eine Gesamtdividende von etwa 31 000% der ursprünglichen Einzahlung von $ 100 000 aus.

Ende 1915 änderte Henry Ford, der 58% des Aktienkapitals in Händen hatte und Präsident der Ford Motor Co. war, seine Geschäftspolitik. Er erklärte keine Zusatzdivideden mehr, sondern nur noch die regelmäßige Dividende von 5% pro Monat. Von dem in kurzer Zeit aufgelaufenen Gewinn (surplus) von $ 60 000 000 beabsichtigte er Anfang 1916 etwa $ 11 000 000 zum Bau eines Hüttenwerkes zu verwenden und mit dem Rest weitere Expansionspläne zu finanzieren, sowie den Preis des Fordautos im August 1916 von $ 440 auf $ 360 herabzusetzen.

Die Gebrüder Dodge, denen 10% des Aktienkapitals gehörten, verlangten, daß die Gewinne nicht zur Preissenkung und Expansion verwendet, sondern als Dividende unter die Aktionäre verteilt würden. Sie behaupteten, was übrigens Henry Ford nicht bestritt, die Preissenkung sei im Hinblick auf die Konkurrenz, d. h. auf den Umfang des Verkaufs, im Augenblick nicht erforderlich, und führten aus, Fords Expansionspläne schädigten in unbilliger Weise die Aktionäre, da diesen nur mit ausgezahlten, nicht mit immer wieder angelegten Gewinnen gedient sei, die übrigens durch einen möglichen Konjunkturumschwung sehr gefährdet seien. Die Gebrüder Dodge verlangten deshalb klageweise die Verteilung von 75% des von der Ford Motor Co. angesammelten Gewinnes und Einstellung des geplanten Hüttenwerkbaues. Das Gericht verbot zunächst durch eine einstweilige Verfügung den Bau des Hüttenwerks. Der Supreme Court (von Michigan) änderte die einstweilige Verfügung dahin ab, daß während der Zeit des Rechtsstreites $ 10 000 000 für die Erbauung des Hüttenwerkes verwandt werden dürften, wenn Henry Ford und seine Anhänger für die eventuellen Regreßansprüche der Gesellschaft gegen sie aus eigenen Mitteln in dieser Höhe Sicherheit leisteten. Ford leistete die Sicherheit und ließ das Hüttenwerk bauen.

Bereits vor dem Prozeß hatte Ford sich über seine Auffassung folgendermaßen geäußert:

»My ambition is to employ still more men, to spread the benefits of this industrial system to the greatest possible number, to help them build up their lives and their homes. To this we are putting the greatest share of our profits back in the business«. (Mein Ehrgeiz ist es, immer mehr Menschen zu beschäftigen, die Segnungen unseres industriellen Systems möglichst vielen Leuten zugute kommen zu lassen und ihnen zu helfen, ihr Leben und ihr Heim aufzubauen. Um dies zu erreichen, werfen wir den größten Teil unseres Gewinnes in das Unternehmen zurück.)

Im Prozeß erklärte Ford, die Aktionäre hätten bereits in Dividenden weit mehr zurückerhalten, als sie investiert hätten, und könnten daher über die Monatsdividende von 5% hinaus keine Erträge beanspruchen. Vielmehr sei es gerecht, die weiteren Überschüsse der Unternehmung den Arbeitern und Angestellten in Form von Löhnen und der Allgemeinheit in Form einer Preissenkung zukommen zu lassen. Henry Ford erklärte, er habe sich entschlossen, »for the present« (vorläufig) keine Dividenden über 5% monatlich zu zahlen.

Nach dieser Erklärung nahm die Verhandlung folgenden Fortgang:

Frage des Vorsitzenden: »For how long? Had you fixed in your mind any time in the future when you were going to pay?

Antwort: »No«.

Frage: »That was indefinite in the future?«

Antwort: »That was indefinite, yes sir!«

(Frage des Vorsitzenden: »Für wie lange? Haben Sie sich irgendeinen Zeitpunkt vorgenommen, an dem Sie die Zahlungen wieder aufnehmen wollen?

Antwort: »Nein«.

Frage: »Das lag also ganz unbestimmt in der Zukunft?«

Antwort: »Jawohl, das war ganz unbestimmt!«)

Im Prozeß führte Ford außerdem noch aus, er wolle die hohen Dividenden nicht mehr weiter zahlen, um alle Ausgaben der Ford Motor Co. bar bezahlen zu können und nicht vom Kredit abhängig zu sein. Außerdem liege, wenn man die Entwicklung in der großen Linie betrachte, die Zurücksetzung des Autopreises im Interesse der Gesellschaft und der Aktionäre, wenn dies auch im Augenblick vielleicht noch nicht für jeden erkennbar sei.

Das Gericht entschied, daß Ford eine Zusatzdividende von insgesamt $ 19 275 385,— verteilen müsse, das Hüttenwerk aber bauen dürfe. Einige besonders interessante Stellen der Urteilsbegründung seien wiedergegeben:

»The record and especially the testimony of Mr. Ford, convinces us that he has to some extent the attitude towards stockholders of one who has dispensed and distributed to them large gains and that they should be content to take what he chooses to give. His testimony creates the impression, also, that he thinks the Ford Motor Company has made too much money, has had too large profits, and that although large profits might be still earned, a sharing of them with the public, by reducing the price of the output of the company, ought to be undertaken. We have no doubt that certain sentiments, philanthropic and altruistic, creditable to Mr. Ford, had large influence in determining the policy to be pursued by the Ford Motor Company.«

»As the expenditures complained of are being made in expansion of the business which the company is organized to carry on, and for purposes within the powers of the corporation as hereinbefore shown, the question is as to whether such expenditures are rendered illegal because influenced to some extent by humanitarian motives and purposes on the part of the members of the board of directors.«

»The difference between an incidental humanitarian expenditure of corporate funds for the benefit of the employees, like the building of a hospital for their use and the employment of agencies for the betterment of their condition, and a general purpose and plan to benefit mankind at the expense of others, is obvious. There should be no confusion (of which there is evidence) of the duties which Mr. Ford conceives that he and the stockholders owe to the general public and the duties which in law he and his codirectors owe to protesting minority stockholders. A business corporation is organized and carried on primaliy for the profit of the stockholders. The powers of the directors are to be employed for that end. The discretion of directors is to be exercised in the choice of means to attain that end and does not extend to a change in the end itself, to the reduction of profits or to the nondistribution of profits among stockholders in order to devote them to other purposes.«

(»Durch die Beweisaufnahme, insbesondere die Zeugenaussage von Mr. Ford, hat das Gericht die Überzeugung gewonnen, daß Mr. Ford den Aktionären gegenüber etwa die Einstellung eines Menschen angenommen hat, der gewaltige Gewinne an sie verteilt hat, und der nun glaubt, die Empfänger sollten endlich zufrieden sein und sich in Zukunft mit dem begnügen, was er ihnen zu geben beliebt. Mr. Fords Zeugenaussage ruft auch den Eindruck hervor, daß nach seiner Meinung die Ford Motor Company zuviel Geld verdiene, zu große Überschüsse gemacht habe, und daß unbeschadet weiterer großer Einnahmen eine Teilung der Gewinne mit dem Publikum dadurch vorgenommen werden müsse, daß man die Erzeugnisse der Gesellschaft verbillige. Das Gericht hat keinen Zweifel, daß gewisse Motive Fords philantropischer und altruistischer Natur, die ihm hoch angerechnet werden müssen, die Politik der Ford Motor Company in weitgehendem Maße beeinflußt haben...«.
»Da die von den Klägern beanstandeten Ausgaben für die Ausdehnung der Betriebszweige gemacht worden sind, für die die Gesellschaft eingerichtet ist, und zu Zwecken, welche zu dem Gegenstand des Unternehmens der Gesellschaft gehören, handelt es sich jetzt um die Frage, ob solche Ausgaben deshalb ungesetzlich sind, weil sie bis zu einem gewissen Grade von humanitären Motiven und Absichten der Direktoren beeinflußt sind.... Der Unterschied zwischen einer gelegentlichen Ausgabe von Gesellschaftsgeldern zugunsten der Angestellten, wie z. B. für die Erbauung eines Arbeiter-Krankenhauses, oder für andere Verbesserungen ihrer Lage und andererseits der allgemeinen Absicht, der Menschheit als solcher

auf Kosten anderer (nämlich der Aktionäre) Wohltaten zu erweisen, ist ganz klar. Man darf keine Verwechslung aufkommen lassen, (wie es offensichtlich geschehen ist), zwischen den Pflichten, die nach Ansicht von Mr. Ford ihm und seinen Aktionären der Allgemeinheit gegenüber obliegen, und den Pflichten, die er und seine Mitdirektoren nach dem Gesetz den protestierenden Minderheitsaktionären gegenüber zu erfüllen haben. Eine business corporation wird gegründet und betrieben in erster Linie zum Zwecke der Gewinnerzielung für die Aktionäre. Die Direktoren müssen ihre Befugnisse im Dienste dieses Zweckes ausüben. Das freie Ermessen der Direktoren geht nur soweit, die rechten Mittel zur Erreichung dieses Zweckes auszuwählen, erstreckt sich aber nicht darauf, einen Wechsel in dem Ziel selber vorzunehmen, nämlich die Gewinne zu verkleinern, oder die Verteilung des Gewinnes unter die Aktionäre zu unterlassen, um sie anderen Zwecken zuzuführen.«

Vom sozialen, volkswirtschaftlichen und politischen Gesichtspunkt aus sind diese Ausführungen besonders interessant, weil sie zum Teil aus dem Munde eines der bedeutendsten Kapitalisten unserer Zeit kommen. Ein besonderes Interesse im Zusammenhang unserer Untersuchung verdienen sie jedoch noch aus einem ganz anderen Grunde, und zwar wegen der Zwecke, die mit ihnen verfolgt werden. Ford will mit seinen Ausführungen nicht etwa staatsrechtliche, also öffentlich-rechtliche Anschauungen oder politische Programme verfechten. Er erörtert vielmehr die angeführten Gesichtspunkte, um den privatrechtlichen Ansprüchen seiner Prozeßgegner entgegenzutreten. Ford ist also allen Ernstes der Meinung, das Gericht würde, wenn es sich seiner Auffassung von der Zweckbestimmung eines Industriekonzerns zu eigen machen würde, geneigt sein, das (privat-)rechtliche Verhältnis des Aktionärs zur Gesellschaft anders zu beurteilen, als wenn es sie nicht teilen würde.

Auch das Verhalten des Gerichts im Falle Dodge gegen Ford ist für einen deutschen Juristen merkwürdig. Sonderbarerweise tritt das Gericht in seiner Urteilsbegründung den Ausführungen Fords nicht mit dem für unser Denken so naheliegenden Hinweis entgegen, daß die von Ford vorgetragenen Gesichtspunkte nicht in einen privatrechtlichen Rechtsstreit hineingehörten und deshalb bei der Entscheidung nicht in Betracht kommen könnten, sondern geht sachlich auf sie ein und widerlegt sie, wobei es zu dem Resultat kommt, daß die Befugnisse der Direktoren nicht so weit gingen, gegen den Willen der Aktionäre »die Menschheit im allgemeinen zu beglücken«.

Auch das deutsche geltende Recht kennt den Gesichtspunkt, daß der Privateigentümer sich in einem gewissen Grade den Interessen der Gesamtheit unterordnen muß. In verschiedenen Bestimmungen sind besondere Pflichten des Eigentümers gegenüber der Allgemeinheit und den einzelnen Mitbürgern geschaffen. Es sei nur an die Pflicht des Grundbesitzers zur Bodenbearbeitung und -ausnutzung (Art. 155 Abs. III der Reichsverfassung) erinnert. Hierher gehört auch das Verbot der Ausfuhr der »national wertvollen Kunstwerke«, die Vorschriften zur Erhaltung künstlerisch wertvoller Denkmäler und Naturschönheiten, gewisse Baubeschränkungen, wie z. B. die durch das Fluchtliniengesetz. Die Liste läßt sich beliebig erweitern. Allen diesen Pflichten ist das eine gemeinsam, daß sie öffentlich-rechtlich sind und auf einer besonderen Gesetzesgrundlage beruhen. Ohne eine solche können Wünsche, die die Allgemeinheit gegenüber dem Einzelnen hat, mögen sie moralisch und wirtschaftlich noch so berechtigt sein, nach dem jetzt in Kraft befindlichem deutschem Recht niemals eine Rechtspflicht für den Einzelnen begründen. Soll eine solche entstehen, muß der Gesetzgeber eingreifen. — Auch die sich aus dem Inhalt des Eigentums ergebenden Pflichten privatrechtlicher Natur gegenüber dritten Personen, wie z. B. die Pflicht zur Duldung von Einwirkungen nach § 904 BGB., oder die Beschränkungen aus Grundsätzen des Nachbarrechts, können als Vergleichsmaßstab für die Ford'schen Ausführungen nicht herangezogen werden. In den genannten Fällen steht dem Berechtigten jedesmal ein bestimmter Berechtigter auf Grund einer bestimmten gesetzlichen Bestimmung gegenüber, während Ford in seiner Beweisführung nur mit einer Pflicht gegenüber »der Allgemeinheit« arbeitet. »Die Verbraucherschaft«, »Das Publikum«, »Die Allgemeinheit« können als solche nach unserer Auffassung überhaupt nicht Subjekt von Privatrechten sein.

Wenn auch, wie die Entscheidung Dogde gegen Ford zeigt, die Gerichte an der Auffassung der A.G. als einer streng privatkapitalistischen Unternehmungsform mit Erwerbscharakter festhalten [1]), so sind doch unzweifelhaft die Ford'schen Gedankengänge keineswegs Gelegenheitsäußerungen zu Prozeßzwecken, sondern in starkem Maße von der öffentlichen Meinung getragen. So hat z. B. auch Owen D. Young [2]), der Präsident der General Electric Corporation,

[1]) Auf ihr beruht auch der amerikanische Rechtssatz, daß corporations nicht Gewährung von Schenkungen berechtigt sind, es sei denn, daß sie ihnen einen indirekten Vorteil bringen (vgl. S. 73f.).

[2]) Sears, The New Place of the Stockholder, S. 208.

Gedanken vorgetragen, die den Ford'schen entsprechen. Er ist der Meinung, die Direktoren eines großen Werkes sollten sich als Treuhänder in einem der Allgemeinheit dienenden Unternehmen und nicht als Sachwalter für die Aktionäre fühlen.

Für die Zwecke unserer Untersuchung ergibt sich folgendes: Der marxistische Sozialismus und sein Gegenspieler, der Hochkapitalismus, treiben letzten Endes die Entwicklung der modernen Unternehmungsform dahin, daß die notwendigerweise mit dem Erwerbstrieb verbundene, auf privater Initiative aufgebaute Entfaltung der selbstverantwortlichen Persönlichkeit zurückgedrängt wird zugunsten einer beamtenhaften Kollektivwirtschaft. Der von Ford angedeutete Weg, zu Ende verfolgt, führt genau dahin, wohin auch der marxistische Sozialismus, wenn auch auf anderen Wegen, strebt.

Die Ideen Ford's beruhen m. E. auf einer falsch verstandenen Gemeinnützigkeit. Sein Ausgangspunkt, daß die Privatunternehmungen in gewissem Maße den Gemeininteressen zu dienen haben, ist richtig. Seine Folgerungen aber sind falsch. Der richtig verstandene Gemeinnutz der Wirtschaftsunternehmungen wird nicht dadurch erreicht, daß der Staat in irgend einer Form den Einzelnen seiner Rechte entkleidet und aus Unternehmern mit Privatinitiative Beamte eines kollektiven Wirtschaftsbetriebes macht. Vielmehr soll der Staat sein Wirtschaftsführertum in der Art ausüben, daß er die Wirtschaftspolitik im Interesse der Gesamtheit formt. Nicht Eingriffe in die einzelnen Wirtschaftszellen, sondern wirtschaftsführende Gestaltung des Gesamtorganismusses sei das Ziel.

Aus diesen Erwägungen ergibt sich, daß wir bei einer Umgestaltung des Rechts der Wirtschaftsunternehmungen, soweit die privatrechtlichen Verhältnisse der Beteiligten in Frage stehen, den Gesichtspunkt der Gemeinnützigkeit außer acht lassen müssen. Alle in dieser Richtung strebenden Tendenzen, wie z. B. die auf der Idee des »Unternehmens an sich« aufgebauten Theorien sind in Wahrheit marxistischer Sozialismus; sie laufen auf die Beseitigung der Privatinitiative hinaus. Alle Aufgaben zur Förderung der Gesamtwirtschaft und Sicherung des Allgemeinwohls müssen im Rahmen der Volkswirtschaftspolitik und des öffentlichen Wirtschaftsrechts gelöst werden. Vom privatrechtlichen Standpunkt aus sollte man sich wieder auf den gesunden und natürlichen Standpunkt stellen, daß die in der Form einer juristischen Person betriebene Unternehmung der natürlichen Person gleichsteht, soweit dies die Natur der Sache zuläßt, daß also die A.G., privatwirtschaftlich gesehen, dazu da ist, für die Mitglieder Erträge abzuwerfen.

III. Abschnitt.

Die Aktiengesellschaft in Aktion. Handlungsfähigkeit und Gegenstand des Unternehmens.

A. Allgemeines.

Wenn eine A.G. im Verkehr mit Dritten die ihr durch Gesetz oder Satzung gesteckten Grenzen überschreitet und dadurch ein Schaden entsteht, so ergibt sich die Frage, wer diesen Schaden tragen soll, der Dritte oder die Gesellschaft. Die Antwort richtet sich danach, wer nach der Gesamteinstellung der Rechtsordnung schutzwürdiger ist, der Dritte oder die Gesellschaft, d. h. wirtschaftlich die Aktionäre. Für den deutschen Juristen ist es selbstverständlich, daß die Sicherheit des Rechtsverkehrs und damit der Schutz des Dritten vorgeht. Die Gesellschaft bzw. die Aktionäre sind darauf beschränkt, den pflichtwidrig handelnden Vorstand verantwortlich zu machen. Schließlich stehen die Aktionäre der Gesellschaft doch näher als der unbeteiligte Dritte, und es entspricht daher auch eher dem natürlichen Rechtsempfinden, sie die Folgen der Handlungen des von ihnen gewählten Vorstandes tragen zu lassen, als einen Außenstehenden. Dieser Abwägung der Schutzwürdigkeit entspricht die positive Regelung. Anders denkt das amerikanische Recht, dem der Schutz des Aktionärs vorgeht.

B. Deutsches Recht.

Man ist sich im deutschen Recht darüber einig, daß die Handlungsfähigkeit der Aktiengesellschaft mit dem in die Satzung aufgenommenen Gegenstand des Unternehmens nichts zu tun hat.

Die Handlungsfähigkeit einer Aktien-Gesellschaft ergibt sich nach deutscher Auffassung unmittelbar aus ihrer Rechtsfähigkeit. Grundsätzlich kann die juristische Person dieselben Rechtsgeschäfte und Rechtshandlungen vornehmen wie eine physische Person. Einschränkungen ergeben sich allerdings aus der Natur der Sache für solche Handlungen, bei denen ein Mensch aus Fleisch und Blut selbstverständliche Voraussetzung ist (z. B. Eheschließung) und außerdem in allen den Fällen, wo das Gesetz eine Beschränkung der juristischen Personen ausdrücklich vorsieht. Davon abgesehen hat eine Aktiengesellschaft die Fähigkeit, sich in gleicher Weise zu betätigen wie eine physische Person. Diese Fähigkeit ist dem Umfange nach nicht von dem in der Satzung angegebenen Gegenstand des Unternehmens begrenzt. Eine Aktiengesellschaft, deren Satzung nur den Handel mit Gemüse als Gegenstand des Unternehmens angibt, hat gleichwohl auch die Fähigkeit, Hüte zu kaufen und zu verkaufen. Die Abweichung eines Rechtsgeschäftes vom Gegenstand des Unternehmens hat auf seine Gültigkeit keinen Einfluß. Für die Praxis hat dies die überaus wichtige Folge, daß sich Dritte beim Verkehr mit einer Aktiengesellschaft um deren Satzung insoweit nicht zu kümmern brauchen. Wenn alles andere in Ordnung ist, steht auch eine offenbare Abweichung eines Rechtsgeschäftes vom Gegenstand des Unternehmens dessen Gültigkeit nicht entgegen. In dieselbe Richtung schlägt auch die Regelung des § 226. Grundsätzlich darf eine Aktiengesellschaft eigene Aktien nicht erwerben. (Gesetzliches Verbot im Sinne des § 134 BGB.) Der verbotswidrige Erwerb eigener voll eingezahlter Aktien ist jedoch rechtsgültig [1]).

Die Beschränkung der Gesellschaft durch die satzungsmäßige Feststellung des Gegenstandes des Unternehmens hat jedoch eine große Bedeutung für das Innenverhältnis. Der Gegenstand des Unternehmens bestimmt maßgebend das Rechtsverhältnis der Gesellschaft zu ihren Aktionären und zum Vorstand. Der Vorstand hat gegenüber der Aktiengesellschaft die Pflicht, nichts zu unternehmen, was nicht zum Gegenstand der Gesellschaft gehört, und der Aktionär hat ein Recht darauf, daß die Gesellschaft den Rahmen des Gegenstandes des Unternehmens ohne Statutenänderung nicht erweitert [2]).

C. Amerikanisches Recht.

a) Die Grundlagen.

Das amerikanische Recht [3]) beantwortet die Frage, ob bei einer Befugnisüberschreitung der Leitung der beteiligte Dritte oder die Aktionäre schutzwürdiger sind, anders als das deutsche Recht. Ihm geht der Schutz des Aktionärs vor. Der amerikanische Aktionär hat zwar viel geringere Möglichkeiten, selbst in die Ausgestaltung der Gesellschaft und in ihre Geschäftsführung einzugreifen als der deutsche, wenn aber in irgend einer Weise seine vermögensrechtliche Stellung gefährdet wird, gewährt ihm das amerikanische Recht einen viel weitgehenderen Schutz als das deutsche. Dieser Unterschied wird im Laufe dieser Untersuchung immer wieder in Erscheinung treten.

---

[1]) Schlegelberger-Quassowski-Schmölder, Anm. 21 zu § 226.

[2]) Brodmann, Anm. 10a zu § 182.

[3]) Eine systematische Gegenüberstellung der Regeln aller Rechtssysteme über diesen Punkt findet sich bei Hallstein, a. a. O., S. 70f.

Das amerikanische Recht macht grundsätzlich die Handlungsfähigkeit einer corporation von dem in der charter genannten »Gegenstand des Unternehmens« abhängig. Handlungen, die innerhalb desselben liegen, sind »intra vires«, die außerhalb liegenden »ultra vires«. Auf diesen Unterschied hat das amerikanische Recht die sog. »ultra-vices-Doktrin« aufgebaut. Schon jetzt sei vorausgeschickt, daß diese Lehre zu den unmöglichsten und unbilligsten Resultaten führt. Die amerikanische Rechtsprechung hat sie daher mit der Zeit stark abgewandelt und immer neue Ausnahmen und Unterausnahmen geschaffen, so daß heute die ultra-vires-Doktrin eine der schwierigsten und verwickeltsten des amerikanischen Aktienrechtes ist. Zum besonderen Verständnis sei daher zunächst kurz auf die ursprüngliche reine ultra vires-Lehre und ihre Entwicklung zu ihrer heutigen Form eingegangen.

Die corporation ist nicht auf natürliche Weise entstanden, sondern künstlich durch die Verleihung eines Privilegs des Staates an die Gründer. Diesen ist gestattet, ihre Gesellschaft mit den in der charter genannten Eigenschaften als juristische Person zu betreiben. Es liegt nach anglo-amerikanischer Auffassung im Wesen dieser künstlichen Erschaffung, daß der Inhalt des Kreationsaktes den Umfang des Entstandenen bestimmt. Darüber hinaus entsteht nichts, sowohl dem Sein als auch dem Können nach; insbesondere entsteht keine über den Rahmen des Schöpfungsaktes, der seinem Inhalt nach insoweit durch den Gegenstand des Unternehmens bestimmt ist, hinausgehende Handlungsfähigkeit (powers, vires). Die corporation kann also nur innerhalb des Bereiches ihres Zweckes, d. h. intra vires, handeln; Rechtshandlungen, die ultra vires sind, d. h. die außerhalb des Gegenstandes des Unternehmens liegen, können überhaupt nicht vorgenommen werden, weil die Gesellschaft der Fähigkeit dazu ermangelt.

Seit der Entscheidung Ashbury Railway Carriage and Jron Co. v. Riche (1875)[1]) steht die englische Praxis grundsätzlich auf dem Boden dieser sog. special capacity Theorie, die auch von den amerikanischen federal courts grundsätzlich angenommen ist. In der sehr weitgehenden amerikanischen Entscheidung Central Transportation Co. v. Pullman's Car Co.[2]) ist gesagt: »A contract of a corporation which is ultra vires, that is to say, outside the object of its creation as defined in the law of its organisation, and therefore beyond the powers conferred upon it by the legislature is

[1]) L. R. 7. H. L. 653.

[2]) Central Transportation Co. v. Pullman's Car Co, 139. U. S. 24.

not voidable only, but wholly void and of no legal effect. The objektion to the contract is not merely that the corporation ought not to have made it, but that it could not make it«. (Ein Vertrag einer corporation, der ultra vires ist, d. h. der jenseits des sich aus der Gründungsurkunde ergebenden Bereiches liegt, für den sie geschaffen wurde, und der deshalb über die ihr gesetzlich übertragenen Befugnisse hinausgeht, ist nicht nur vernichtbar, sondern gänzlich nichtig und ohne rechtliche Wirkung. Der Gültigkeit des Vertrages steht nicht nur entgegen, daß die corporation ihn nicht hätte abschließen sollen, sondern daß sie ihn nicht abschließen konnte.)

Diese Theorie führt natürlich zu dem Rechtsgrundsatz, daß ultra vires-Akte auch bei Zustimmung sämtlicher Aktionäre und Direktoren nicht Akte der Gesellschaft sind. Auch der Konsens aller Beteiligten vermag der Gesellschaft keine Fähigkeiten zu geben, die ihr bei der Gründung und Inkorporierung nicht mitgegeben sind. Im Sinne dieser Theorie sind unerlaubte Handlungen (torts) niemals Akte der Gesellschaft, weil sie zu solchen auf keinen Fall ermächtigt ist [1]). Alle gesetz- und satzungsmäßigen Handlungen werden als Handlungen der Gesellschaft angesehen, alle ungesetzlichen oder satzungswidrigen als Handlungen der Organe [2]). Begründet wird dies mit folgenden Argumenten: Man will die Allgemeinheit davor bewahren, daß die Gesellschaft sich Befugnisse anmaßt, die ihr nicht verliehen sind; außerdem soll jeder Aktionär in seinem vertraglichen Recht geschützt werden, daß sein Geld nur zu dem von ihm bei der Anlage gebilligten Zweck, und hierzu wieder nur in dem gebilligten Umfang, verwandt wird. Eine englische Entscheidung [3]) sagt hierzu: The statement of the objects has a double purpose, first that the intending subscriber who contemplates investment may know the field in which it is to be put at risk; second that one who enters into dealings with the company may know whether the contractual relation is within its corporate powers. (Die Feststellung des Gegenstandes des Unternehmens bei der Inkorporierung hat einen doppelten Zweck: erstens den, daß der zukünftige Aktienzeichner, wenn er die Investierung seines Geldes erwägt, genau weiß, auf welchem Gebiet er sein Geld riskiert, und zweitens, daß jeder, der in Geschäftsbeziehungen zu der Gesellschaft tritt, weiß, ob die beabsichtigte Vertragsbeziehung sich innerhalb der Gesellschaftsbefugnisse befindet.)

---

[1]) Orr v. Bank of United States, 1 Ohio St. 36, 13 Am. Dec. 588.

[2]) Ballantine, S. 295.

[3]) Cotmann v. Brougham 1928 A. C. 514 (522).

Es ist selbstverständlich, daß die anglistische Auffassung zu schweren Konflikten mit den Bedürfnissen des Verkehrs führen muß. Ist doch jeder, der mit einer company in Geschäftsbeziehungen tritt, gezwungen, sich vorher davon zu überzeugen, ob das in Aussicht genommene Geschäft auch intra vires ist. Auf der anderen Seite muß die Gesellschaft eine schwierige Satzungsänderung in die Wege leiten, wenn sie nicht ein geplantes ultra vires-Geschäft der Nichtigkeit aussetzen will. Die Gesellschaften helfen sich in der Praxis damit, daß sie bei der Gründung eine unendlich reichhaltige Liste von Befugnissen aufstellen, um für jeden Fall gedeckt zu sein. Solche Listen sind in unseren Augen wahre monstra. Die Aufzählung der Befugnisse der United States Steel Corporation (1901) füllt zwei von fünf Seiten ihrer charter [1]), die der North American Light and Power Corporation (1924) sieben von dreizehn. Auf diese Weise werden manche Schwierigkeiten überwunden, aber auf der anderen Seite wird der Schutz der Aktionäre, der in einer scharfen Umreißung des Gesellschaftszweckes liegt, hinfällig [2]), da aus lauter Vorsicht jede Einschränkung der Befugnisse der Gesellschaft und damit auch des Vorstandes ausgeräumt ist. Gleichwohl hält die englische Praxis bis in die heutige Zeit an der special capacity-Theorie, auch illegality-Theorie genannt, fest. Allerdings hatte im Jahre 1918 das sog. Wrenbury Committee in den §§ 53—55 seines Berichtes zur Reform des Aktienrechtes, offensichtlich unter dem Einfluß kontinentaler Rechtsgedanken, die Aufgabe der ultra vires-Lehre und die Anerkennung des Unterschiedes zwischen Unternehmensgegenstand (objects) und Handlungsfähigkeit (powers) empfohlen. Die Aktienreform-Kommission von 1925/26 und im Anschluß daran die Companies Act von 1929 halten jedoch die alte Theorie aufrecht mit dem Hinweis auf die commercial opinion, die verlange, daß nur eine einzige Quelle für die Feststellung des Tätigkeitsbereichs der Gesellschaft vorhanden sei.

---

[1]) Siehe Anhang. Nr. 1.

[2]) Ballantine, a. a. O., S. 194, sagt über diese Praxis unter Berufung auf die Entscheidung In re Anglo Cuban Oil Co L. R. 1917 1 Ch 477: »These objects are often made so multifarious that it has been said that the aim seems to be not to specify, not no disclose, but to bury beneath a mass of words the real object or objects of the company with the intent that every conceivable form of activity shall be found included somewhere within its terms.« (Die Bestimmung des Gegenstandes des Unternehmens ist oft so vielgestaltig, daß man wohl sagen kann, sie zielt nicht auf Spezifizierung, auf Offenlegung, sondern darauf, unter einer Masse von Worten den wirklichen Gegenstand der Gesellschaft zu vergraben, und zwar mit der Absicht, daß jede denkbare Form der Betätigung irgendwo in den Bestimmungen enthalten sein möge.)

Auf dem englischen Standpunkt, wenn auch im Einzelfall unter Zugeständnissen an das Verkehrsbedürfnis, stehen die amerikanischen Federal Courts. Die Rechtsprechung der Gerichte der Einzelstaaten begünstigt jedoch in ihren praktischen Ergebnissen mehr und mehr eine verkehrsfreundliche Behandlung der ultra vires-Akte. Man hält allerdings theoretisch an dem ultra vires-Begriff fest, vernichtet aber nicht die ultra vires-Akte in allen Fällen, sondern findet in verhältnismäßig vielen Fällen einen Weg, sie praktisch auf Grund anderer Rechtsgedanken aufrechtzuerhalten.

b) Die ultra vires-Lehre.

Intra vires ist zunächst einmal alles, was in der charter als object of the company aufgeführt ist. Was darüber hinausgeht, ist ultra vires. Dies sei an einigen Beispielen aus der Praxis erläutert.

Satzungsmäßiger Gegenstand des Unternehmens der Tiffany Company [1]) war die »Herstellung und der Verkauf von Gold-, Silber-, Schmuck- und Gebrauchsgegenständen«. Von der Gesellschaft wurden teure Qualitäten der genannten Waren angefertigt und in eigenen Verkaufsstellen verkauft. Da die Kunden jedoch nicht nur die teuren Qualitäten, sondern auch billige Sorten verlangten, bezog die Gesellschaft diese, deren Gesamtmenge etwa 20% des Umsatzes betrug, von einer anderen Firma und verkaufte sie in ihren Verkaufsstellen neben ihren eigenen Fabrikaten. Das Gericht erklärte im Hinblick darauf, daß nur »Herstellung und Verkauf«, nicht aber »Einkauf und Verkauf« der genannten Waren den Gegenstand des Unternehmens bilde, den Handel mit den billigen Sorten für ultra vires. In der Begründung wird ausgeführt, man müsse zwar anerkennen, daß die vorgenommene Ergänzung zweckmäßig und nützlich sei, sie müsse aber trotzdem als ultra vires bezeichnet werden, da sie nicht begriffsnotwendig mit »Herstellung und Verkauf« verbunden sei. Ebenso wurde entschieden [2]), daß es für die zum Zwecke der Herstellung von elektrischen Geräten gegründeten Werke ultra vires sei, die Erzeugnisse anderer Elektrowerke zu verkaufen. In einer weiteren Entscheidung [3]) ist gesagt: »Eine Gesellschaft, deren Gegenstand beschrieben ist als »Herstellung von Kleidern jeder Art,

---

[1]) People ex rel. Tiffany & Co v. Campbell, 144 N.Y. 166 (1894).

[2]) Powell v. Murray, 157 N.Y. 717, 53 N.E. 1130.

[3]) Nicollet Nat. Bank v. Frisk-Tuner Co, 71 Minnesota 413, 74 N.W. 160, 70 Am. St. Rep. 334.

Verkauf der hergestellten Kleider sowie die Betreibung aller anderen Geschäfte, die hierzu nötig und zweckdienlich sind«, hat nicht die Befugnis, sich im Kaufen und Verkaufen von Konfektionsware zu betätigen, weil dies ein reines Merkantilgeschäft ist.«

Für eine Eisenbahngesellschaft ist es ultra vires, Ländereien in dem von der Eisenbahn erschlossenen Gebiet zu kaufen und zu verkaufen [1]). Ein Vertrag, durch den sich eine Eisenbahn-Gesellschaft und eine Musikinstrumenten-Gesellschaft verpflichtet hatten, einen Geldbetrag zu den Kosten des »Weltfriedens Jubiläums und Internationalen Musikfestes in Boston« beizusteuern, wurde in der als führend angesehenen Entscheidung Davis v. Old Colony R. R. Co.[2]), wenigstens soweit die Eisenbahn-Gesellschaft betroffen war, für ultra vires und rechtswidrig gehalten. — Eine Brauerei hatte in einer Arbeiter-Siedlung ein Mietshaus von 45 Zimmern gebaut, in dessen Erdgeschoß sie eine Schankwirtschaft betrieb. Der Bau wurde für ultra vires erklärt; das Vermieten sei für eine Brauerei zu weit abliegend, wenn auch vielleicht die Kundschaft der Wirtschaft dadurch erhöht werden könne [3]). — Man sieht, wie die amerikanischen Gerichte mit erstaunlicher Strenge die Handlungsfähigkeit der Gesellschaft vom Gegenstand des Unternehmens abhängig sein lassen.

Dieser Grundsatz wird dadurch etwas abgeschwächt, daß die amerikanische Praxis außer den durch die charter bestimmten Befugnissen sogenannte »implied powers«, d. h. »selbstverständliche Befugnisse« annimmt. Alles, was man unter implied powers zusammenfaßt, ist gewöhnlich schon in der charter bei den ausdrücklichen Befugnissen, d. h. nach amerikanischer Auffassung bei dem Gegenstand des Unternehmens, erwähnt. Aber auch wenn dies nicht geschehen ist, werden sie vorausgesetzt. Nach unseren Anschauungen ist der Begriff implied powers ein logisches Unding, da das, was das amerikanische Recht darunter versteht, nicht zum Gegenstand des Unternehmens gehört, sondern Inhalt der Rechtsbzw. Handlungsfähigkeit oder eine bloße Eigenschaft der juristischen Person ist. Ballantine [4]) stellt die implied powers folgendermaßen zusammen:

»I. A corporation has, by implication, certain inherent powers which are regarded as incidental to corporate existence. These are:

---

[1]) Williams v. Johnson, 208 Massachusetts 544, 95 N. E. 90.

[2]) Davis v. Old Colony R. R. Co., 131 Massachusetts 258.

[3]) U. S. Brewing Co v. Dolese, 259 Illinois 274.

[4]) a. a. O., S. 196.

a) The power or faculty of perpetual succession, or continuous existence during the period for which it is created;
b) The power to sue and be sued, and to grant and receive by its corporate name;
c) The power to take, hold, and convey land and chattels for purposes which are not foreign to the objects of its creation;
d) The power to make by-laws for its government.

II. In addition to these powers, a corporation has the implied power to make all contracts and do all acts which are reasonably necessary to enable it to accomplish objects for which it was created«.

(I. Eine Gesellschaft hat als selbstverständlich gewisse inhärente Eigenschaften, welche man für ihre Existenz als Gesellschaft für notwendig hält. Diese sind:

a) die Befugnis oder Fähigkeit der fortgesetzten Dauer während der Zeit, für die die Gesellschaft geschaffen ist;
b) die Fähigkeit, unter dem Namen der Gesellschaft zu klagen und verklagt zu werden, zu geben und zu empfangen;
c) die Fähigkeit, bewegliches und unbewegliches Vermögen anzunehmen, zu haben und zu übertragen, vorausgesetzt, daß dies zu Zwecken geschieht, die mit dem Gegenstand des Unternehmens nicht in Widerspruch stehen;
d) die Fähigkeit, ein Gesellschaftssiegel zu haben;
e) die Fähigkeit, eine Geschäftsordnung für die Verwaltung zu machen.

II. Außerdem hat eine Gesellschaft die stillschweigende Befugnis, Verträge zu schließen und Handlungen vorzunehmen, die nach vernünftigen Grundsätzen nötig sind, um die Ziele, für die sie gegründet ist, zu erreichen.)

Die Grundsätze der ultra vires-Lehre, ergänzt durch die Theorie von den implied powers, bestimmen das gesamte Dasein einer corporation. Im folgenden sei kurz zusammengestellt, wie sich der Grundsatz, daß die Handlungsfähigkeit einer corporation sich auf den Gegenstand ihres Unternehmens beschränkt, im einzelnen auswirkt. Dabei sind zu unterscheiden die Verfügungen der Gesellschaft (unten a), und die von ihr geschlossenen Verträge (unten b); außerdem ergeben sich noch Folgerungen verschiedener Art für ihre Erwerbs- und Handlungsfähigkeit auf anderen Gebieten (unten c).

Eine corporation ist zu Verfügungen nicht generell befähigt, vielmehr besteht die Befugnis hierzu nur, wenn die Verfügung intra vires ist. Unentgeltliche Verfügungen sind z. B. nicht intra vires, da sie allgemein nicht als dem Gesellschaftszwecke förderlich angesehen werden können [1]). So war es ultra vires für eine Versicherungsgesellschaft, ihrem ehemaligen Präsidenten für seine Dienste in der Vergangenheit eine freiwillige Vergütung zu zahlen, weil keine rechtliche Verpflichtung dazu bestand [2]). Die auf ähnlichen Grundsätzen fußenden Entscheidungen Davis v. Old Colony und Dodge v. Ford Motor Co. sind bereits erwähnt. Eine Schenkung ist nach feststehender Rechtsprechung jedoch dann intra vires, wenn die Gesellschaft durch sie zwar keinen unmittelbaren, wohl aber einen mittelbaren Vorteil erreicht. So wenn eine Unfallversicherung einen Unfall, der an sich nicht mitversichert ist, aus Reklamegründen deckt [3]), oder wenn eine corporation ihren Angestellten einen Bonus vom Verdienst [4]) oder eine freiwillige Pension gewährt, da dies das Interesse und den Eifer der Angestellten zum Vorteil der Firma antreibt. »Such payments tend to stimulate loyality, faithfulness and energy and give employees a real interest in the business. If the amount of the bonus is not unreasonably large, it tends to increase profits.« (Solche Zahlungen dienen dazu, die Mitarbeit anzustacheln, Ergebenheit und Energie zu erhöhen und gibt den Angestellten ein wahrhaftes Interesse am Geschäft. Vorausgesetzt, daß der Bonus nicht übertrieben hoch ist, dient er letzten Endes dazu, den Verdienst zu steigern.) Dieselben vom Standpunkt der Humanität etwas seltsamen Gesichtspunkte sind maßgebend, wenn Gesellschaften über die polizeilichen Vorschriften hinaus einen Arzt halten, Stiftungen für die Bibliothek oder den Sportverein ihrer Arbeitersiedlung machen [5]) und ähnliche Fälle. Der im deutschen Recht häufig anerkannte Grundsatz, daß unentgeltliche Verfügungen

---

[1]) Im deutschen Recht taucht die Frage der Schenkungen nicht bei der Verfügungsfähigkeit der Gesellschaft, sondern bei den Befugnissen der Gen.Vers. auf. Die Gen.Vers. kann einstimmig Schenkungen beschließen (RGZ., 108, 328). Gegen eine Minderheit nur dann, wenn »die Schenkung aus sachlichen Gründen geboten oder auch nur wohlberechtigt erscheint.« Brodmann, 3b zu § 250. Dadurch, daß der Streit um die Berechtigung einer Schenkung nicht, wie im amerikanischen Recht, im Außenverhältnis, sondern im Innenverhältnis geführt wird, ist das erstere nicht mit der Unsicherheit belastet, mit der die ultra vires-Lehre die Sicherheit aller Rechtsgeschäfte der Gesellschaft untergräbt.

[2]) Beers v. New York Life Insurance Co., 66 Hun (N.Y.) 75, 20 N.Y. Supp. 788.

[3]) Tauton v. Royal Ins. Co, 2 Hem. & M. 135.

[4]) Hampson v. Price's Patent Candle Co, 45 Law J. Ch. 437, ebenso Putnam v. Juvenile Shoe Corp, 307 Missouri 74, 269 S.W. 593, 40 A.L.R. 1412.

[5]) Steinway v. Steinway & Sons, 17 N. Y. Misc. 43, 40 N. Y. Supp. 718.

immer zu billigen sind, wenn durch sie einer »sittlichen Pflicht oder einer auf den Anstand zu nehmenden Rücksicht« entsprochen wird, ist nicht anerkannt, vielmehr ist bei jeder Schenkung der Nachweis erforderlich, daß sie letzten Endes doch zum Vorteil der Gesellschaft, d. h. zur Förderung der Zwecke ihrer charter dient. In dem Bemühen, solchen unentgeltlichen Verfügungen, deren Anerkennung eine Forderung des gesunden Menschenverstandes ist, vor dem Recht Beständigkeit zu verschaffen, begegnen wir den eigenartigsten Konstruktionen. So ist z. B. folgendes feststehende Rechtsprechung [1]: »Business and manufacturing corporations may contribute funds to assist colleges and universities in the training of possible prospectives employees and in scientific research, where in the discretion of the directors the advantage to the corporation may be direct and substantial, and not too speculative or remote.« (Geschäfts- und Fabrikationsgesellschaften sind berechtigt, Geldbeträge für colleges und Universitäten zu stiften, um diese in der Ausbildung von möglicherweise zukünftigen Angestellten und in der Ausführung von wissenschaftlichen Arbeiten zu unterstützen, vorausgesetzt, daß nach der Meinung der Direktoren dieser Vorteil direkt und greifbar ist und nicht zu spekulativ oder entfernt.) [2])

Auch zu Vertragsabschlüssen hat eine Gesellschaft nur insoweit expressed oder implied power, als ihr Gegenstand entweder in der charter genannt oder vom vernünftigen Standpunkt aus notwendig für den Gegenstand des Unternehmens ist. Da natürlich Dritte nur schwer feststellen können, ob dies der Fall ist, wird hier der Rechtsverkehr mit Gesellschaften besonders unsicher. Der führende Fall in der Rechtsprechung ist Northside Ry Co. v. Worthington [3]). Eine Terraingesellschaft und eine Straßenbahngesellschaft hatten gemeinsam Obligationen ausgegeben. Die Gesellschaften hafteten als Gesamtschuldner, jede bekam die Hälfte des Erlöses. Als die Straßenbahngesellschaft später zahlungsunfähig wurde, und die Terraingesellschaft als Gesamtschuldnerin in Anspruch genommen werden sollte, entschied das Gericht, daß die Obligationen zwar nicht nichtig seien, daß aber jede Gesellschaft nur für den Teil hafte, den sie selber bekommen habe. Das Gericht führte zur Begründung aus, daß das Betreiben einer Straßenbahn nicht zu den ordnungsmäßigen Betätigungen einer Terraingesell-

---

1) Evans v. Brunner, Mond & Co., L. R. (1921) 1 Ch. Div. 459, 11 Brit. Rul. Cas. 297. Armstrong Cork Co. v. H. A. Meldrum Co., 285 Fed. 58.

2) Ballantine, a. a. O., S. 208.

3) 88 Texas 562, 30 S. W. 1055, 53 Am. St. Rep. 778.

schaft gehöre, und daß deshalb die Übernahme der Mitschuldnerschaft, die der Übernahme einer Garantie für eine fremde Gesellschaft gleichkomme, ultra vires sei. Die Gläubiger gingen leer aus. — Zum Abschluß von Verträgen gehört auch die Beteiligung an einer partnership, d. h. an einer offenen Handelsgesellschaft, in der jeder Gesellschafter unbeschränkt haftet, und die Rechtsgeschäfte und Rechtshandlungen des einen für den anderen wirksam sind. Die Beteiligung an einer partnership liegt nicht im Rahmen der Befugnisse einer corporation, und zwar aus folgenden Erwägungen: Die Direktoren können nur innerhalb der objects und powers der Gesellschaft handeln und bedürfen außerdem in bestimmten Fällen der Zustimmung der Aktionärversammlung, während die Partner der partnership in ihrer Vertretungsmacht völlig unbeschränkt sind. Dadurch können diese für die corporation in ihrer Eigenschaft als Gesellschafterin der partnership weitgehende Bindungen herbeiführen, was für diese und ihre Aktionäre große Gefahren in sich birgt [1] [2]). Der Eintritt in eine partnership ist der corporation nur dann erlaubt, wenn dies ausdrücklich in der Satzung vorgesehen ist, oder wenn in der partnership die corporation der einzige vertretungsberechtigte Gesellschafter ist. Die oben angedeuteten Gefahren bestehen dann ja nicht [3]).

Außer den Verfügungen und Verträgen muß auch die sonstige Betätigung einer Gesellschaft unter dem Gesichtspunkt der ultra vires-Lehre geprüft werden. Unter einen einheitlichen, dem deutschen Juristen vertrauten Gesamtbegriff läßt sich diese allerdings nicht bringen, da die amerikanischen Abgrenzungen nicht mit den uns gewohnten Einteilungen übereinstimmen. Inhaltlich wird es in der weiteren Untersuchung im wesentlichen auf eine Betrachtung der Erwerbs- und Handlungsfähigkeit der corporation unter dem Gesichtspunkt der ultra vires-Lehre ankommen, wobei wir uns über das Bedenken, daß diese vom Standpunkt der Logik aus in einer

---

[1]) Hosher-Platt Co. v. Miller, 238 Massachusetts 528, 131 N. E. 310; Whittenton Mills v. Upton, 10 Gray (Mass.) 582, 71 Am. Dec. 681.

[2]) Unter Wahrung des grundsätzlichen Standpunktes sind in einer Reihe von Entscheidungen corporations als Mitglieder einer partnership Dritten gegenüber aus anderen rechtlichen Gesichtspunkten haftbar gemacht worden. Meroyn Inv. Co. v. Biber, 184 California 637, 194 Pac. 1037. Den anderen Partnern gegenüber ergibt sich eine Haftbarkeit für die Vergangenheit aus dem Gesichtspunkt der ungerechtfertigten Bereicherung. Boyd v. American Carbon Black Co., 182 Pa St. 206, 37 Btl. 937. Eine Erzwingbarkeit des Gesellschaftsvertrages für die Zukunft ist jedoch nicht gegeben.

[3]) Bates v. Coronado Beach Co., 109, California 160, 41 Pac. 855.

Einteilung schwerlich ein Gegenstück zu Verfügungen und Verträgen bildet, hinwegsetzen. Die Verquickung der Handlungsfähigkeit mit dem Gegenstand des Unternehmens im amerikanischen Recht macht aber diese Zusammenstellung notwendig.

Im Hinblick auf die ultra vires-Lehre ist die Handlungs- und Erwerbsfähigkeit der Gesellschaft nicht generell unbeschränkt wie bei uns, sondern dem Umfang nach durch den Gegenstand des Unternehmens begrenzt. So ist der Erwerb von Eigentum nur dann intra vires, wenn er vernünftigerweise zu dem Gegenstand des Unternehmens gehört. »A manufacturing corporation has no power under a charter provision giving it authority to hold such real estate as may be deemed necessary for the successsful prosecution of its business, to purchase several hundred acres and subdivide the land not occupied by the plant into lots and blocks, erect houses, churches, school buildings, stores and rent them to employees and others. It is deemed against the public policy of Illinois for a corporation to hold real estate beyond what is necessary for the transaction of its business« [1]). (Eine Fabrikationsgesellschaft hat nicht die Fähigkeit, auf Grund ihrer zur Fabrikation ermächtigenden charter, Grundbesitz, den sie vielleicht zur erfolgreichen Durchführung ihres Geschäftes für nötig hält, zu erwerben, z. B. mehrere Hundert acres Land zu kaufen, und das Land, das nicht für die Fabrik benötigt wird, in Baugrundstücke und Blocks einzuteilen, Häuser zu bauen, Kirchen, Schulgebäude und Läden zu errichten und sie dann an Angestellte und andere zu vermieten. Das Gericht hält es für unvereinbar mit den öffentlichen Interessen von Illinois, wenn eine corporation Grundbesitz hat über den Rahmen dessen hinaus, was für ihren Betrieb nötig ist.)

Eine Eisenbahngesellschaft kann kein Schiff kaufen, um im Anschluß an ihre Linie über deren Bezirk hinaus die Personenbeförderung über einen See zu betreiben [2]).

Es ist eine im anglo-amerikanischen Recht sehr umstrittene Frage, ob die Gesellschaften die power haben, Aktien einer anderen Gesellschaft zu erwerben, wenn sie hierzu nicht ausdrücklich in ihrer charter ermächtigt sind. In England ist der Streit nunmehr

---

[1]) People ex rel. Moloney v. Pullman's Palace Car Co., 175 Illinois 125, 51 N. E. 664, 64 L. R. A. 366.

[2]) Pearee v. Madison & J. R. Co., 21 Hor. (U. S.) 441. Ähnlich Central Railroad and Banking Co. v. Smith, 76 Alabama 572, 52 Am. Rep. 353.

dahin entschieden, daß eine Gesellschaft hierzu befugt ist [1]). In Amerika stehen Federal und State Courts grundsätzlich auf dem Standpunkt, daß es für eine Gesellschaft ultra vires ist, die Aktien einer anderen Gesellschaft zu erwerben. Dieser Standpunkt wird zwiefach begründet: Erstens soll das Geld der Aktionäre nicht auf diese Weise in Unternehmungen gefährdet werden, zu denen sie ihr Geld nicht hergegeben haben [2]); und außerdem soll verhindert werden, daß die Gesellschaften durch gegenseitigen Aktienbesitz die gesetzlichen Bestimmungen zur Aufrechterhaltung des freien Wettbewerbes und zur Verhinderung von Monopolen umgehen [3]). (Sherman Act, Clayton Act etc.) In Amerika ist der Aktienkauf natürlich dann gültig, wenn er ausdrücklich als Gegenstand des Unternehmens genannt ist, wie bei den holding companies, deren Zulässigkeit nunmehr fast unbestritten ist [4]); außerdem dann, wenn der Erwerb der Aktien unmittelbar dem Unternehmenszweck, (also nicht nur dem Unternehmen!) dienlich ist. »Whether the purchase of stock in one corporation by another is ultra vires or not must depend upon the purpose for which the purchase was made, and whether such purchase was, under all the circumstances, a necessary or reasonable means of carrying out the object for which the corporation was created [5]).« (Ob der Kauf von Aktien in einer Gesellschaft durch eine andere Gesellschaft ultra vires ist oder nicht, muß von dem Zweck, für den der Kauf getätigt wurde, abhängig gemacht werden, d. h. davon, ob solch ein Kauf unter Berücksichtigung aller Umstände ein notwendiges und vernünftiges Mittel war, um den Zwecken, für die die Gesellschaft gegründet wurde, nachzugehen.) Es wurde als intra vires für eine Eisenbahngesellschaft angesehen, die Aktien einer anderen Gesellschaft zu kaufen, die die Speisewagen auf ihrer Linie betrieb, weil sie nach ihrer charter die Speisewagen von vornherein hätte selber betreiben können.

Der Aktienerwerb ist auf jeden Fall ungesetzlich, wenn er geschieht, um damit zu spekulieren oder Einfluß in der anderen Gesellschaft zu gewinnen, wobei es gleichgültig ist, ob es sich um eine Konkurrenzfirma handelt oder um eine Lieferantin oder Abneh-

---

[1]) In re William Thomas & Co. (1915) 1 Ch. 325; In re Asiatic Banking Corp., 4 Ch. App. 252.

[2]) Ballantine, S. 221.

[3]) Clark, S. 185.

[4]) Ungesetzlich sind sie heute noch in Illinois. People ex rel. Peabody v. Chicago Gas Trust Co., 130 Illinois 268, 22 N. E. 798.

[5]) Hill v. Nisbet, 100 Indiana 341.

merin [1]). Wichtig war diese Rechtsansicht der Gerichte besonders für Eisenbahngesellschaften, deren Vereinigung Ende des vorigen Jahrhunderts dadurch außerordentlich erschwert wurde, so daß infolgedessen noch heute das Eisenbahnnetz Amerikas in zahlreiche Einzelgesellschaften aufgeteilt ist. Außerdem war es den Eisenbahnen nicht möglich, sich durch Erwerb von Bergwerks- oder Hüttenaktien eine verbilligte Belieferung mit Kohle und Eisenmaterial zu verschaffen.

Das Verbot des Erwerbs von Aktien anderer Gesellschaften steht natürlich mit den Bedürfnissen des kaufmännischen Lebens in stärkstem Widerspruch. Es haben sich daher in neuerer Zeit die Gerichte zu zahlreichen Zugeständnissen bequemen müssen, die sich in folgender Weise zusammenstellen lassen:

a) Eine Gesellschaft kann fremde Aktien als Sicherheit für eine erlaubterweise erworbene Forderung hereinnehmen. Grund: Wenn die Gesellschaft die Befugnis hat, sogar ungesicherte Verträge abzuschließen, muß es ihr auch erlaubt sein, denselben Vertrag mit einer zusätzlichen Sicherheit abzuschließen [2]), selbst wenn diese in der Verpfändung oder Übereignung von Aktien einer anderen Gesellschaft besteht. Vorausgesetzt ist natürlich, daß die Aktien voll eingezahlt sind und ihr Erwerb auch aus keinem anderen Grunde eine Haftbarkeit des Erwerbers im Gefolge haben kann, wie z. B. der Erwerb von National Bank-Aktien, bei denen jeder Aktionär außer mit seinem gezeichneten Kapital bei einem Zusammenbruch der Bank noch einmal in der gleichen Höhe herangezogen werden kann.

b) Eine Gesellschaft kann Aktien einer anderen Gesellschaft dann als Zahlung für eine Schuld annehmen, wenn sie gutgläubig annimmt, daß die Bezahlung der Schuld auf andere Weise nicht zu erlangen ist. Grund: Es ist besser für die Aktionäre, fremde Aktien zu haben als gar nichts [3]).

---

1) Central Railroad Co. v. Collins, 40 Georgia 582; People v. Chicago Gas Trust Co., 130 Illinois 268; People v. Union Gas Co., 254 Illinois 395; Elkins v. Cambden R. R. Co., 36 New Jersey Eq. 5; Pearson v. Concord Railroad, 62 New Hampshire 537; Marble Co. v. Harvey, 92 Tennessee 115; Concord Bank v. Hawkins, 174 U. S. 364.

2) Citizens State Bank of Noblesville v. Hawkins, 71 Fed. 369; Germania Nat. Bank of New Orleans v. Case, 99 U. S. 628.

3) First National Bank of Charlotte v. National Exch. Bank of Baltimore, 92 U. S. 122; Fidelity Insurance Co. v. German Savings Bank, 127 Iowa 591, 103 N. W. 958.

c) Dasselbe gilt, wenn ein Anspruch streitig ist und der Gegner — ein Bankier — sagt: Ich will die strittige Schuld bezahlen, wenn mir außerdem noch so und so viele Aktien abgekauft werden. Selbst eine National Bank, die sonst überhaupt keine Aktien erwerben kann, ist in solch einem Fall zum Erwerbe fremder Aktien berechtigt [1]), vorausgesetzt daß es sich nicht um Umgehungsmaßnahmen handelt.

d) Streitig ist, ob eine Gesellschaft Kapitalien, die sie zurzeit nicht braucht, aber gleichwohl nicht als Gewinn unter die Aktionäre verteilen will, in Aktien anlegen kann. Unbestritten kann sie Obligationen kaufen. Soweit es sich um preferred stock von sicheren Gesellschaften handelt, ist die Frage strittig. Die Befugnis, commonstock zu kaufen, wird allgemein verneint [2]).

Die weitere Untersuchung der Rechtsprechung betreffend die Befugnis der corporation zum Erwerbe fremder Aktien bringt noch eine Menge weiterer Ausnahmen und Unterausnahmen zutage, deren Erörterung hier zu weit führen würde, die aber zeigen, daß in Wahrheit feste Rechtsgrundsätze nicht bestehen, daß vielmehr jede Entscheidung sich eine Lösung für den Einzelfall zurechtsucht. Es ist ja klar, daß gerade bei dem Kampf um die Zulässigkeit des Erwerbes fremder Aktien die Bedürfnisse des modernen Geschäftslebens mit den Grundsätzen der ultra vires-Lehre aufs schärfste aneinanderprallen. Unsicherheit herrscht in Rechtsprechung und Rechtslehre über die Frage, ob eine Gesellschaft befugt ist, ihre eigenen Aktien zu erwerben [3]). Die englische Praxis [4]) und eine Minderheit der amerikanischen Gerichte [5]) stehen auf dem Standpunkt, daß eine Gesellschaft keine eigenen Aktien erwerben kann, wenn es nicht ausdrücklich in der Satzung erlaubt ist. Ist letzteres der Fall, geschieht ja weder den Gläubigern noch den anderen Gesellschaften etwas, womit sie nicht von vornherein rechnen mußten. Erlaubt die Satzung einer corporation den Erwerb eigener Aktien nicht, so darf er auch nicht durch einen Vertreter oder Treuhänder

---

1) Clark, S. 185f. Mit Angabe von Entscheidungen.

2) Ballantine, S. 222.

3) Wormser, The Power of a Corporation to Aquire its own Stock, 17 Yale L. J. 177; Levy, Purchase by a Corporation of its own stock, 15 Minnesota L. R. 1ff.

4) Trevor v. Whitworth L. R. 12 App. Cas 409; in re Dronfield Silkstone Coal Co., 17 Ch Div. 76.

5) Coppin v. Greenless & Randsom Co., 38 Ohio St. 275; Crandall v. Lincoln, 52 Connecticut 73, 52 Am Rep. 560; Darnell-Love Lumber Co. v. Wiggs, 144 Tennessee 113, 230 S. W. 391, und andere.

erfolgen. Die Gründe für diese Auffassung sind folgende [1]: »The reasons urged against the power to purchase the company's own stock are: 1) That it takes away the basis of financial responsibility upon which creditors have a rigth to rely. This is sometimes described by saying that the capital stock is a »trust fund« which cannot be withdrawn by stockholders. 2) Such purchase strengthens the relative position of the majority stockholders as against the minority. 3) A reduction of the capital stock should be by amendment of the articles duly recorded.« (1. Der Gesellschaft wird die Basis der finanziellen Haftung genommen, auf die sich verlassen zu können die Gläubiger ein Recht haben. Man mag dies dahin charakterisieren, daß das Grundkapital ein »Treuhandfonds« ist, der von den Aktionären nicht abgezogen werden darf. 2. Ein Rückkauf eigener Aktien stärkt die verhältnismäßige Macht der Mehrheit gegen die Minderheit [2]. 3. Eine Kapitalherabsetzung müßte durch ordnungsmäßig eingetragene Satzungsänderung geschehen.)

Die heute in den Vereinigten Staaten herrschende Lehre hat jedoch die englische Auffassung aufgegeben und steht auf dem Standpunkt, daß »eine corporation eigene Aktien für Geld oder andere Werte erwerben, behalten, wiederverkaufen oder auch einziehen kann, sofern dies nur mit absolut redlichen Absichten geschieht, der Preis nicht im Mißverhältnis zum Wert der Aktien steht, und das ganze Geschäft frei ist von allen betrügerischen Machenschaften, wobei hierunter auch verstanden werden muß, daß die Gesellschaft weder insolvent, noch im Zustand der Liquidation ist und außerdem die Rechte der Gläubiger nicht beeinträchtigt werden« [3]. (Private corporations may purchase their stock in exchange for money or other property, and hold, reissue or retire the same provided such act is had in entire good faith, is an exchange of equal value, and is free from all fraud, actual or constructive, this implying that the corporation is neither insolvent nor in process of dissolution and provided the rights of creditors are not affected.) Man geht davon aus, daß die Rechte der Gläubiger immer dann gewahrt sind, wenn der Kauf der eigenen Aktien aus einem am Tage des Kaufabschlusses noch vorhandenen Überschuß gemacht

---

1) **Machen**, Corporations, sec. 626 (zitiert nach **Ballantine**, a. a. O., S. 228).

2) Dieser Gesichtspunkt ist bemerkenswert, da die deutsche Rechtsauffassung ihn in diesem Zusammenhang kaum berücksichtigt.

3) Clapp v. Peterson, 104 Illinois 26.

wird [1]). Sogenannte »nachfolgende Gläubiger«, d. h. solche Gläubiger der kaufenden Gesellschaft, deren Forderung erst nach dem Aktienkauf entstanden ist, haben überhaupt keine Rechte, es sei denn, daß die Gesellschaft die Aktien gerade im Hinblick auf die Forderung dieser Gläubiger, also in unredlicher Absicht, erworben hat [2]). Nach denselben Grundsätzen wird ein Vertrag beurteilt, nach dem ein Aktienzeichner Aktien übernimmt mit der Abrede, daß die Gesellschaft die Aktien auf Verlangen des Gesellschafters nach einer bestimmten Zeit zurücknehmen muß [3]). (Es ist im Gegensatz zum deutschen Recht eine bedingte Aktienzeichnung möglich.) Die Rückübernahme darf nur nicht geschehen zum Nachteil anderer Gesellschafter oder der Gläubiger [4]).

Wie alle Rechtsregeln, die aus der ultra-vires-Doktrin entstehen, hat das Verbot des Kaufes eigener Aktien eine unübersehbare Zahl von Ausnahmen, die zu erörtern im Rahmen dieser Untersuchung nicht möglich ist. Es sei nur erwähnt, daß auch die oben erwähnte Minderheit von Jurisdiktionen, die den Erwerb von eigenen Aktien grundsätzlich ganz ablehnen, ihn dann zulassen, wenn er geschieht, um Befriedigung für eine uneinbringliche in gutem Glauben erworbene Forderung zu erlangen [5]). Ebenso ist es immer intra vires, Aktien zu übernehmen, wenn man dadurch einen Rechtsstreit im Vergleichswege aus der Welt schaffen kann [6]).

Ergänzend sei noch hinzugefügt, daß eigene Aktien, die die Gesellschaft erworben hat, nicht erlöschen, sondern bestehen bleiben. Das Recht auf Dividende und das Stimmrecht ruhen jedoch; das auch dann, wenn sich die Aktien für die Gesellschaft in der Hand eines Treuhänders befinden. Werden eigene Aktien wieder verkauft, gelten Verkaufs- nicht Zeichnungsregeln.

c) Die Behandlung von ultra vires Akten.

Nachdem festgestellt ist, welche Akte nach amerikanischer Auffassung ultra vires sind, bleibt zu untersuchen, wie diese Akte

[1]) In re Fechheimer-Fishel Co., 212 Fed. 357.

[2]) Singhaus v. Piper, 103 Nebraska 493, 172 N. W. 523.

[3]) Schulte v. Boulevard Cardens Land Co., 164 California 464; 129 Pac. 582, 44 L. R. A. (N. S.) 156.

[4]) Das Statut von Kalifornien von 1931 erlaubt den Direktoren den Erwerb von eigenen Aktien für die Gesellschaft, wenn die Gegenleistung aus dem Gewinn gewährt wird.

[5]) Ballantine, S. 232.

[6]) Morgan v. Lewis, 46 Ohio 1; State v. Oberlin Building & Loan Association, 35 Ohio 258.

behandelt werden. Es ist unmöglich und auch für unsere Zwecke überflüssig, den ganzen Inhalt der ultra vires-Lehre, bei der ein unterliegendes logisches System in den einzelnen Entscheidungen schwerlich zu finden ist, darzustellen. Es kommt hier auf Einzelheiten auch nicht an, wichtig ist für uns nur das Gesamtbild. — Dieses ist erstaunlich. An die heillose Verwirrung über die Frage, was eigentlich ultra vires ist, schließt sich ein ähnliches Chaos uneinheitlicher Entscheidungen zu der Frage, wie ultra vires Akte behandelt werden sollen. Es stehen sich im wesentlichen zwei Hauptlehren gegenüber: Die englische special capacity theory und die in Amerika herrschende general capacity theory.

Als Leitgrundsatz bei der Erörterung dieser Theorien müssen wir uns wieder vergegenwärtigen, daß zweierlei Interessen zu schützen sind: die des Publikums und die der Aktionäre. Die Behandlung der ultra vires Akte ist ein klares Beispiel, wieviel mehr das amerikanische Recht den einzelnen Aktionär zu schützen bestrebt ist, als das deutsche.

Die special capacity Lehre sieht alle ultra vires Akte grundsätzlich als nichtig an und gewährt den Kontrahenten nur Ansprüche aus quasi contract, was etwa unserer ungerechtfertigten Bereicherung entspricht; diese gewährt sie auch nur dann, wenn das Empfangene den ordentlichen Zwecken (legitimate purposes) der Gesellschaft zugeflossen ist. Mit Recht wird gegen die special capacity theory geltend gemacht, daß die Auffassung der juristischen Person als einer künstlich geschaffenen Persönlichkeit eine »reine Metapher« sei, mit der man nichts anfangen könne. Außerdem, daß unerlaubte Handlungen nie autorisiert seien, so daß bei konsequenter Anwendung alle unerlaubten Handlungen nicht Handlungen der Gesellschaft, sondern die Privatangelegenheiten der Organe bzw. Angestellten seien. Für das Billigkeitsgefühl sind diese Resultate einer strikten Anwendung der special capacity theory unerträglich.

Die meisten amerikanischen Staatsgerichte neigen heute mehr und mehr der general capacity theory zu. Diese geht zwar auch davon aus, daß die ultra vires Akte rechtswidrig sind, sie beläßt ihnen aber in vielen Fällen die Wirksamkeit, wobei nicht klar wird, ob dies deshalb geschieht, weil man den Unterschied zwischen Innen- und Außenverhältnis anerkennen will, oder nur deshalb, weil man in den unten näher zu erörternden Fällen davon ausgeht, daß im Hinblick auf Treu und Glauben sich der daran Interessierte nicht auf den ultra vires-Charakter berufen kann (estoppel). Der Wortlaut der Entscheidungen spricht eher für das letztere.

Bei der Einzelbetrachtung müssen wir Verträge, Verfügungen und andere Handlungen unterscheiden. Für die letzteren finden die Regeln über Verträge und Verfügungen entsprechende Anwendung.

Für Verträge ergibt sich folgendes:

1. Wenn der Vertrag von beiden Vertragsteilen voll erfüllt ist, kann sich niemand darauf berufen, daß er ultra vires gewesen sei. Es gibt keine Ansprüche auf Rückgewähr, und keine Kondiktionen [1]). (Die englische special capacity theory würde die Rückforderung des Geleisteten zulassen.) 2. Wenn der Vertrag von beiden Seiten noch nicht erfüllt ist, kann weder die Gesellschaft [2]) noch der Vertragsgegner [3]) auf Erfüllung (specific performance) oder auf Schadenersatz wegen Nichterfüllung klagen [4]) [5]). 3. In Fällen,

---

[1]) Vergleiche ausführlich Warren, Executed ultra vires transactions, 23 Harvard Law Review 495, 505. Die Entscheidung National Bank of Commerce in St. Louis v. Francis, 206 Missouri 169, 246 S. W. 326 sagt: »The plea of ultra vires cannot be used as a sword to recover back money paid under an executed ultra vires contract.« (Die ultra vires Einrede kann nicht als Waffe benutzt werden, um Geld, welches auf Grund eines ultra vires Kontraktes gezahlt ist, zurückzuverlangen.) Siehe im übrigen Jenson v. Toltec Ranch Co., 174 Fed. 86; Morris v. Elyton Land Co. 125, Alabama 263, 28 So. 513; Long v. Georgia Pac. Ry Co., 91 Alabama 519, 8 So. 706, 24 Am. St. Rep. 931; First Nat. Bank of Xenia v. Stewart, 107 U. S. 676, 27 L. Ed. 592.

[2]) National Finance Co. v. Cramer, 155 Minnesota 79, 194 N. W. 108; Central Transportation Co. v. Pullman's Car Co., 139 U. S. 24; Day v. Spiral Springs Buggy Co., 57 Michigan 146, 58 Am. St. Rep. 352.

[3]) Ashbury Railway Carriage & Iron Co. v. Riche, L. R. 7 H. L. 653; Northwestern Union Packet Co. v. Shaw, 37 Wisconsin 655; Thomas v. West Jersey R. Co., 101 U. S. 71, 25 L. Ed. 950.

[4]) In der Entscheidung Whitney Arms Co. v. Barlow, 63 N. Y. 62, 20 Am. Rep. 504, ist es im Hinblick auf das Schutzbedürfnis der Aktionäre für gerechtfertigt erklärt, die Gesellschaft nicht an Verträge, die die Mittel der Gesellschaft gesellschaftsfremden Zwecken zuwenden, zu binden. Weiter ist dann gesagt, daß man, wenn man der Gesellschaft die ultra vires Einrede gebe, sie auch dem anderen Teil zubilligen müsse, da in einem Bilateralkontrakt beide Teile materiell und prozessual gleich behandelt werden müßten. — Erstaunlich ist, daß auch hier wieder nur vom Schutze des Aktionärs und nicht vom Schutze des Verkehrs die Rede ist.

[5]) Nur die Gerichte des Staates Kansas haben sich dieser Rechtsprechung entgegengestellt. Sie sind dabei von dem richtigen Gedanken ausgegangen, daß Gesellschaften auf diese Weise immer auf Kosten ihrer Vertragsgegner mit der Berufung auf die Nichtigkeit spekulieren könnten. Die Entscheidung Harris v. Independence Gas C., 76 Kansas 750, 92 Pacific 1123, stellt sich dementsprechend auf den Standpunkt, daß sich die Vertragsteile auf die ultra vires Einrede überhaupt nicht berufen können, und daß nur ein Aktionär zu seinem eigenen Schutze berechtigt sei, die Nichtigkeit geltend zu machen.

wo der Vertrag von einer Seite erfüllt, von der anderen noch unerfüllt ist, ist die Rechtsprechung, auch soweit sie auf dem Boden der general capacity theory steht, schwankend. Die herrschende Lehre vertritt den Standpunkt, daß derjenige, der auf Grund eines ultra vires Vertrages etwas empfangen hat, einer Klage auf die Gegenleistung die ultra vires Einrede nicht entgegensetzen kann [1]), und zwar gleichgültig, ob die Gesellschaft Klägerin [2]) oder Beklagte [3]) ist. Der Vertragsteil, der geliefert hat, kann immer die vertragliche Gegenleistung verlangen.

Die Minderheitslehre, herrschend außer in England auch in der Rechtsprechung des amerikanischen Supreme Court [4]) und einiger weniger Einzelstaaten [5]), behandelt auch den von einer Seite erfüllten Vertrag als nichtig und gewährt dem Teil, der erfüllt hat, nur Ansprüche »quasi ex contractu«, was ungefähr unserer ungerechtfertigten Bereicherung entspricht. Diese Haftung tritt aber nur dann ein, wenn das Empfangene wirklich den satzungsmäßigen Zwecken der Gesellschaft zugewandt ist, was jeweils zu beweisen ist.
4. Ist ein Vertrag teilweise erfüllt, teilweise noch nicht erfüllt, so wird der erfüllte Teil nach den Regeln zu 3, der unerfüllte nach den Regeln zu 2 behandelt [6]). Dies ist immer da möglich, wo es sich

---

M. E. ist auch diese Lösung nicht tragbar, denn es wird sich immer ein Aktionär finden, der die Interessen der Gesellschaft zu seinen eigenen macht und sich vorschieben läßt.

1) Ballantine, S. 259.

2) Bath Gas Light Co. v. Claffy, 151 N. Y. 24, 45 N. E. 390; Gilbert v. Citizens Nat. Bank of Chickasha, 61 Oklahoma 112, 160 Pacific 635.

3) Boyd v. American Carbon Black Co., 182 Pa. Sp. 206, 37, Atlantic 937.

4) Pittsburgh, C. & St. L. R. Co. v. Keokuk & H. Bridge Co., 131 U. S. 371, 33 L. Ed. 157, 9 Sup. Ct. 770.

5) Davis v. Old Colony R. R. Co., 131 Massachusetts 258, 41 Am. St. Rep. 221; Brunswick Gas Light Co. v. United Gas, Fuel & Light Co. 85 Maine 532, 27 Atlantic 525.

6) Vermont Farm Machinery Co. v. De Sora Co-op. Creamery Co. 145 Iowa 491, 122 N. W. 930; Mallory v. Hanaur Oil Works, 86 Tennessee 598, S. W. 396; In der Entscheidung Day v. Spiral Springs Buggy Co., 57 Michigan 146, 23 N. W. 628, handelt es sich um einen teilweise erfüllten Lieferungsvertrag. Es heißt da: »Defendant will lose nothing but the anticipated profits on the remainder, if the contract is not enforced in its favor. Those profits it had no right at any time to count upon; and in contemplation of law, there can be no injustice in depriving it of profits which the law could not permit it to bargain for.« (Wenn man einen Abnehmer nicht an den unerfüllten Teil eines nur teilweise erfüllten Lieferungsvertrages bindet, so verliert der Lieferant nur den von ihm für den unerfüllten Teil erhofften Gewinn. Er hatte aber zu keiner Zeit ein Recht, auf diesen Gewinn fest zu rechnen. Und deshalb

um Mengenlieferungen handelt (Kohlen, Stahl). Schwierigkeiten ergeben sich jedoch dann, wenn eine Teilung nicht möglich ist, oder wenn der Lieferant zwar noch nicht tatsächlich geliefert hat, aber im Vertrauen auf die Gültigkeit des Vertrages Vorbereitungen getroffen und Aufwendungen gemacht hat, die sich nicht rückgängig machen lassen und oft einen ebenso großen Schaden bedeuten wie eine tatsächliche teilweise Lieferung. Eine einheitliche Behandlung dieser Fälle ist zwar nicht festzustellen [1]), die Praxis neigt jedoch dazu, sie als in vollem Umfange verbindlich zu behandeln.

Das unter c) dargestellte System der Behandlung von ultra vires Verträgen geht von der falschen Voraussetzung aus, daß Gegenstand des Unternehmens und Handlungsfähigkeit der corporation sich deckende Begriffe seien, und führt daher nur in einem kleinen Teil der zur Entscheidung stehenden Fälle zu einem brauchbaren Ergebnis. Deshalb ist die amerikanische Praxis gezwungen, in das ultra vires System immer wieder korrigierend durch Aufstellung von Ausnahmen und Unterausnahmen einzugreifen. In einer Reihe von modernen Entscheidungen wird zwar die ultra vires Lehre nicht grundsätzlich aufgegeben, ihr aber doch im Einzelfall die Anwendbarkeit versagt. Es ist unmöglich, diese Ausnahmen in ein logisches System zu bringen oder sie erschöpfend zu erörtern. Es kommt in unserem Zusammenhang auch nur darauf an, an einigen Beispielen zu zeigen, wohin die Entwicklung drängt. Unter den Argumenten der Entscheidungen, die die ultra vires Lehre im Einzelfall nicht anwenden, finden sich, soweit ultra vires Verträge in Betracht kommen, folgende interessante Gesichtspunkte [2]): Niemand, der etwas an Wert empfangen hat, soll es behalten können, ohne dafür wenigstens den Gegenwert zu leisten. Niemand soll sich die Früchte einer Transaktion aneignen, wenn er zugleich ihre Gültigkeit bestreitet. Also: Wenn eine Handlung zwar äußerlich intra vires zu sein scheint, in Wirklichkeit aber einem ultra vires Geschäft dient,

---

kann es nicht ungerecht sein, ihn eines Gewinnes zu berauben, auf den hinzuarbeiten das Gesetz ihm nicht erlaubt.)

[1]) Im Fall Jemison v. Citizens Savings Bank of Jefferson, 122 N. Y. 135, 25 N. E. 264, 9 L. R. A. 708 hatte eine Bank ultra vires auf Termin Baumwolle durch Kommissionäre gekauft. Die Kommissionäre kauften die Baumwolle im eigenen Namen, die Bank weigerte sich jedoch, dieselbe abzunehmen, da die Preise gefallen waren. Die Klage der Kommissionäre wurde abgewiesen mit der Begründung, daß der Vertrag auch nicht teilweise erfüllt sei.

[2]) Bezüglich der umfangreichen Rechtsprechung über die Ausnahmefälle sei auf die Zusammenstellung bei Clark, S. 217—236 und Ballantine, S. 267—285 verwiesen.

wenn also z. B. eine corporation Schuldverschreibungen ausgibt, um mit dem auf diese Weise beschafften Geld einen ultra vires Vertrag zu erfüllen, soll der corporation gegen den Schuldverschreibungsgläubiger die ultra vires Einrede nicht gegeben sein, da man niemand zumuten kann, im voraus zu prüfen, wozu die corporation geliehenes Geld gebrauchen will. In anderen sehr weitgehenden Ausnahmefällen wird eine Korrektur der ultra vires Lehre unter dem Gesichtspunkt der Zumutbarkeit erzielt: Einem gutgläubigen Vertragsgegner soll der ultra vires Charakter eines Vertrages nur dann zur Last fallen, wenn das betreffende Geschäft sich besonders weit von dem Gegenstand des Unternehmens der beteiligten Gesellschaft entfernt. Umgekehrt soll dem Vertragsgegner einer corporation die ultra vires Einrede immer dann versagt werden, wenn ihm der Umfang der Befugnisse der corporation bei Vornahme des Rechtsgeschäftes bekannt war.

Das anglo-amerikanische Recht kennt keine strenge Scheidung zwischen Verpflichtungsgeschäft und Erfüllungsgeschäft. Es ist daher nicht möglich, den Regeln über die Behandlung der ultra vires Verträge Grundsätze über ultra vires Verfügungen gegenüber zu stellen. Bei Kauf, Miete usw. werden Verpflichtungs- und Erfüllungsgeschäft als Einheit behandelt und von der ultra vires Lehre nach den gleichen Grundsätzen beurteilt.

Das amerikanische Recht stellt bei der Behandlung der ultra vires Lehre den Verträgen eine Reihe von Rechtsvorgängen gegenüber, die sich im Sinne der deutschen Terminologie gar nicht zusammenfassen lassen. Es handelt sich dabei um dingliche Rechtsgeschäfte und um nicht auf Vertrag beruhende Erwerbsgründe dinglicher Rechte. Ballantine [1]) schildert insoweit die Rechtslage folgendermaßen: »Die Entscheidungen betreffend den Übergang von beweglichem oder unbeweglichem Eigentum auf Grund von Übertragung, Erbgang oder Vermächtnis auf eine corporation, welche durch diesen Übergang ihre Befugnisse überschreitet, sind nicht einheitlich. Folgende Grundsätze sind jedoch herrschende Lehre:

1. Eine Übertragung von beweglichem oder unbeweglichem Vermögen auf eine corporation läßt das Eigentum auf diese übergehen, es sei denn, daß die corporation durch ein Verbot behindert und absolut unfähig ist, solches Vermögen zu erwerben. Es kann jedoch niemand außer dem Staat geltend machen, daß die Über-

---

[1]) a. a. O., S. 285f.

tragung nicht zu rechtmäßigen Zwecken erfolgt sei, oder daß sie außerhalb des Rahmens der durch die charter übertragenen Befugnisse liege.

2. Eine verbotene oder ultra vires Übertragung von beweglichem oder unbeweglichem Vermögen von der Gesellschaft auf einen Dritten ist nicht nichtig, vielmehr geht das Eigentum über, und die corporation kann sich von der Übertragung nicht lossagen und das Übertragene zurückverlangen.

3. Eine corporation kann nicht durch Erbgang erwerben, es sei denn, daß dies durch das statute of wills (das Erbrecht des betreffenden Staates) ausdrücklich zugelassen ist. Einige Gerichte stehen sogar auf dem Standpunkt, daß Landerwerb durch Erbgang auch dann, wenn den corporations durch das Erbgesetz Landerwerb durch Erbgang gestattet ist, gänzlich unwirksam ist, wenn in der charter der corporation die Befugnis, Land zu erwerben, nicht besonders enthalten ist. Andere Gerichte vertreten jedoch den entgegengesetzten Standpunkt.«

D. Kritische Erörterungen.

Es ist den amerikanischen Gerichten zuzugeben, daß sie in der Praxis die unsinnigen Ergebnisse der reinen ultra vires Lehre meist durch irgend eine Hilfskonstruktion oder weite Auslegung der charter vermeiden. Zunächst hat man damit geholfen, daß man bei der Behandlung eines ultra vires Aktes unter Beibehaltung des ultra vires Begriffes die engen Fesseln der ultra vires Lehre lockerte. Das war zwar ein ehrliches Bemühen zu helfen, half aber am falschen Ende. Da man sich nicht entschließen konnte, einen falschen Grundsatz aufzugeben, sondern immer nur im Einzelfall Flickwerk leistete, hat sich in der Rechtsprechung über das ultra vires Gebiet eine heillose Verwirrung ausgebreitet. Aus dieser Unordnung kann man nur dann herauskommen, wenn man den ultra vires Begriff beseitigt und sich die im kontinentalen Recht entwickelte Scheidung zwischen Handlungsfähigkeit der Gesellschaft und Gegenstand des Unternehmens zu eigen macht. Das haben die Gerichte bis heute jedoch noch nicht gewagt. Nur im Schrifttum [1]), das aber auf die Rechtsprechung von weit geringerem Einfluß ist als in Deutschland, ist die völlige Abschaffung des ultra vires Begriffes gefordert worden. Die Zurückhaltung der Gerichte in diesem Punkt ist verständlich,

[1]) Carpenter, Should the doctrine of ultra vires be disregarded? 33 Yale L. J. 49; Stevens, 36 Yale L. J. 297.

da es für sie nicht nur gilt, eine juristische Konstruktion aufzugeben. Sie müßten vielmehr auch den bisher in Amerika anerkannten rechtspolitischen Gedanken aufgeben, daß der Aktionär schutzwürdiger ist, als der außenstehende Dritte, wenn durch Befugnisüberschreitungen der Direktoren ein Schade entsteht und einer von beiden Beteiligten diesen tragen muß. Im amerikanischen Aktienrecht steht eben der Schutz der Aktionäre gegen Mißbrauch ihres Kapitals zu gesellschaftsfremden Zwecken an erster Stelle, ein Gedanke, der für deutsche Überlegungen, soweit die Handlungsfähigkeit einer Aktiengesellschaft in Betracht kommt, überhaupt nicht mitspielt. Bedenkt man dieses, so tritt klar zutage, daß der amerikanische Jurist, ehe er die ultra vires Lehre aufgeben kann, seine Grundauffassung von der Stellung des Aktionärs ändern muß. Das ist natürlich nur in einer generationenlangen Entwicklung zu erreichen.

Ballantine[1]) führt zu dem Problem aus: »The doctrine of ultra vires is in a state of hopeless confusion and it is even urged, that it should be entirely abandonned.... A conflict arises here between the interests of the stockholders and third persons who have dealt with the corporation. In some foreign systems of law it is provided that limitations of power cannot be set up against third persons, particularly against those acting in good faith. It is difficult to find a solution which reconciles the security of the stockholders with that of third persons, without requiring of them an impracticable examination into the probable nterpretation of the charter powers. It becomes a question oftentimes upon whom the loss should fall as between innocent insiders and outsiders, when corporate officers have exceeded their authority under the charter. The strict doctrine of ultra vires, it has been well said, gives the benefit to the corporation of the protection of the disabilities of a minor, or of a person non compos mentis, while it is well known that corporations are guided by the best of legal skill much more able to understand and interpret the provisions of their charters than the untrained and unsuspicious public. It makes the ordinary citizen guarantee the corporation and its stockholders against the corporation exceeding its powers, instead of the corporation and its stockholders themselves assuming that responsibility, as they should.« (Die ultra vires Doktrin befindet sich in einem Zustand hoffnungsloser Konfusion, und es wird sogar befürwortet, sie aufzugeben.... Es ergibt sich ein Konflikt zwischen den Interessen der Aktionäre

[1]) a. a. O., S. 236.

und denen dritter Personen, welche mit der Gesellschaft in Beziehung getreten sind. In einigen fremden Rechtssystemen ist es vorgesehen, daß Beschränkungen der Befugnisse gegen dritte Personen nicht geltend gemacht werden können, besonders nicht, wenn diese sich in gutem Glauben befanden. Es ist schwer, einen Ausgleich zu finden zwischen der Forderung nach Sicherheit für die Aktionäre und der nach Sicherheit für Dritte, ohne von den letzteren eine undurchführbare Prüfung der Auslegungsmöglichkeiten der charter-Befugnisse zu verlangen. Letzten Endes läuft die Frage darauf hinaus, ob der Verlust, der daraus entsteht, daß die Direktoren die charter-Befugnisse überschritten haben, den innenstehenden Aktionär oder den außenstehenden Dritten treffen soll. Man hat wohl gesagt, daß die strikte ultra vires Doktrin den Gesellschaften den Schutz zukommen läßt, den die Rechtsordnung Minderjährigen und Geistesschwachen gewährt, während die Gesellschaften in Wahrheit, wie jedermann weiß, von den besten Köpfen geleitet werden, die bedeutend besser imstande sind, die Bestimmungen ihrer charter zu verstehen und zu interpretieren, wie das ungeschulte und arglose Publikum. Man läßt den gewöhnlichen Dritten für die Gesellschaft und ihre Aktionäre die Gefahr übernehmen, die in einer Befugnis-Überschreitung der Gesellschaft liegt, anstatt die Gesellschaft selber und ihre Mitglieder diese Verantwortung übernehmen zu lassen, wie man es tun sollte.)

Also auch Ballantine kann sich mit dem Gedanken der Abschaffung der ultra vires Lehre nicht bedingungslos befreunden. Morawetz [1]) scheint allerdings schon vor Jahrzehnten die Sinnlosigkeit der ganzen Doktrin erkannt zu haben. Er sagt: »It is obvious, that the words powers and vires are here used in the sense of authority or right, and not in the sense of ability.« (Es ist klar, daß die Worte powers und vires hier in dem Sinne von Befugnis oder Berechtigung, und nicht in dem von Fähigkeit verstanden werden müssen.)

In allerjüngster Zeit haben einige Staaten versucht, durch Gesetz die ultra vires Lehre zu beseitigen. Den Anfang hiermit machte der Uniform Business Corporation Act (sec. 11). Dann haben die Statutes von Michigan und Ohio den Rechtssatz aufgestellt, daß die ultra vires Einrede niemals zu ungunsten des Gegners der corporation gegeben sei. Das Statut von Kalifornien von 1931 hat nun die ultra vires Einrede überhaupt beseitigt. Wie sich diese

---

1) Morawetz (2nd ed.) sec. 648.

Gesetzesbestimmungen auf die Rechtsprechung auswirken werden, bleibt bei dem bekannten Verhältnis vom Richter zum Statute abzuwarten. Dem Verfasser sind höchstrichterliche Entscheidungen in der ultra vires Frage, die auf den genannten Gesetzen beruhen, noch nicht bekannt geworden.

Die Interessenabwägung, die der ultra vires Lehre zugrunde liegt, entspricht nicht dem Standpunkt des geltenden deutschen Rechts. Auch nach Prüfung der Gesichtspunkte des amerikanischen Rechts ist für die Zukunft an dem bisherigen deutschen Standpunkt festzuhalten. Wenn zur Wahl steht, wem man die Gefahr einer Überschreitung des Gesellschaftsgegenstandes aufbürden soll, so muß die Entscheidung zweifellos zugunsten der Außenstehenden ausfallen, da die Aktionäre ja am nächsten daran sind, ihre Gesellschaftsorgane zu überwachen. Es ist ihre eigene Schuld, wenn sie Direktoren wählen, die sich nicht an ihre Vorschriften halten. Der Einfluß der Aktionäre auf die Besetzung der Direktorenposten ist ein viel wirksamerer Schutz für ihn als eine formalistische Bindung des Gesellschaftsvermögens an die Gesellschaftszwecke mit dinglicher Wirkung. Der deutschen Auffassung, wonach Gegenstand des Unternehmens und Handlungsfähigkeit der Gesellschaft vollständig unabhängig von einander zu prüfen sind, ist unbedingt der Vorzug zu geben. Dadurch werden klare Verhältnisse geschaffen. Der Schutz des Aktionärs muß hinter den Schutz des außenstehenden Dritten zurücktreten. In Amerika versucht man, mit der ultra vires Lehre eine Gefahr abzuwenden, die, wie unsere deutschen Erfahrungen zeigen, kaum besteht, und zwar mit einem Schutzmittel, das nicht tauglich ist, vielmehr weiteres Unheil anrichtet.

Die ultra vires Lehre als ganzes gesehen ist für einen kontinentalen Juristen etwas ganz unmögliches. Sie ist jedoch ein Kernstück des amerikanischen Gesellschaftsrechtes, das an innerer Bedeutung und auch an Raum in Unterricht, Schrifttum und Rechtsprechung mit an erster Stelle steht.

Unter Berücksichtigung der Ergebnisse dieses Abschnittes kann man sich wohl mit Recht auf den Standpunkt stellen, daß das amerikanische Recht einen großen Schritt vorwärts tun würde, wenn es die ultra vires Lehre und die ihr zugrunde liegende Auffassung von der Stellung und der Schutzwürdigkeit der Aktionäre aufgäbe. Dies ist möglich, ohne das System des amerikanischen Gesellschaftsrechtes zu zerschlagen, da die ultra vires Lehre sich aus dem Rechtsgebäude herauslösen und durch die kontinentale Auffassung ersetzen ließe, ohne daß auch die übrigen Teile eine

Änderung erfahren müßten. Die ultra vires Lehre ist eben selbst innerhalb des amerikanischen Systems ein Fehlgedanke, der sich seit etwa 1860 immer weiter breit gemacht hat, und der jetzt endlich beseitigt werden sollte. Rechtsvergleichende Arbeit würde auf diesem Gebiet für die amerikanische Rechtslehre besonders fruchtbar sein.

IV. Abschnitt.

Die Struktur der Aktiengesellschaft und das Verhältnis ihrer Organe zueinander.

Die amerikanische corporation und die deutsche Aktiengesellschaft sind in ihrem inneren Aufbau sehr verschieden. Hieraus ergibt sich, daß nach amerikanischem Recht die Stellung der Gesellschaftsorgane zueinander und zur Gesellschaft wesentlich anders ist als nach deutschem. Die Kenntnis dieser strukturellen Verschiedenheiten ist unbedingte Voraussetzung für eine fruchtbare rechtsvergleichende Untersuchung der Stellung des Aktionärs.

Die hervorragendsten Merkmale der Struktur einer corporation im Vergleich mit der Aktiengesellschaft sind: Das Fehlen des Aufsichtsrates, oder vielmehr die Vereinigung der Befugnisse von Vorstand und Aufsichtsrat in einem Organ, dem board of directors, und die grundsätzliche Unabhängigkeit der Direktoren von der Generalversammlung. Um die Struktur der deutschen und amerikanischen Aktiengesellschaften zu vergleichen, ist es zweckmäßig, nicht die einzelnen Organe, sondern Aktionärschaft und Verwaltung im Rahmen der beiden Gesellschaften gegenüberzustellen.

A. Deutsches Recht.

a) Die Generalversammlung.

Nach deutschem Recht ist die Generalversammlung nicht etwa die Gesamtheit der stimmberechtigten Aktionäre, die als Organ der Gesellschaft in bestimmter Weise funktioniert. Vielmehr gehören zur Generalversammlung im Sinne des HGB. außer den Aktionären auch der Vorstand und der Aufsichtsrat. Man ist sich zwar darüber einig, daß eine ordnungsmäßig berufene Generalversammlung auch dann stattfinden kann, wenn keine Vorstands- oder Aufsichtsratsmitglieder erschienen sind; es darf ihnen aber, wenn sie erscheinen, die Teilnahme nicht versagt werden [1]). Fassen

[1]) Brodmann, Anm. 4 zu S. 235.

100% der Aktionäre außerhalb einer ordnungsmäßig berufenen Generalversammlung in einer sog. Universalversammlung Beschlüsse, so sind diese anfechtbar, wenn den Mitgliedern von Vorstand und Aufsichtsrat nicht Gelegenheit zur Teilnahme gegeben war [1]). Wenn auch die Verwaltungsmitglieder in der Generalversammlung kein Stimmrecht haben, so soll ihnen doch die Möglichkeit gegeben werden, ihre Ansichten zur Geltung zu bringen. Unter diesen Gesichtspunkten will Brodmann [2]) die Bezeichnung der Generalversammlung als »Organ der Aktiengesellschaft« nur insoweit gelten lassen, als man dabei »im Gegensatz zu Vorstand und Aufsichtsrat an das Korpus der stimmberechtigten Aktionäre« denkt. In Wahrheit sei die Generalversammlung die »Verkörperung der Gesellschaft selbst in ihrer Totalität«.

Aus dieser Auffassung ergibt sich die Bedeutung der Generalversammlung innerhalb der Struktur der Aktiengesellschaft und ihr Verhältnis zur Verwaltung. Die von den Aktionären in der Generalversammlung gefaßten Beschlüsse gelten als der für die an sich nicht willensfähige Aktiengesellschaft ausgesprochene Wille [3]). Diesem Willen haben sich die übrigen Organe der Gesellschaft zu fügen. Selbstverständlich besteht für die Verwaltung eine Gehorsamspflicht nur gegenüber solchen Anordnungen, die dem Gesetz nicht zuwiderlaufen [4]); das ergibt sich schon daraus, daß unter Umständen (z. B. § 241) die Vorstandsmitglieder ohne Rücksicht auf das Vorliegen eines sie deckenden Generalversammlungs-Beschlusses den Gläubigern der Gesellschaft unmittelbar haften und sich in gewissen Fällen (§ 312ff.) sogar strafbar machen. Von diesen Ausnahmen abgesehen ergibt eine sinngemäße Anwendung des § 235, dessen Wortlaut allerdings nur die Vertretungsmacht betrifft, daß der Vorstand verpflichtet ist, den Anordnungen der Generalversammlung nachzukommen. Wir werden sehen, daß dies einer der wesentlichsten Unterschiede in der Struktur der deutschen und der amerikanischen Aktiengesellschaft ist.

Die Beschlüsse einer deutschen Generalversammlung bedürfen grundsätzlich der einfachen Mehrheit der abgegebenen Stimmen, soweit nicht durch das Gesetz oder durch den Gesellschaftsvertrag eine größere Mehrheit oder sonstige Erfordernisse vorgeschrieben sind (z. B. in §§ 196 IV und V, 207 III, 243 IV, 275, 288, 292 I,

---

[1]) Mangold, J. W. 1927, 1338.
[2]) a. a. O., Anm. 1d zu S. 231; Anm. 4a zu S. 235.
[3]) RGZ., 63, 203 (208).
[4]) OLG. 12, 435.

303 I, 304 II, 306 I, 310). Das gleiche gilt für Wahlen, wenn auch hier eine abweichende Regelung durch den Gesellschaftsvertrag zugelassen ist (§ 251 II). Die im amerikanischen Recht zulässige und in einigen Staaten sogar obligatorische Proportionalwahl ist in unserm Gesetz nicht vorgesehen, sie kann aber durch Aufnahme in die Satzung eingeführt werden. Die meisten Schriften zur Aktienrechtsreform lehnen die Übernahme der Proportionalwahl ins deutsche Aktienrecht, welche praktisch wohl nur für den Aufsichtsrat in Frage kommt, ab. Zur Begründung führt man an, daß es nicht Aufgabe der Aufsichtsratsmitglieder sei, jeweils die Interessen ihrer Wähler wahrzunehmen; vielmehr sollten sie, ebenso wie die Mitglieder politischer repräsentativer Körperschaften, stets das »Gesamtinteresse der Gesellschaft, der Aktionäre und der Gesellschaftsgläubiger« im Auge haben [1]).

b) Der Vorstand.

Die Verwaltung einer deutschen Aktiengesellschaft besteht aus zwei Organen, dem Vorstand und dem Aufsichtsrat.

Die Motive von 1884 [2]) bezeichnen den Vorstand zutreffend als das Ausführungsorgan der Aktiengesellschaft. In seiner Hand liegen die eigentlichen Unternehmerfunktionen, wirtschaftlich gesehen ist er der Leiter des Unternehmens, der »Chef«. Er ist so wichtig, daß ohne Vorstand eine Aktiengesellschaft nicht entstehen kann. Die Zusammensetzung und die Art der Bestellung des Vorstandes müssen im Gesellschaftsvertrag bestimmt sein. Die Benennung der Vorstandsmitglieder liegt in der Regel dem Aufsichtsrat ob, seltener der Generalversammlung. Die von der Benennung zu scheidende Anstellung geschieht ebenfalls durch den Aufsichtsrat (§ 247 I) kann aber auch, wenn nur der vorhandene vertretungsfähige Vorstand ergänzt werden soll, durch diesen selbst erfolgen [3]). Bei der Untersuchung der Stellung des deutschen Vorstandes ist eine strenge Scheidung zu machen, welche dem amerikanischen Recht fremd ist: Die Scheidung zwischen Innen- und Außenverhältnis. Vorstandsmitglieder sind, obwohl den anderen Angestellten gegenüber »Prinzipal«, selber Angestellte der Gesellschaft. Damit ist ihre Stellung, soweit das Innenverhältnis in Frage steht, in der Regel als

---

[1]) So RGZ. 48, 44.

[2]) Entwurf eines Gesetzes betr. die Kommanditgesellschaft auf Aktien und die Aktiengesellschaften nebst Motiven und Anlagen von 1884 S. 138.

[3]) Brodmann a. a. O. Anm. 5a zu § 231; Anm. 1 zu § 247.

Dienstvertrag gekennzeichnet, seltener als Auftrag [1]). Daraus ergibt sich, daß zur Anstellung als Vorstandsmitglied keine besonderen Qualifikationen erforderlich sind; insbesondere nicht, daß das Vorstandsmitglied selber Aktionär ist [2]). Vertragsparteien des Anstellungsvertrages sind die Gesellschaft und das einzelne Vorstandsmitglied; irgend ein direktes Rechtsverhältnis zwischen Aktionär und Vorstand besteht nicht [3]). Neben den Sonderabmachungen wird die Satzung der Gesellschaft sinngemäß Inhalt des Anstellungsvertrages, so daß sich für das Innenverhältnis hieraus die Grenzen der Befugnisse des Vorstandes sowie seine Rechte und Pflichten ergeben. Rechtsquelle für die Stellung des Vorstandes im Innenverhältnis sind also neben dem Anstellungsvertrag auch Satzung und Gesetz.

Ganz unabhängig von der Stellung des Vorstandes zur Gesellschaft und den sich hieraus ergebenden Bindungen ist die Stellung des Vorstandes Dritten gegenüber. »Nach außen ist der Vorstand einer Aktiengesellschaft zu allen Rechtshandlungen für die Gesellschaft berechtigt, soweit das Gesetz nicht selbst Ausnahmen macht und die Mitwirkung anderer Gesellschaftsorgane anordnet. Weitere Beschränkungen durch die Satzung oder durch Weisungen der Generalversammlung haben nach außen, Dritten gegenüber, keine rechtliche Wirkung. Die Vertretungsbefugnis des Vorstandes wird auch nicht begrenzt durch den satzungsmäßigen Zweck des Unternehmens(!). Selbst wenn eine Rechtshandlung über den Gegenstand des Unternehmens hinausgeht, wird dadurch an der Gültigkeit des Rechtsgeschäftes nichts geändert« [4]). Das Risiko einer Befugnisüberschreitung des Vorstandes trifft also die Aktiengesellschaft und damit wirtschaftlich den Aktionär, nicht den Dritten, wie überhaupt unser Aktienrecht im Gegensatz zum amerikanischen immer den Gläubigerschutz in den Vordergrund stellt. Der Vorstand ist eben nicht bevollmächtigter Stellvertreter der Aktiengesellschaft, sondern deren gesetzlicher Vertreter, dessen Vertretungsmacht sich ihrem Umfange nach aus dem Gesetz ergibt. In § 235 ist ausdrücklich gesagt, daß der Vorstand zwar der Gesellschaft gegenüber verpflichtet ist, die Beschränkungen einzuhalten, welche im Gesellschaftsvertrage oder durch Beschlüsse der Generalversammlung für den Umfang seiner Befugnis, die Gesellschaft zu vertreten, festgesetzt sind, daß

---

[1]) Über das Verhältnis von Generalversammlung, Vorstand und Aufsichtsrat vgl. RGZ. 117, 203.

[2]) Das Statut kann natürlich besondere Erfordernisse aufstellen.

[3]) RGZ. 63, 208.

[4]) RGZ. 115, 249.

aber Dritten gegenüber eine Beschränkung der Vertretungsbefugnis des Vorstandes unwirksam ist. Der Dritte braucht sich also nur Gewißheit zu verschaffen, ob der handelnde Direktor wirklich Vorstandsmitglied ist, und wieweit seine formale Vertretungsmacht reicht (Kollektiv- oder Einzelvertretung); ihr aus dem Innenverhältnis zu bestimmender inhaltlicher Umfang ist für ihn belanglos.

Entsprechend verhält es sich mit der Geschäftsführungsbefugnis des Vorstandes, über die im Gesetz nur indirekt in der Überschrift zum dritten Titel des dritten Abschnittes im zweiten Buch und in § 241 etwas gesagt ist. Für den Vorstand als gesetzlichen Vertreter »ist gerade die Geschäftsführung, vor allem also auch die gesamte rein tatsächliche Hantierung mit den ihm anvertrauten Vermögensstücken, das Kernstück seiner Aufgabe, zu welchem die Vertretung der Gesellschaft im rechtsgeschäftlichen Verkehr mit Dritten erst das unentbehrliche Korollar darstellt«[1]. Auch der Umfang der Geschäftsführungsbefugnis ist Dritten gegenüber von dem Gegenstand des Unternehmens und den Beschränkungen, die dem Vorstandsmitglied etwa vertraglich auferlegt sind, unabhängig. Auch unbefugte Geschäftsführungshandlungen sind Handlungen der Gesellschaft, es sei denn, daß sie nur »bei Gelegenheit« der Geschäftsführung vorgenommen sind. Eine Gesellschaft haftet also nach deutschem Recht auch für den Schaden aus einer unerlaubten Handlung, die ein Vorstandsmitglied in Ausübung der Geschäftsführung begangen hat, gleichgültig, ob gerade die in Frage stehende Handlung von diesem oder jenem Vorstandsmitglied zu erledigen war. Auch hier trifft das Risiko der Kompetenzüberschreitung, soweit das Außenverhältnis in Frage kommt, nicht den beteiligten Dritten, sondern die Gesellschaft und damit wirtschaftlich den Aktionär.

c) Der Aufsichtsrat.

Als zweites Verwaltungsorgan besitzt jede deutsche Aktiengesellschaft neben dem Vorstand einen Aufsichtsrat. Das Gesetz weist ihm als wesentlichste Aufgabe zu, die Geschäftsführung der Gesellschaft in allen Zweigen der Verwaltung zu überwachen und sich zu diesem Zwecke von dem Gang der Angelegenheiten der Gesellschaft zu unterrichten. Andere Aufgaben sind in den §§ 192, 193, 196 III, 267 II, 260 II, 195, 280, 284, 247 I, 272, 236 III, 271 IV, 247 II, 268 II, 309, 254 III, 246 II, 238, 266, 222 IV, 248, 274 I,

[1]) Brodmann, 1b zu § 231.

295 II, III verzeichnet. Die meisten dieser Aufgaben sind ihrem Wesen nach ein Ausfluß des Aufsichtsrechtes; der Rest enthält Befugniszuweisungen aus Zweckmäßigkeitserwägungen, die nicht grundsätzlicher Natur sind. Der Kern, Beaufsichtigungsrecht und Beaufsichtigungspflicht, muß festgehalten werden, wenn auch in der neueren Literatur, gestützt auf Beobachtungen aus der Praxis, hie und da die Auffassung vertreten wird, der Aufsichtsrat in seiner modernen Form habe sich vom Kontrollorgan zu einem beratenden Verwaltungsorgan entwickelt [1]), dem nach § 246 III sogar die ganze Geschäftsführung vorbehaltlich der dem Vorstande vom Gesetz unentziehbar zugewiesenen Rechte übertragen werden könne [2]). Dieser Auffassung ist nicht beizutreten. Die strenge Scheidung des Personalbestandes von Vorstand und Aufsichtsrat weist auf die Gegensätzlichkeit der Stellung dieser beiden Organe hin, die nur dann gewahrt ist, wenn auch die strenge Scheidung der Befugnisse aufrechterhalten bleibt. Die Erfahrungen in ausländischen Rechten, die eine Zweiteilung der Verwaltung in ein ausführendes und ein Kontrollorgan nicht kennen, sollte eine Mahnung sein, den verwischenden Neigungen der Praxis entgegenzutreten [3]).

Die Rechtsstellung der Aufsichtsratsmitglieder gründet sich auf einen körperschaftlichen Bestellungsakt, der sich aus der Wahl durch die Generalversammlung und dem Anstellungsvertrag zusammensetzt. Grundsätzlich soll der Aufsichtsrat vom Vertrauen der Aktionäre dauernd getragen sein, woraus sich die Befugnis der Generalversammlung erklärt, die Bestellung eines Aufsichtsratsmitgliedes mit 3/4 Mehrheit jederzeit zu widerrufen (§ 243 IV), und zwar ohne Schutz des Rechts auf die vertragsmäßige Vergütung [4]), der für die Vorstandsmitglieder besteht. Gleichwohl sind die Aufsichtsratsmitglieder keineswegs die Interessenvertreter ihrer Wähler. Der Aufsichtsrat ist vielmehr in jedem seiner Mitglieder berufen, dem Gesamtwohl der Gesellschaft zu dienen [5]), also die Interessen aller Aktionäre und sogar der Gläubiger [6]) wahrzunehmen. Der Aufsichtsrat ist kein Aktionsausschuß der Aktionäre. Aus diesem Grunde hat auch das Proportionalwahlrecht [7]), dessen Einführung

---

1) Riesser in Festgabe für Koch, S. 296.

2) Staub-Pinner, Anm. 10 zu § 246.

3) So auch Solmssen, Probleme des Aktienrechts, S. 93.

4) RGB. 68, 223 (mit Einschränkungen). 81, 153.

5) RGZ. 57, 207.

6) RGZ. 48, 44.

7) Nähere Erläuterung bei der Darstellung des amerikanischen Wahlrechts, S. 86 f.

im Einzelfalle durch Statut zulässig sein mag, in unser Gesetz keinen Eingang gefunden und wird auch von der Mehrzahl der Reformer nicht zur Einführung empfohlen [1]). Der Aufsichtsrat ist an Weisungen der Generalversammlung bei der Behandlung der Aufgaben, die ihm durch Gesetz oder Statut [2]) zur selbständigen Entscheidung zugewiesen sind, nicht gebunden; auf sie kann die Generalversammlung nur durch Umbesetzung des Aufsichtsrates Einfluß nehmen. Im übrigen hat der Aufsichtsrat den Weisungen der Generalversammlung Folge zu leisten. Den Vorstandsmitgliedern gegenüber hat er, wenn es im Statut so bestimmt ist, ein Entlassungsrecht; ist nichts bestimmt, billigt ihm die Praxis mindestens ein Suspensionsrecht [3]) zu. Dagegen hat der Aufsichtsrat kein Recht, den Vorstand in Angelegenheiten der Geschäftsführung anzuweisen, es sei denn, daß in dem Anstellungsvertrag des Vorstandes [4]) etwas Gegenteiliges bestimmt ist. Nach dem Gesetz hat er, soweit die Geschäftsführung in Betracht kommt, insoweit nur eine beratende Stellung. Aus der Organstellung des Aufsichtsrates ergibt sich ferner, daß sich, genau wie beim Vorstand, kein Band irgendwelcher (insbesondere vertraglicher Art [5]) direkt vom Aktionär zum Aufsichtsrat oder zu dessen Mitgliedern zieht [6]). Beziehungen bestehen nur zwischen Aufsichtsratsmitglied und Gesellschaft. Die beaufsichtigende Tätigkeit des Aufsichtsrates beschränkt sich ihrem Umfange nach keineswegs auf bloßes Revidieren, sondern umfaßt die ganze Fülle des Begriffs »beaufsichtigen«, sowohl im technischen als auch im moralischen Sinne. Die Übertragung dieser zum Teil ethischen Aufgabe ist eine Vertrauenskundgebung, die nur einer natürlichen Person gegenüber sinnvoll ist. Daher wird man die Wählbarkeit zum Aufsichtsratsmitglied auf natürliche Personen [7]) beschränken müssen [8]). Andererseits ist es aber auch zulässig, daß die Generalversammlung, sei es aus Mangel an geeigneten Persönlichkeiten, sei es aus anderen Gründen, Nichtaktionäre in den Aufsichtsrat wählt [9]). Auf demselben Gedanken

---

[1]) Dafür Sonntag, die A.G. im Kampfe zwischen Recht und Macht, S. 113; dagegen Solmssen, a. a. O., S. 90.

[2]) RGZ. 117, 203.

[3]) Brodmann, Anm. 5a zu § 231.

[4]) JW. 1898, 348.

[5]) RGZ. 63, 206.

[6]) Soergel, BGB., Anm. 7 zu § 823.

[7]) Simon, LZ. 1908, S. 1 und Goldschmitt, Das Recht des Aufsichtsrats, S. 52ff., fordern beide die Wählbarkeit juristischer Personen.

[8]) So die herrschende Lehre. Vgl. Fürst, LZ. 1908, S. 365; Brodmann, Anm. 2c zu § 243.

[9]) JW. 1903, S. 214.

beruht es, daß nach deutschem Recht Vereinbarungen, in denen öffentlichen Körperschaften, z. B. dem Reich, einem Lande oder einer kommunalen Körperschaft, das Recht der Benennung von Aufsichtsratsmitgliedern ausbedungen ist, nicht bindend sind; sie sind gentleman-agreements, die von den Großaktionären freiwillig erfüllt werden [1]); erzwingbar sind sie nicht [2]). Dies ergibt sich auch schon daraus, daß auch die von öffentlichen Körperschaften benannten Mitglieder keinesfalls vor dem Widerruf der Bestellung durch die Generalversammlung nach § 243 IV geschützt sind.

B. Amerikanisches Recht.

In einer amerikanischen corporation finden wir nur zwei Organe: Die im stockholder's meeting zusammengefaßte Aktionärschaft und den board of directors. Einen Aufsichtsrat gibt es nicht. Das Machtverhältnis zwischen Aktionären und Verwaltung ist wesentlich anders gestaltet als im deutschen Recht, und zwar ist die Stellung der Verwaltung auf Kosten der Aktionäre besonders stark ausgestaltet.

a) Stockholder's meetings.

Die Aktionäre bringen ihren Willen in den stockholder's meetings zur Geltung. Diese sind keine Generalversammlungen in unserem Sinne, sondern das, was der Name sagt: Aktionärversammlungen, wie ich sie in Zukunft auch stets nennen werde, möglich als ordentliche, außerordentliche oder als Universalversammlungen.

Die Stellung der stockholders innerhalb der corporation ist ganz eigenartig. Während das deutsche Recht die meisten grundsätzlichen Entscheidungen der Generalversammlung vorbehält und diese die Bestimmung auch über nicht vorbehaltene Angelegenheiten an sich ziehen kann, indem sie den Direktoren in dem oben erörterten Umfang Anweisungen erteilt, ist in der corporation der board of directors das suveräne Organ, das grundsätzlich alle Fragen entscheidet. Die Kompetenz der Aktionärversammlung ist die Ausnahme. Den stockholders sind nur einige wenige Dinge unbedingt vorbehalten: »Extraordinary and unusual powers, not relating to the ordinary business and affairs of the corporation, remain in the stockholders as a body, and not only may, but must, be exercised

---

[1]) Keinesfalls gehören solche Vereinbarungen in die Satzung.

[2]) Freud, Über die gemischtwirtschaftlichen Unternehmungen, JW. 1911, S. 1133; Junck, LZ. 1914, S. 1642.

by them. Thus, notwithstanding a delegation of authority to the board of directors to manage the business of the corporation, it is for the stockholders, and not for the directors, to increase the capital stock of the corporation under legislative authority, unless such power is expressly vested in the directors, to make bylaws for the government of the corporation, to make or authorize a conveyance, transfer or lease of all the property of the corporation, when within the powers of the corporation, and thereby terminate, finally or temporarily, the business of the corporation, to accept amendments of the charter in certain cases, to elect directors, to dissolve the corporation or surrender the corporate franchises, or to authorize the directors to renew or extend the period of corporate existence[1].« (Außergewöhnliche und ungebräuchliche Befugnisse, die mit dem gewöhnlichen Betrieb oder dem Geschäfte der Gesellschaft nichts zu tun haben, verbleiben den stockholders in ihrer Gesamtheit und dürfen nicht nur, sondern müssen von ihnen ausgeübt werden. Trotzdem also den Direktoren die Geschäftsführung der Gesellschaft übertragen ist, behalten die Aktionäre die Befugnis, das Kapital der Gesellschaft zu erhöhen (es sei denn, daß diese Befugnis den Direktoren ausdrücklich im Statut übertragen ist), Ausführungsbestimmungen für die Verwaltung zu erlassen, sowie die Befugnis, eine Übertragung, Veräußerung, Verpachtung des gesamten Gesellschaftsunternehmens selber auszuführen oder zu gestatten, wenn die Gesellschaft überhaupt hierzu berechtigt ist, und hierdurch den Betrieb vorläufig oder dauernd zu beenden; ferner die Befugnis der Satzungsänderung in gewissen Fällen, das Recht, die Direktoren zu wählen, die Gesellschaft aufzulösen, das Inkorporierungsprivileg zurückzugeben, oder die Direktoren zur Verlängerung der Dauer der Gesellschaft zu ermächtigen.) Dagegen hat die Aktionärversammlung nicht das Recht, die Geschäftspolitik zu bestimmen. Sie kann auch nicht die Direktoren anweisen, wie sie sich in einer bestimmten Angelegenheit verhalten sollen. Der Wille der Direktoren ist für die Geschäftsführung und Geschäftspolitik allein maßgebend. Als Gegengewicht hierzu werden wir jedoch eine sehr verstärkte Stellung des Einzelaktionärs feststellen, sowohl innerhalb der Aktionärschaft als auch gegenüber der Verwaltung.

Die Beziehungen der Aktionäre zueinander sind beherrscht von dem in Abschnitt II erörterten Grundsatz der vertragsmäßigen Verbundenheit der Aktionäre. Grundsätzlich kann jeder Aktionär

---

[1]) Ballantine, a. a. O., S. 520.

in der Aktionärversammlung so abstimmen und wählen, wie es ihm paßt, also auch sich von seinen Privatinteressen leiten lassen [1]. Diesem Grundsatz sind jedoch im amerikanischen Recht weit engere Grenzen gezogen als im deutschen. Die Abstimmungsfreiheit ist nicht erst, wie im deutschen Recht, durch die Vorschriften über die unerlaubten Handlungen beschränkt [2]. Vielmehr leitet man aus der vertraglichen Verbundenheit der Aktionäre den Grundsatz ab, daß die Majorität gegenüber der Minorität eine Treuhandstellung einnimmt, und daher auch deren Interessen billigerweise berücksichtigen muß. Es finden also bei der Beurteilung des Verhaltens der Majorität gegenüber der Minorität nicht Deliktsgrundsätze, sondern die Regeln über Vertragserfüllung Anwendung. Aus der vertragichen Verbundenheit der Aktionäre leitet man ein gegenseitiges Treueverhältnis ab (fiduciary relationship), welches insbesondere dann [3] zur Geltung kommt, wenn einer Majorität, welche durch das demokratische Prinzip praktisch das Alleinbestimmungsrecht hat, eine überstimmte Minorität gegenübersteht. »There is a growing tendency to hold that the majority stockholders of a corporation stand in a fiduciary relation to the minority [4].« (Mehr und mehr gelangt der Grundsatz zur Anerkennung, daß die Majorität der Aktionäre in einem Treuhandverhältnis zur Minorität steht.) »The majority has the right to control; but when it does so, it occupies a fiduciary relation toward the minority, as much so as the corporation itself or its officers and directors [5].« (Die Mehrheit hat das Recht, die Gesellschaft zu kontrollieren; aber hierbei befindet sie sich in einer treuhandähnlichen Stellung zur Minderheit, genau so wie die Gesellschaft selbst oder ihre Beamten und Direktoren.)

Die Konsequenzen dieser Doktrin gehen sehr weit. Sogar in den Fällen, wo durch Gesetz einer qualifizierten Mehrheit gewisse Befugnisse ausdrücklich eingeräumt sind, darf die Mehrheit diese nur dann ausüben, wenn »honeste Motive« vorliegen [6]. Dies ist

---

[1] Rogers v. Nashville, C. & St. L. R. Co., 91 Fed. 299.

[2] RGZ. 68, 314; 107, 72; 107, 202; JW. 1916, 575.

[3] Kavanaugh v. Kavanaugh Kritting Co., Inc., 226 New York 185, 123 N. E. 148.

[4] Farmers Loan & Trust Co. v. New York & N. R. Co., 150 New York 410, 44 N. E. 1043.

[5] Wheeler v. Abilene Nat. Bank Building Co., 159 Fed. 391, 16 L. R. A. (N. S.) 892.

[6] In re Paine, 200 Michigan 58, 166 N. W. 1036.

allerdings in einigen Entscheidungen bestritten [1]). Allgemein wird es jedoch als unzulässig angesehen, wenn eine qualifizierte Mehrheit die Auflösung einer gutgehenden Gesellschaft nur deshalb beschließt, um die Vermögenswerte derselben an sich zu bringen und den Betrieb ohne die Minderheit weiterzuführen; das gilt auch dann, wenn das aus der Liquidation an die Minderheit gelangende Entgelt objektiv betrachtet angemessen war, sofern nur die Möglichkeit bestand, auf irgendeine Weise für alle Gesellschafter ein noch vorteilhafteres Ergebnis zu erzielen [2]).

Die amerikanische Auffassung, daß zwischen den Aktionären eine vertragliche Verbundenheit besteht, und daß deshalb die Mehrheit gegenüber der Minderheit gewisse Treupflichten habe, ist die Grundlage des amerikanischen Minderheitenrechtes [3]). Sie beherrscht die Lehre vom Bezugsrecht, vom Dividendenrecht, von den Regeln über die Verwendung der Gesellschaftsgelder und von der Zulässigkeit von Satzungsänderungen; außerdem die Regeln über die Veräußerung des Unternehmens, Fusion, Poolung usw.

b) Der board of directors.

Die Verwaltung einer amerikanischen corporation [4]) liegt in Händen des board of directors, der im großen und ganzen die Funktionen des deutschen Vorstandes mit denen des Aufsichtsrates in sich vereinigt. Es beteiligen sich jedoch nicht alle Mitglieder des board gleichmäßig an der Arbeit, vielmehr üben einige wenige hauptamtlich tätige Direktoren die tatsächliche Leitung aus (managing directors), während die übrigen nur im Nebenberuf Direktoren der Gesellschaft sind und selten zu den meetings erscheinen. In der Regel werden sie wegen ihres Namens, ihrer Beziehungen oder aus ähnlichen Geschäftsrücksichten gewählt [5]). Sie sind oft

---

[1]) Z. B. Windmüller v. Standard Distilling & Distributing Co., 114 Fed. 491.

[2]) Ballantine, S. 596, Anm. 141.

[3]) Eine systematische Darstellung der Auswirkung des Treuhandgedankens auf die wichtigsten Fälle findet sich bei A. A. Berle, Corporate powers as powers in trust, 64 Harvard Law Review 1049.

[4]) Ausführliche Untersuchung in H. H. Spellmann, A treatise on the Principles of Law governing Corporate Directors.

[5]) Lehmann untersucht in seinem Gutachten für den 34. Deutschen Juristentag, S. 298, die Zusammenfassung der Aufgaben von Vorstand und Aufsichtsrat in einem Organ und bezeichnet sie als unbefriedigend aus folgenden Gründen:

a) Man kann nicht alle Mitglieder des board einer ebenso scharfen Haftung

unentgeltlich tätig und unterliegen einer weniger scharfen Haftung als die managing directors.

Fast immer werden die Direktoren durch Wahl bestimmt. Es ist jedoch im Gegensatz zum deutschen Recht auch zulässig, die Bestimmung mit bindender Wirkung Dritten zu übertragen. Z. B. kommt es häufig vor, daß eine Gesellschaft das Recht hat, die Direktoren einer anderen Gesellschaft zu bestimmen [1]). Wird gewählt, so ist zwar nach common law das bei uns übliche Verfahren (Mehrheitswahl) anwendbar, dies ist aber in der Praxis durch die kummulative oder proportionale Wahl [2]) verdrängt, die in einer Reihe von Staaten sogar obligatorisch oder wenigstens gesetzlich anerkannt ist [3]). In den anderen Staaten ist sie bei den meisten corporations durch Satzungsbestimmung eingeführt. Kummulatives Wahlrecht heißt, daß bei der Wahl von mehreren Direktoren, sagen wir 7, jeder der Aktionäre das Recht hat, für jede Aktie sieben Stimmen abzugeben und sie nach Belieben auf einen oder mehrere Kandidaten zu vereinigen. Hat nun A 50 Aktien, B 30 und C 20, so hat A 350 Stimmen, B 210, C 140. Da für jeden Direktor 100 Stimmen

wie die deutschen Vorstandsmitglieder unterwerfen, woraus sich dann eine sehr lockere Haftung für alle, also auch die managing directors, ergibt.

b) Die nebenamtlich tätigen Mitglieder haben nicht genug Autorität zu einer wirksamen Aufsicht; sie sind Kollegen.

c) Das Publikum wird darüber getäuscht, wer wirklich die Geschäfte führt. Der Einwand zu a) ist wenigstens für Amerika nicht zutreffend, da eine Abstufung der Haftbarkeit, je nach dem Maße der übernommenen Verantwortung und dem gewährten Entgelt anerkannt ist.

[1]) Vgl. hierzu Lehmann's Gutachten zum 34. Juristentag, S. 302.

[2]) Vgl. Clark, S. 598.

[3]) Illinois, Kansa, Missouri, Michigan, Nebraska, Ohio, Pensylvania, South Carolina, West Virginia. »The Michigan Corporation Law« von 1885 in der Fassung von 1921 gibt eine gute Erläuterung des Proportionalwahlsystems. Es bestimmt, »daß alle Aktionäre das Recht haben sollen, persönlich oder durch einen Bevollmächtigten je nach der Zahl der von ihnen besessenen Aktien ihre Stimme für so viele Personen abzugeben, als Direktoren gewählt werden sollen, oder auch ihre Stimmen zusammenzufassen und einem Kandidaten so viele Stimmen zu geben, wie sich ergibt, wenn man die Zahl ihrer Aktien mit der Zahl der zu wählenden Direktoren multipliziert, oder sie nach demselben Prinzip auf so viele Kandidaten zu verteilen, wie sie es für gut befinden.« (All shareholders shall have the right to vote in person or by proxy, according to the number of shares of stock owned by him for as many persons as there may be directors to be elected, or to accumulate such shares and give one candidate as many votes as will equal the number of directors multiplied by the number of shares of his stock; or to distribute them on the same principle among as many candidates as he shall think fit (zitiert nach Ripley, a. a. O., S. 105).)

nötig sind, so entsendet A vier, B zwei und C einen Direktor in den board. Durch dieses System wird die Vertretung der Minderheit im board gewährleistet, andererseits aber auch der Widerstreit der Interessen in den Schoß der Leitung des Unternehmens hineingetragen, wodurch oftmals die Schlagkraft derselben gelähmt wird.

In der Praxis sichert das kommulative Wahlrecht auch weniger einen Einfluß der Minderheit bei der Geschäftsführung vielmehr bietet es Gewähr dafür, daß ihr keine Maßnahmen, die die Verwaltung im Bunde mit der Mehrheit vornimmt, verborgen bleiben [1]). Das Proportionalwahlrecht kann in dieser Hinsicht segensreich wirken und seine Einführung für den deutschen Aufsichtsrat, die übrigens zum Teil schon befürwortet ist [2]), ist ernstlich zu erwägen. Solmssen [3]) ereifert sich unnötig dagegen mit dem Argument, es könnten gerade beim kommulativen Wahlrecht Ergebnisse herauskommen, die mit dem wahren Willen der Aktionäre nicht vereinbar wären. Seine Zahlenbeispiele setzen jedoch einen durchaus törichten Aktionär voraus, der seine Stimmen falsch abgibt. Tut er das, so hat er natürlich die Folgen sich selber zuzuschreiben, nicht dem Wahlsystem. Ist ein Verfahren einmal eingeführt, so muß man auch damit rechnen, daß es sachgemäß gehandhabt wird. Ein zweites Argument gegen die Proportionalwahl, daß es nämlich in das Kollegium den Zwiespalt verschiedener Interessengruppen hineintrüge, ist zwar durchschlagend bei der Wahl von Vorstandsmitgliedern, bei der Wahl von Aufsichtsratsmitgliedern wird man es jedoch begrüßen dürfen, wenn nicht nur der Standpunkt einer Gruppe vertreten ist. Ripley [4]), der das amerikanische Kummulativsystem eingehend vom wirtschaftswissenschaftlichen Standpunkt aus untersucht, beurteilt seine Erfolge günstig, wobei er sehr richtig erwägt, daß es schon durch sein bloßes Vorhandensein nützlich wirke und auf keinen Fall schaden könne.

---

1) Vgl. Cross v. West Virginia Cent. & P. Ry. Co., 35 West Virginia 174, 12 S. E. 1071; Pierce v. Commonwealth, 114 Pa. St. 150; Wright v. Central California C. W. Co., 67 California 582, 8 Pac. 70; Chicago Macaroni Co. v. Boggiano, 202 Illinois 312, 67 N. E. 17.

2) Tecklenburg, Die Proportionalwahl in Aktiengesellschaften, Holdh. 1918, S. 51ff.; Sontag, Die Aktiengesellschaften im Kampfe zwischen Recht und Macht, S. 113.

3) Solmssen, a. a. O., S. 90ff.; ablehnend auch Lehmann in seinem Gutachten S. 303f. Der Bericht der Aktienrechtskommission des 34. deutschen Juristentages empfiehlt S. 22, die Entwicklung dieser Frage der Praxis und Rechtsprechung zu überlassen.

4) Ripley, Main street and Wall street, S. 104.

Durch das kommulative Wahlsystem hat der board of directors mehr das Gesicht eines Aktionsausschusses der Gesellschafter als eines Kollegiums von Angestellten. Unterstrichen wird dieser Charakter dadurch, daß die in Deutschland seltene Bestimmung, daß nur Aktionäre Direktoren werden können, in den angelsächsischen Ländern die kaum durchbrochene Regel ist [1]). An der Londoner Börse werden z. B. Aktien von Gesellschaften, die von Direktoren keine »qualification shares« verlangen, nicht zugelassen. Viele Statuten machen die Wählbarkeit zum Direktor sogar vom Besitz einer Mindestsumme von shares abhängig, damit nicht durch die Geringfügigkeit des Erwerbes dem Sinn der Bestimmung, daß nämlich der Direktor die Folgen seiner Geschäftsführung auch am eigenen Leib spüren soll, zuwidergehandelt werde. Es mag zugegeben werden, daß das Erfordernis der qualification shares in der Praxis oft durch geringfügigen Erwerb oder durch Scheinübertragungen umgangen wird, weswegen, wie Lehmann [2]) berichtet, die englische Enquête Kommission es geradezu als Komödie bezeichnet hat. Vom theoretischen Standpunkt aus ist und bleibt das Erfordernis der »qualification shares« ein wesentliches Merkmal der angloamerikanischen Auffassung von der Stellung der Direktoren. Sie sind geschäftsführende Gesellschafter, die für sich und andere in gleicher Weise tätig sind, nicht Angestellte.

Die Befugnisse der Direktoren sind teils weiter teils enger ausgestaltet als im deutschen Recht. Dritten gegenüber, also nach außen, sind sie beschränkter. Als Folge des oben entwickelten amerikanischen Gedankens, daß der satzungsmäßige »Gegenstand des Unternehmens« die Handlungsfähigkeit der Gesellschaft bestimmt, ergibt sich, daß die Organe der Gesellschaft, die natürlich keine weitergehenden Befugnisse haben können als diese selbst, keine gesetzliche nach außen unbeschränkte und unbeschränkbare Vertretungsmacht haben können, sondern nur innerhalb des Rahmens handeln können, den ihnen der »Gegenstand des Unternehmens« steckt. Aber auch innerhalb dieses Rahmens ist die Vertretungsmacht der Direktoren nicht unbeschränkt. Schranken, die ihnen die charter oder die bylaws setzen, wirken auch gegen Dritte. »The general rule is that contracts or acts of the directors in excess of their authority will not bind the corporation, in the absence of

---

[1]) Die Rechtsstellung eines Direktors, der nicht die satzungsmäßigen qualification shares hat, ist für das englische Recht geregelt in § 141 Companies Act. Vgl. auch Curti, Die englische Aktiengesellschaft, S. 51 ff.

[2]) Lehmann, Gutachten, a. a. O., S. 306.

estoppel or ratification. When there is no question as to the clothing of an officer or agent with apparent authority, all persons dealing with him are bound to ascertain his authority and cannot hold the corporation liable if the officer or agent was without authority in fact, unless they can establish an estoppel against the corporation or show a ratification.« [1]) (Die herrschende Lehre ist, daß Verträge oder andere Rechtsgeschäfte, die von Direktoren in Überschreitung ihrer Befugnisse getätigt werden, die Gesellschaft nicht binden.... Wenn die Tatsache der Bestellung des Direktors an sich offenkundig ist, dann sind diejenigen, die mit ihm abschließen, gehalten, sich außerdem noch über den Umfang seiner Befugnisse zu erkundigen, und, wenn sie ohne solche Prüfung mit ihm abschließen, handeln sie auf ihre eigene Gefahr und können die Gesellschaft nicht haftbar machen, wenn der Direktor tatsächlich die in Frage kommende Befugnis nicht hatte, es sei denn, daß die Gesellschaft das Rechtsgeschäft genehmigt hat, oder es aus einem anderen Rechtsgrund gegen sich gelten lassen muß.) Außerdem gelten die Beschränkungen der Vertretungsbefugnis durch die charter jedem Dritten als bekannt [2]). Sind die Beschränkungen allerdings nur in der internen Geschäftsanweisung, den bylaws, enthalten, so braucht ein Dritter sie nur dann gegen sich gelten zu lassen, wenn er sie kannte [3]). In Ermangelung einer gesetzlichen zwingenden Regelung über die Vertretungsmacht der Organe juristischer Personen trifft also den mit dem Direktor einer corporation abschließenden Dritten, wie beim Handeln mit jedem Bevollmächtigten, die Gefahr der Kompetenzüberschreitung desselben. M. E. bedarf dieser Grundsatz ebensosehr einer grundsätzlichen Nachprüfung wie die ultra vires Lehre.

In der Praxis ist er auch schon weitgehend unterhöhlt. Man hält zwar daran fest, daß ein Vertrag, den ein Direktor unter Überschreitung seiner Vertretungsmacht abgeschlossen hat, für die corporation nicht bindend ist, verwehrt aber der Gesellschaft aus anderen Rechtsgründen, die an die exceptio doli erinnern, sich einem gutgläubigen Dritten gegenüber auf die Unwirksamkeit zu berufen.

---

[1]) Ballantine, a. a. O., S. 340.

[2]) Rolfe v. Rundle, 103 U. S. 222; Louisville Trust Co. v. Louisville N. A. & C. R. Co., 75 Fed. 433.

[3]) Hartford v. Massachusetts Bowling Alleys, 229 Massachusetts 30, 118 N. E. 188; Powers v. Schlicht Heat Light and Power Co., 165 New York 662, 59 N. E. 1129. Anders jedoch Bococks Executor v. Alleghany Coal & Iron Co., 82 Virginia 913, 1 S. E. 325.

Immer tun die Gerichte dies, wenn die Gesellschaft selbst bei einem Direktor den Schein einer nicht bestehenden Vertretungsmacht hervorgerufen hat (apparent authority) [1]), wozu aber nicht genügt, daß nur der Direktor selber diese behauptet oder sich entsprechend aufgeführt hat [2]). Der Anschein muß durch ein Verschulden der Gesellschaft selbst, durch Duldung oder ähnliches, hervorgerufen sein.

Den Gesellschaftern gegenüber, also im Innenverhältnis, ist die Stellung des amerikanischen board of directors wesentlich stärker, als die des deutschen Vorstandes. Grundsätzlich stehen alle Befugnisse, die nicht der Aktionärversammlung vorbehalten sind, dem board of directors zu. »The board of directors and not the stockholders is the original and supreme authority« [3]). (Der board of directors, und nicht die Aktionäre, sind die ursprüngliche und höchste Autorität.) Nur das, was den Aktionären durch Gesetz oder durch Statut besonders vorbehalten ist, ist dem board entzogen. Ballantine [4]) sagt hierzu: »In general the management and control of the company are vested in the directors, and their decisions cannot be overruled by the stockholders. Stockholders cannot require directors to act or advise with a committee elected by them to assist the conduct of its affairs, where the statute entrusts the management of the business to the directors. The directors need not follow the wiches or resolutions of the stockholders.... The directors hold office charged with the duty to act for the corporation according to their best judgment and in so doing they cannot be controlled in the reasonable exercise of their discretion and the performance of their duty for the benefit of all concerned.« (Im allgemeinen liegen Geschäftsführung und Kontrolle der Gesellschaft bei den Direktoren und ihre Entscheidung kann von den Aktionären nicht aufgehoben werden. Die Aktionäre können noch nicht einmal die Direktoren anweisen, mit einem Ausschuß, den sie zur Unterstützung bei der Geschäftsführung gewählt haben, zusammen zu arbeiten oder zu beraten, wenn das Statut die Geschäftsführung in die Hände der Direktoren gelegt hat. Die Direktoren sind nicht gehalten,

---

1) Newton v. Johnston Organ & Piano Manufacturing Co., 180 California 185, 180 Pac. 7; Sigel-Campion Livestock Commission Co. v. Ardohain, 71 Colorado 410, 207 Pac. 82.

2) Lowenstein v. Lombard Ayres & Co., 164 New York 324, 58 N. E. 44 vgl. Clark, S. 624.

3) Ballantine, a. a. O., S. 319.

4) Ballantine, a. a. O., S. 324.

den Wünschen der Aktionäre entgegenzukommen oder ihren Beschlüssen Folge zu leisten.... Die Direktoren sind im Amt mit der Verpflichtung, für die Gesellschaft nach ihrem besten Wissen tätig zu sein, und zum Nutzen aller Beteiligten können sie hierbei nicht in der vernünftigen Anwendung ihres Urteils und in der Erfüllung ihrer Pflichten durch Kontrolle gehemmt werden.) Da die Aktionäre möglicherweise oft wechseln, von dem Geschäft des Unternehmens wenig verstehen und manchmal sogar widerstreitende persönliche Interessen haben, soll ihr Einfluß auf die Geschäftspolitik sich darauf beschränken, daß sie die Direktoren wählen. »The individual directors are in no sense the personal representatives of the stockholders by whose suffrage they hold office. However much they might be influenced by the wisdom and the wiches of the stockholders, it remains their duty to exercise their own judgment in all final corporate action. If the action of the board of directors does not express the will and wish of the majority of the shares of stock, the majority has its remedy by retiring the members ... at the regular time for election of directors« [1]). (Die einzelnen Direktoren sind in keiner Weise die Vertreter derjenigen Aktionäre, die sie an ihren Platz gewählt haben. Mögen sie noch so viel sich von den Absichten und Wünschen der Aktionäre beeinflussen lassen, es bleibt in jedem einzelnen Falle ihre Pflicht, ihr eigenes Urteil zu befolgen. Wenn das Verhalten des board of directors nicht den Wünschen und Neigungen der Mehrheit entspricht, hat diese ja den Ausweg, die betreffenden Direktoren abzusetzen. ..., dies aber erst dann, wenn die satzungsmäßige Zeit zur Wiederwahl gekommen ist.) In einer anderen Entscheidung [2]) heißt es: »In corporate bodies, the powers of the board of directors are, in a very important sense, original and undelegated. The stockholders do not confer, nor can they revoke those powers. They are derivative only in the sense of being received from the state in the act of incorporation.« (Bei einer corporation sind die Befugnisse des board of directors in einer wichtigen Beziehung originär und unabgeleitet. Die Aktionäre übertragen diese Befugnisse nicht, auch haben sie kein Recht, sie zu widerrufen. Abgeleitet sind diese Befugnisse nur in dem Sinne, daß sie vom Staat bei der Inkorporierung verliehen sind.) Es gibt also noch nicht einmal das Hilfsmittel der vorzeitigen Abberufung, das § 231 HGB. der deutschen Generalversammlung gibt. Nach amerikanischer Auffassung gibt der Gesellschaftsvertrag jedem

---

[1]) Lamb v. Lehmann, 110 Ohio 59, 143 N. E. 276.

[2]) Manson v. Curtis, 223, N. Y. 313, 119 N. E. 559.

Aktionär ein Sonderrecht im Sinne unserer Terminologie darauf, daß während des Geschäftsjahres der einmal gewählte board nach seinem eigenen Urteil, unabhängig von den Aktionären, die Geschäfte führt. Diese Regel will nicht die Direktoren begünstigen, sondern die Aktionäre schützen. Daher erklärt sich auch die Ausnahme, daß die Direktoren einer einstimmigen Anordnung aller Aktionäre Folge leisten müssen [1]).

Besonders zu beachten ist im Gegensatz zum deutschen Recht, daß die Direktoren, nicht die Aktionärversammlung, darüber zu befinden haben, ob und in welcher Höhe Dividende ausgeschüttet wird. Die Dividendenverteilung gehört zur Geschäftspolitik und ist daher dem direkten Einfluß der Aktionäre entzogen. Dabei sind die Direktoren nicht verpflichtet, allen Gewinn auszuschütten. Sie können ihn ganz oder teilweise im Unternehmen zurückbehalten, wenn dies im Interesse der Gesellschaft liegt. Die Aktionäre können hiergegen nur vorgehen, wenn Betrug oder offenbarer Mißbrauch vorliegt.

c) Zusatz: Die englischen auditors.

In der Unmöglichkeit, die Verwaltung durch die Generalversammlung direkt zu kontrollieren, liegt eine Schwierigkeit, der das deutsche Recht durch die Einsetzung des Aufsichtsrates begegnen will. Das amerikanische Recht hat überhaupt kein besonderes Kontrollorgan, während das englische Gesellschaftsrecht auditors und inspectors kennt. Die auditors sind bezahlte Organe der Gesellschaft, die die Kontrolle von Gesellschaften berufsmäßig ausführen. Sie kontrollieren die von den Direktoren aufgestellte Bilanz und die Gewinn- und Verlustrechnung nicht nur auf ihre formelle Richtigkeit hin, »sondern üben auch eine eingehende Kritik an dem materiellen Inhalt der Buchführung im Hinblick auf die Geschäftsführung aus« [2]). Alljährlich werden sie von der Aktionärversammlung gewählt. (Im einzelnen vgl. §§ 132—134 Companies Act.)

Außer der regelmäßigen Prüfung durch auditors sieht das englische Gesetz außerordentliche Prüfungen durch inspectors vor (§§ 135—158 Companies Act). Die Inspectors werden auf Antrag von Aktionären, die wenigstens den zehnten Teil aller Aktien besitzen, (bei Banken 33$^{1}/_{3}$%) vom Handelsamt bestellt, wenn dieses auf Grund des Antrages die Überzeugung gewinnt, daß ein Grund

[1]) Erörtert in einer Besprechung Right of shareholders to control the acts of directors, 11 Cornell Quarterly 82.

[2]) Vgl. Curti, a. a. O., S. 66ff.

zu einer besonderen Untersuchung gegeben ist. Die Rechte dieser Inspektoren sind sehr weitgehend. Sie können unbeschränkt die Bücher einsehen und Auskünfte von den Angestellten verlangen, letzteres sogar unter Eid. Verweigerung der Büchervorlage oder Auskunftserteilung wird strafrechtlich verfolgt (dem contempt of court gleichgestellt). In § 137 Companies Act ist der Gesellschaft das Recht gegeben, selbst Inspektoren mit den gleichen Befugnissen zu bestellen [1]). Im Hinblick auf die in Deutschland jetzt eingeführten Wirtschaftsprüfer wäre eine eingehende Untersuchung der Tätigkeit der auditors und ihre praktische Auswirkung von großem Interesse [2]).

C. Kritische Erörterungen.

In diesem IV. Abschnitt ist erörtert, wie verschieden im deutschen und amerikanischen Recht das Kräfteverhältnis zwischen Verwaltung und Aktionären ausgestaltet ist. Diese Erörterung wäre unvollständig, wollte man nicht mit den juristischen Feststellungen eine Untersuchung über die psychologische Seite der Verschiedenheit verbinden. Der deutsche Aktienkäufer erwirbt bestimmte Aktien, weil er auf die günstige Entwicklung des betreffenden Unternehmens vertraut. Der Amerikaner dagegen investiert sein Geld in einen bestimmten Unternehmer. Ihm ist die persönliche Grundlage einer Anlage viel wichtiger als die sachliche.

Ist man sich über diesen psychologischen Unterschied erst klar geworden, so versteht man auch, warum das amerikanische Recht der Verwaltung einen so unverhältnismäßig stärkeren Einfluß einräumt, als das deutsche Recht. Er erklärt auch, warum jeder Aktionär gewissermaßen ein Sonderrecht in unserem Sinne darauf hat, daß die Direktoren die Geschäftspolitik ganz frei nach bestem Wissen und Gewissen bestimmen, ohne an Anweisungen der Majorität gebunden zu sein.

Für die deutsche Aktienrechtsreform ist eine Untersuchung des Verhältnisses von Leitung und Aktionär in der corporation von höchsten Interesse. Die Entwicklung drängt dahin, die Herrschaft der Generalversammlung in der bisherigen Form zu beseitigen. Die Demokratie des Kapitals wird ebenso verschwinden wie die politische.

---

[1]) Eine eingehende Untersuchung des Instituts der auditors und inspectors liegt außerhalb des Rahmens dieser Arbeit. Siehe die rechtsvergleichende Würdigung bei Wussow, Grundauffassung im englischen Aktienrecht, Gruchot 71, S. 46. Außerdem Lehmann, a. a. O., S. 298ff., Curti, a. a. O., S. 69f.

[2]) Vgl. Solmssen, a. a. O., S. 92ff.

Will man die Direktoren einer A.G. zu Führern eines Wirtschaftsorganismusses machen, die unabhängig von schwankenden Aktionärmehrheiten als echte Unternehmer ihren Betrieb leiten, so kann die amerikanische Praxis, soweit die privatrechtliche Seite in Betracht kommt, wertvolle Fingerzeige geben. Dem Verfasser erscheint es zunächst zweckmäßig, das Verhältnis zwischenVorstand und Generalversammlung ähnlich zu gestalten, wie das Verhältnis zwischen director und stockholders' meeting. Man sollte die Vorstandsmitglieder zwar von der Generalversammlung oder dem sonst hierfür vorgesehenen Organ auswählen und anstellen lassen, sollte den einmal gewählten Vorstand dann aber von der Generalversammlung in Fragen der Geschäftsführung unabhängig machen. Nur dann wenn der Vorstand nicht an die Weisungen der Generalversammlung gebunden ist, sondern selbstverantwortlich handeln kann, wird er sich allmählich von einem Funktionär der Demokratie des Kapitals zu einem echten Wirtschaftsführer entwickeln können. Man wird diesem Vorschlag entgegenhalten, daß er praktisch wenig neues bringe, da in der Vergangenheit die Generalversammlungen höchst selten sachliche Anweisungen für die Geschäftsführung erteilt hätten. Dieser Einwand ist sicher berechtigt. Gleichwohl wird es sehr weittragende Folgen haben, wenn man den Vorstand in Fragen der Geschäftsführung von der Generalversammlung unabhängig macht. Im Vordergrund steht die psychologische Wirkung. Wenn auf dem Leiter eines Unternehmens allein die Verantwortung ruht, wird er zu seinem Betrieb eine ganz andere Einstellung gewinnen, als der Generaldirektor alter Art, der sich immer dann, wenn es ihm vorteilhaft erschien, hinter einen Generalversammlungsbeschluß verstecken und seine persönliche Verantwortung vergessen lassen konnte.

Auch die Aktionäre werden, wenn man den Vorstand in Fragen der Geschäftsführung von der Generalversammlung unabhängig macht, eine neue Einstellung zur Aktiengesellschaft und deren Leitern gewinnen. Bisher stand im Mittelpunkt des Bewußtseins der deutschen Aktionäre das Unternehmen als solches. Sie kauften I. G. Farben-Aktien, Lloyd-Aktien, AEG.-Aktien usw., weil sie das Unternehmen für gut hielten. Im Vorstand erblickten sie angestellte Funktionäre, die in ihrem Unternehmen tätig waren. Macht man nun den Vorstand, wenn er einmal gewählt ist, in Fragen der Geschäftsführung von den Anweisungen der Generalversammlung unabhängig, so werden die Aktionäre die Vorstandsmitglieder mit ganz anderen Augen ansehen. Sie werden sich daran gewöhnen, die Vorstandsmitglieder nicht mehr als Angestellte zu betrachten. Sie werden in ihnen die eigentlichen Unternehmer im Betrieb sehen, die wichtiger sind als die Sachgüter des Unternehmens, und von denen letzten Endes Gedeih und Verderb des Betriebes abhängen. Beim Aktienkauf wird nicht mehr die Materie, »das Unternehmen«, welches für sich allein ohne den Geist, der es beseelt, doch nur ein Haufen toter Maschinen ist, den Ausschlag geben; die Investierer werden sich vielmehr danach umsehen, welchen Männern sie ihr Geld anvertrauen sollen, um damit in der Wirtschaft zu arbeiten. Ist diese psychologische Umstellung, zu der es allerdings noch einer regen Erziehungsarbeit bedürfen wird, einmal vollzogen, so ist ein großer Schritt zum Ausbau der Stellung der Unternehmensleiter zu echten Wirtschaftsführern getan.

Die vorgeschlagene Regelung wird viele Stimmrechtsfragen befriedigend lösen. Wenn sich zwischen Vorstand und Aktionären ein echtes Führer-Geführten-Verhältnis entwickelt, wird das Stimmrecht des Aktionärs sehr an Bedeutung verlieren. Zunächst einmal wird der Aktionär viel weniger zu sagen haben, als bisher. Er wird dies aber gar nicht als ein Opfer empfinden, da er der Führung vertraut. Gleichzeitig wird die Klage über die Interesselosigkeit der Aktionäre verschwinden, da man von einem Aktionär nicht mehr verlangt wird, daß er Interesse für Dinge zeigt, von denen er nichts versteht. Er soll ja gerade den Männern in deren Händen die Führung des Unternehmens liegt vertrauen. Um Einzelfragen der Geschäftsführung der Aktiengesellschaft soll er sich gar nicht mehr kümmern. Er soll vielmehr gerade das tun, was man ihm heute zum Vorwurf macht: Er soll vertrauensvoll die Führung des Unternehmens denjenigen überlassen, die dazu eingesetzt sind.

Der Begriff Führung schließt den Begriff der Verantwortung in sich. Stärkt man die Führerstellung, muß man auch die Verantwortung stärken. Die hiermit zusammenhängenden Probleme sind noch nicht genügend durchgearbeitet, als daß man heute schon endgültige Vorschläge in dieser Richtung machen könnte. Immerhin scheint dem Verfasser, daß man schon jetzt sagen kann: Es wird für die Vorstandsmitglieder einer Aktiengesellschaft als Unternehmensleiter in Zukunft drei Arten von Verantwortung geben müssen.

Zunächst die privatrechtliche Verantwortung gegenüber den Aktionären als den eigentlichen Inhabern der Betriebe. Jede Unredlichkeit eines Vorstandsmitgliedes muß schärfer geahndet werden als bisher. Die jährliche Pflichtprüfung und die Tätigkeit des Aufsichtsrats sind so auszubauen, daß Mißstände unbedingt ans Tageslicht kommen müssen und geahndet werden können.

Neben diese privatrechtliche Verantwortlichkeit wird eine ständische Verantwortlichkeit treten müssen. Es muß soweit kommen, daß im deutschen Wirtschaftskörper nur solche Persönlichkeiten als Wirtschaftsführer tätig sind, die dieser Stellung auch würdig sind, sowohl dem Können als auch der sittlichen Eigenschaften nach. Es mag manche Handlung eines Leiters einer A. G. geben, die keine Pflichtverletzung gegen die Aktionäre oder die Aktiengesellschaft enthält, die aber gleichwohl eines deutschen Wirtschaftsführers nicht würdig ist. Darüber zu wachen, daß ein standesunwürdiges Verhalten unterbleibt, ist eine der Aufgaben der in der Wirtschaft zu schaffenden ständischen Organe. Man wird Grundsätze festlegen müssen über das, was für einen ehrbaren Kaufmann standesgemäß ist und was nicht. Dabei wird man besonders strenge Grundsätze für die Leiter juristischer Personen aufstellen müssen. Ebenso wie es heute schon bei den Ärzten und Anwälten ist, muß es auch in der Wirtschaft werden. Durch ein ständisches Organ müssen die in der Wirtschaft an führender Stelle Tätigen in ihren Reihen Ordnung und Sauberkeit halten. Die auf die Dauer größte Wirkung wird dabei nicht durch das Eingreifen des ständischen Organs selbst erzielt werden; vielmehr wird das Bestehen ständischer Organe und das Ansehen ihrer Tätigkeit eine solche Stärkung des ständischen Bewußtseins und Ehrgefühls hervorbringen, daß ganz von selbst jeder einzelne sich veranlaßt fühlt, sein Verhalten standesgemäß einzurichten.

Die dritte Verantwortlichkeit die die Unternehmer trifft — und zwar gleichgültig ob sie für sich persönlich oder als Leiter juristischer Personen tätig sind — ist die Verantwortlichkeit gegenüber dem Staat. Der Staat wird sich in Zukunft weniger als bisher selbst privatwirtschaftlich betätigen bzw. in privatrechtlicher Beziehung in die Wirtschaft eingreifen. Er wird aber stärker als bisher die Gesamtpolitik der nationalen Wirtschaft bestimmen. Es wird seine Aufgabe sein, klar die Richtung anzugeben, in der die Wirtschaft des Landes sich entwickeln soll. Jeder einzelne Unternehmer ist verpflichtet, sein Verhalten den vom Staat angegebenen Richtlinien anzupassen. Tut er es nicht, so ist er hierzu in geeigneter Weise zu zwingen und bei schweren Vorstößen von seinem Platz als Wirtschaftsführer zu entfernen. Wie das im einzelnen durchzuführen ist, kann hier nicht erörtert werden. Eine Lösung wird im Rahmen des Gesamtneubaus der deutschen Wirtschaft gefunden werden.

V. Abschnitt.

Die verschiedenen Aktiengattungen.

Das deutsche Aktienrecht geht theoretisch von dem Gedanken aus, daß diejenigen, die das Geld zu einer Unternehmung hergeben, auch über ihre Leitung zu bestimmen haben sollen, mag auch die Praxis sich hie und da über diesen Grundsatz hinwegsetzen. In Amerika ist dieser Gedanke nicht nur praktisch, sondern auch theoretisch aufgegeben. Schon die Erörterung des Verhältnisses des board of directors zur Aktionärversammlung ließ dies erkennen. Noch klarer wird es bei einer Untersuchung über das amerikanische System der verschiedenen Aktiengattungen.

In Deutschland[1]) ist regelmäßig nur eine Aktiengattung vorhanden. Nur sehr selten werden schon bei der Gründung mehrere Aktiengattungen ausgegeben. Wenn es geschieht, so bietet meist nicht ein Bedürfnis der Gesellschaft den Anlaß, sondern persönliche Wünsche eines der Beteiligten (besonders bei Familiengesellschaften). Schon häufiger findet sich die Ausgabe einer zweiten, und zwar stets einer bevorzugten Aktiengattung in der späteren Entwicklung der Gesellschaft. Anlaß hierzu ist meist eine Sanierung, eine Fusion, eine Kapitalerhöhung bei schlechtem Geschäftsstand oder ähnliches. Dazu kam in der Inflation die Schaffung von Mehrstimmaktien zum Schutz gegen Überfremdung, welche heute jedoch zum größten Teil wieder verschwunden sind. Die deutschen Vorzugsaktien zeigen wirtschaftlich wenig selbständige Gedanken. Mit Ausnahme der Schutzaktien, die wegen der Eigenart und Einmaligkeit ihrer Entstehungsursache in unserm Zusammenhang nur ein geringes Interesse verdienen, sind sie stark von englisch-amerikanischen Vorbildern beeinflußt[2]). Selbständige Gedanken hat die deutsche Praxis nur bei der Stimmrechtsregelung entwickelt, worüber später noch zu reden sein wird. Inhaltlich betreffen die »Vorzüge« der einzelnen Gattungen, die jeweils einzeln oder miteinander verbunden auftreten, das Stimmrecht, das Dividendenrecht, den Rang und die Zuteilung bei der Liquidation, den vorzeitigen Rückkauf der Vorzugsaktien und einen irgendwie gearteten Schutz gegen eine Überschuldung der Gesellschaft.

Das Gesetz sagt nur sehr wenig über die Behandlung von verschiedenen Aktiengattungen (§§ 182, 185, 189, 252, 275 III, 278 II,

[1]) Vgl. Düringer-Hachenburg III, Anm. 21 der Einleitung I.

[2]) Typisch hierfür: RGZ. 107, S. 67 (Vereinigte Stahlwerke) und 108, S. 322.

288 III). Es begünstigt die Vorzugsaktien nicht, was sich schon aus § 275 III ergibt. Nach dieser Bestimmung ist zur Abschaffung der Vorrechte neben dem Beschluß der Generalversammlung nur die Zustimmung der zu benachteiligenden Aktiengattung mit qualifizierter Mehrheit in gesonderter Abstimmung erforderlich. Der Zustimmung jedes einzelnen der zu benachteiligenden Aktionäre, welche ohne diese Bestimmung erforderlich wäre, bedarf es nicht. Die den Vorzugsaktien ungünstige Einstellung des Gesetzgebers ergibt sich auch aus den Vorschriften der Goldbilanzverordnung, die ihre Abschaffung weitgehend begünstigt. Auf Grund dieser Haltung des Gesetzes und unserer Gesamtauffassung vom System der Aktiengesellschaft ist die Einführung verschiedener Aktiengattungen bei deutschen Gesellschaften auch in neuerer Zeit verhältnismäßig selten geblieben; wenn sie aber geschah, so hatten die Aktien, was ich besonders im Vergleich mit den amerikanischen Vorzugsaktien (preferred stock) erwähnen möchte, auch wirklich »Vorzüge«. Schlechter gestellt sind sie allenfalls manchmal im Dividendenrecht, und zwar insofern, als ihnen gelegentlich vom Gewinn zwar ein bestimmter Dividendensatz (etwa 6%) vor den Stammaktien zufließt, dieser sich aber gar nicht oder nur beschränkt erhöht (bis etwa 10%), wenn ein höherer Gewinn erzielt wird, welcher dann allein auf die Stammaktionäre verteilt wird.

Im amerikanischen Gesellschaftsrecht haben wir, zunächst äußerlich gesehen, ein vollkommen anderes Bild. Wir unterscheiden common stock (Stammaktien) und preferred stock [1]) (Vorzugsaktien). Die Ausgabe von verschiedenen Aktiengattungen ist in Amerika und auch in England nicht eine Sondermaßnahme für Ausnahmefälle, sondern eine regelmäßige Finanzierungsmethode,

---

[1]) Auch preference shares genannt. Eine Unterart des preferred stock ist der in Amerika erst nach dem Kriege aufgekommene klassifizierte common stock (class A, class B common stock). Dieser findet sich in England schon lange. Inhaltlich ist er fast dasselbe wie preferred stock, wenn auch im allgemeinen mit etwas schwächerer Stellung. Dewing, S. 77, nennt ihn »weakened preferred stock«. In Amerika wurde er nach dem Kriege eingeführt, nach Dewing, S. 75, aus folgenden Gründen: 1. Während des Kriegs- und Nachkriegsaufschwungs traten die sog. Investierungsspekulanten in Erscheinung, die an der Hochkonjunktur teilhaben und doch sicherer gestellt sein wollten als gewöhnliche Aktionäre; 2. Die Leiter der Unternehmen ergriffen in Zeiten, wo die Unterbringung von Aktien leicht war, die Gelegenheit, Stammaktien ohne Gewährung besonderer Sicherheiten aufzulegen und doch die volle Kontrolle zu behalten; 3. Wollten die Bankiers und Investierer einfach aus psychologischen Gründen einmal »etwas Neues« bieten.

die sich zu großer Vielgestaltigkeit entwickelt hat. Bei großen Gesellschaften finden wir neben dem common stock nicht nur eine oder zwei Serien von preferred stock, sondern fünf oder sechs, da bei jeder Kapitalerhöhung, Fusion oder dergleichen die Ausstattung der neuen Aktien der augenblicklichen Lage des Kapitalmarktes und des Unternehmens angepaßt wird.

Materiell ist das amerikanische System von Aktiengattungen mit dem deutschen kaum zu vergleichen. Der deutsche Grundsatz, daß es keine Aktien ohne Stimmrecht geben kann, gilt im amerikanischen Recht nicht. Es hat sich dort die Praxis entwickelt, das Stimmrecht nur ganz wenigen Aktionären, nämlich den common stockholders, beizulegen, während man bei der Ausgabe von preferred stock von dem Gedanken ausgeht: Gewähre finanzielle Garantien gegen Aufgabe des Einflusses auf die Geschäftsführung. In der Regel steht dem stimmlosen, finanziell formell bevorzugten preferred stock der finanziell formell benachteiligte, aber allein stimmberechtigte common stock gegenüber. Die finanziell formelle Schlechterstellung des common stock schließt aber nicht aus, daß er tatsächlich mehr abwirft, als der preferred stock. Hat die Gesellschaft Erfolg, ist dies sogar die Regel.

Wirtschaftlich unterscheiden wir zwei Arten von preferred stock. Einmal wird solcher bei Reorganisationen oder Sanierungen an die alten Aktionäre oder die Inhaber von Obligationen ausgegeben. Da deren Besitzer wohl oder übel den neuen preferred stock nehmen müssen, um nicht alles zu verlieren, braucht nicht groß an ihren guten Willen appelliert zu werden. Infolgedessen sind die Vorzüge eines solchen preferred stock äußerst spärlich bemessen. Anders gestellt ist der preferred stock, der beim Aufbau eines Unternehmens zur Neufinanzierung ausgegeben wird. Hier muß die Kauflust des Publikums gereizt werden, und infolgedessen sind die Vorzüge viel reichhaltiger gestaltet. Nur ein solcher stock ist eigentlich das, was der Name andeutet: »preferred«.

Inhaltlich sind die Vorzüge des preferred stock ähnlich wie im deutschen Recht. Wenn man auch wegen der Vielgestaltigkeit der Praxis keine allgemein gültigen Grundsätze über die Kennzeichen des preferred stock aufstellen kann, so stehen doch folgende Merkmale im Vordergrund:

a) Ein Vorrang bei der Verteilung des Gesellschaftsvermögens. Fast immer ist dieser für den Fall der Liquidation vorgesehen. Häufig findet sich auch ein freiwilliges oder zwangsweises Rückkaufsrecht, wegen dessen Ausgestaltung im einzelnen ich auf Dewing [1]) verweise.

b) Ein Vorrecht bei der Gewinnverteilung bis zu einer bestimmten Höhe (etwa 6%) vor den Stammaktien, je nach dem mit oder ohne das Recht auf Nachzahlung aus dem Gewinn späterer Jahre, wenn einmal die 6% nicht erreicht wurden (cummulative oder noncummulative stock). Das Dividendenrecht kann auf die Vorzugsdividende beschränkt sein (nonparticipating stock); oft ist aber bestimmt, daß die preferred stockholders auch noch an dem Mehrgewinn teilnehmen (participating stock), was meist nach oben hin (auf 10—14%) begrenzt ist.

c) Nicht immer, und erst in neuerer Zeit häufig, sind die preferred stockholders dagegen geschützt, daß der Rang ihrer Beteiligung durch die spätere Ausgabe von Bonds oder »bevorzugten Vorzugsaktien« (preferred preferrence shares) mit Rang vor ihrem preferred stock verschlechtert wird. Ohne Schutz hiergegen ist der Vorrang bei der Verteilung des Liquidationserlöses nur von geringem Wert, da die Gesellschaft regelmäßig erst dann zusammenbrechen und dadurch zur Liquidation kommen wird, wenn sie alle Werte so belastet hat, daß die Vorzugsaktien im Range so weit zurückgedrängt sind, daß für sie nichts mehr übrig bleibt. Den Schutz der preferred stockholders gegen solche Maßnahmen bezwecken etwa folgende in die meisten neueren Zeichnungsbedingungen aufgenommene Bestimmungen: Rangbessere Papiere dürfen nur mit Zustimmung sämtlicher preferred stockholders ausgegeben werden. Oder: Den Direktoren wird bei Vermeidung persönlicher Haftbarkeit verboten, Verbindlichkeiten einzugehen, deren Summe eine gewisse Gesamthöhe (beispielsweise 15% des ausgegebenen preferred stock) übersteigt. Der erstgenannte Schutz wirkt nicht nur gegen die Ausgabe rangbesserer Aktien, sondern auch gegen Ausgabe rangbesserer Obligationen (!), was für unser Rechtsbewußtsein besonders merkwürdig ist. Wenn es auch nach amerikanischer Auffassung gegen das öffentliche Interesse (public policy) verstoßen würde, Aktien auszugeben, die in der Liquidation Rang vor den Gläubigern haben würden [2]), so ist dies doch unter Umständen zulässig. »If authorized, however, a corporation may, in order to raise money, issue certificates in the form of certificates of preferred stock, so called, as security, making the holders creditors of the corporation, instead of mere stockholders, and even giving them a lien upon the property of the

[1]) Dewing, Financial Policy of Corporations, S. 50ff.

[2]) Warren v. King, 108 U. S. 389; in re Fechheimer Fishel Co. 212 Fed. 357.

corporation, which will be superior to the rights of susequent creditors or mortgagees«[1]). (Wenn dazu in der charter ermächtigt, kann eine Gesellschaft, um Kapital aufzubringen, Papiere in der Form von sogenanntem preferred stock ausgeben, der die Inhaber zu Gläubigern der Gesellschaft macht, anstatt zu bloßen Mitgliedern, und ihnen sogar ein dingliches Recht am Vermögen der Gesellschaft einräumt, welches gegenüber den Rechten der nachfolgenden Gläubiger oder Pfandrechtsinhaber den Vorrang hat.)

d) Das für diese Untersuchung wesentlichste Merkmal des amerikanischen preferred stock ist, daß in 9 von 10 Fällen sein Stimmrecht ausgeschlossen ist. Der deutsche Grundsatz, daß Aktien ohne jedes Stimmrecht nicht zulässig sind, gilt im amerikanischen Recht nicht. Im Gegenteil, in den großen Gesellschaften ist sogar die Mehrzahl der Aktien vom Stimmrecht ausgeschlossen. Im Grunde sind daher diese Papiere nichts anderes als bonds, die bezüglich der Haftung wie Aktien behandelt werden. Dewing[2]) sagt darüber: »In the evolution of financial expedients there has been a tendency to set aside this simple and primitive distinction (between stocks and bonds) and create forms of securities which are intermediate between stocks and bonds. One financial writer called them compromise securities.« (In der Entwicklung der Finanzmaßnahmen hat sich eine Tendenz entwickelt, die einfache und primitive Verschiedenheit zwischen stocks und bonds zu beseitigen und Formen von Papieren zu schaffen, welche zwischen bond und stock stehen. In der Literatur (gemeint ist G. G. Henry) hat man sie »Kompromiß-Papiere« genannt). Brodmann[3]) will den gleichen Gedankengang auch auf deutsche Vorzugsaktien mit Vorzugsdividende in Höhe des üblichen Zinsfußes anwenden. Er spricht von der »schuldverschreibungsähnlichen Aktie, die wirtschaftlich vom Darlehn kaum sich unterscheidet und dem Zweck dient, sich mit einer mäßig aber fest rentierenden, dabei entsprechend stabilen Einlage ein Stimmrecht zu erkaufen«. Die Ähnlichkeit der deutschen und amerikanischen Entwicklung ist in diesem Punkt jedoch nur äußerlich, da bei den deutschen Vorzugsaktien gerade die in Amerika so wichtige Entziehung des Stimmrechts fehlt, ja sogar die Erkaufung des Stimmrechts oft gerade als der Zweck des Erwerbes solcher Aktien erscheint.

---

[1]) Ballantine, S. 439; Heller v. National Marine Bank, 89 Maryland 602, 43 Atlantic 800.

[2]) Dewing, a. a. O., S. 34.

[3]) Anm. 2a zu § 185.

Die rechtlichen Besonderheiten des amerikanischen Systems der Aktiengattungen sind nur verständlich, wenn man sich zugleich ihren psychologischen Hintergrund vergegenwärtigt. Die normale Form, sich an einem Unternehmen zu beteiligen, ist der Erwerb von preferred stock oder von bonds. Common stock gilt als in hohem Grade spekulativ (highly speculatif) und ist nach der allgemeinen Auffassung keinesfalls für den gewöhnlichen Sparer, sondern nur für »Kenner« bestimmt. Der Amerikaner investiert, wie schon erwähnt, psychologisch gesehen, sein Geld weniger in die Unternehmung an sich, als in die Leitung desselben, so daß er seinen Ausschluß vom management gar nicht so sehr als etwas Zurücksetzendes empfindet. Er will im Erfolg sein Vertrauen bestätigt finden, will sich aber selbst um nichts kümmern. Auch bei Gesellschaften, wo das Stimmrecht allen Aktionären gleichmäßig zusteht, ist noch weit häufiger als in Deutschland zu beobachten, daß die Aktionäre sich um die Generalversammlungen überhaupt nicht kümmern und ohne weitere Prüfung die der Einladung zu einer solchen regelmäßig beiliegende, auf den Vorstand lautende Vollmacht zur Vertretung in der Generalversammlung unterschrieben zurücksenden. Unter diesen Umständen ist die rechtliche Beschränkung des Stimmrechts auf wenige management shares nur eine Anerkennung der tatsächlichen Verhältnisse, die den Vorteil hat, daß Klarheit herrscht und Überraschungen ausgeschlossen sind. Man weiß genau, wer eigentlich verantwortlich ist.

In der Praxis hat sich diese Entwicklung in folgender Weise ausgewirkt: Die Hingabe von Geld oder anderen materiellen Werten wird fast immer mit bonds oder preferred stock vergütet, für »goodwill« und die kapitalisierte Erwerbsmöglichkeit des Unternehmens (earning power) wird an die eigentlichen Unternehmer unentgeltlich common stock ausgegeben [1]). Diesem steht zunächst kein realer Wert gegenüber, er wird aber, wenn das Unternehmen erfolgreich ist, später aufverdient und der common stock steckt dann bei hohem Gewinn alles ein, was über die nach oben fest begrenzte Verzinsung der Bonds und Vorzugsaktien verdient wird. Der common stock

[1]) Ripley sagt hierzu, a. a. O., S. 85: Die Höhe der ausgegebenen Serien von preferred stock ... entsprechen dem Wert des vorhandenen Realvermögens; während der Wert der common shares dem imaginären Zukunftswert entsprach. Der Wert dieser common shares war infolgedessen ausschließlich von einer erfolgreichen Leitung abhängig. (The amount of the particular issues of preferred stock was adjusted to the tangible assets, leaving the common shares to represent the equity. The value of these common shares was thus made dependent upon successful management. —)

bleibt meist in den Händen derjenigen, die die eigentlich treibenden Kräfte des Unternehmens sind. Der Supreme Court [1]) sagt hierüber: »In organizing corporations it is not unusual to issue different classes of securities with various priorities as between themselves, to represent different kinds of contribution to capital. In exchange for cash, bonds may be issued; for fixed properties, like plant and equipment, preferred stock may be given, while more speculative values, like goodwill or patent rights, may be represented by common stock.« (Bei der Organisation von Gesellschaften ist es nicht ungewöhnlich, verschiedene Papiere mit untereinander verschiedenen Berechtigungen auszugeben. Für bares Geld mag man bonds ausgeben; für Sachwerte, wie Fabriken und Inventar, mag man preferred stock ausgeben, während mehr spekulative Werte, wie goodwill oder Patentrechte, durch common stock repräsentiert sein können.) Diese Analyse des Supreme Court, die nur die Ausgabe der Effekten bei der Gründung umfaßt, ist dahin zu ergänzen, daß während des Bestehens des Unternehmens neben der Begebung von bonds die Ausgabe von preferred stock die regelmäßige Methode der Beschaffung von Neukapital bildet, wobei jedoch die gleichen Grundsätze entsprechend gelten.

Die praktischen Konsequenzen der Zulassung der stimmlosen Vorzugsaktien in Amerika, die sich zum Teil von ihren Ursachen schwer unterscheiden lassen, sind ungeheuer. Der Investierer gewöhnt sich daran, die Verantwortung für sein Kapital der Unternehmensleitung, der er einmal Vertrauen geschenkt hat, zu überlassen, und die Unternehmer werden zu unumschränkten Herren der ihnen anvertrauten Kapitalien und der damit verbundenen Macht. Welche Wirkungen das nach der letztgenannten Seite hin hat, haben wir bereits in dem Kapitel über die Zweckbestimmung der Gesellschaft erörtert. Volkswirtschaftlich mag der genannte Erfolg zu begrüßen sein, da er ein geschlossenes, einheitliches und schlagkräftiges Vorgehen der von Majoritäten unabhängigen Leitung begünstigt. Auch für den Aktionär hat die Konzentration des Einflusses sein gutes, vorausgesetzt, daß die Leitung in Händen verantwortungsbewußter und sittlich einwandfreier Persönlichkeiten ruht. Die amerikanische Lösung ist aber deshalb bedenklich, weil die Unabhängigkeit der Unternehmnungsleiter in der Geschäftsführung von den Anweisungen der Aktionäre durch keine irgendwie geartete andere Verantwortlichkeit ergänzt wird. Ein gewisser —

---

[1]) La Belle Iron Works v. United States, 256 U. S. 377.

wenn auch unzureichender — Ausgleich wird in Amerika allerdings dadurch geschaffen, daß der Aktionär, der in seinen gesellschaftlichen Samtrechten eine sehr schwache Stellung hat, dafür einen viel stärkeren Schutz der Rechte, die ihm als Einzelnem zustehen (Sonderrechte), genießt. Wo er selbst sich durch eigene Maßnahmen innerhalb der Gesellschaft nicht schützen kann, hält eine strenge Rechtsprechung die Hand über ihn. Im neuen deutschen Aktienrecht wird man dem Vorstand eine der Stellung der amerikanischen directors entsprechende Führerstellung nur dann einräumen, wenn gleichzeitig die am Ende des IV. Abschnittes erörterten Verantwortlichkeiten geschaffen wurden.

An zwei, allerdings recht krassen, Beispielen, die ich Ripley's Werk »Main Street and Wall Street«[1]) entnehme, mag gezeigt werden, wie weit die Ausschaltung der Aktionäre in Amerika in vielen Fällen schon gediehen ist.

Die »Industrial Rayon Corporation« besitzt 600000 Shares. Davon sind 598000 (class A stock), ohne Stimmrecht, an das Publikum ausgegeben; 2000 (class B stock), mit Stimmrecht, sind in Händen der Verwaltung und nicht im Handel.

Die »Universal Chain Theatres Corporation« hat folgende Aktiengattungen ausgegeben:

$ 4000000	first preferred stock ohne Stimmrecht,
$ 2000000	second preferred stock ohne Stimmrecht,
100000	Stück unbenannte Stammaktien (no par common stock) mit ausschließlichem Stimmrecht. Einzahlungen hierauf waren nicht in Geld, sondern nur in Gestalt von »Diensten«, d. h. für die Vornahme der Gründung geleistet.

Da die eigentlichen Geldgeber vollkommen ausgeschaltet sind, ist zur Gründung und Beherrschung einer Unternehmung auch größten Ausmaßes eigenes Geld nur in geringem Maße erforderlich. Was das bei der Gründung beteiligte Kapital anbelangt, müssen wir wirtschaftlich einen Unterschied machen zwischen eigentlich angelegtem Kapital und bloß organisierendem Kapital. Ersteres strebt nach Gewinn, der durch Arbeit des Unternehmens verdient wird, d. h. nach echten Dividenden, letzteres nach Gründungsgewinn. Die erstgenannten Investierer werden ihr Geld auch nach Durchführung der Gründung in der Unternehmung belassen, um jährlich ihre Dividende zu beziehen, während die gewerbsmäßigen Gründer nach Vollendung der Gründung ihre Beteiligung oft mit großem Gewinn wieder abstoßen und nur soviel behalten, um die

[1]) A. a. O., S. 78ff.

Kontrolle nicht zu verlieren, die ihnen später in anderem Zusammenhang noch nützlich sein kann. Ein bekanntes Beispiel für diese Gründungsmethode ist die Dodge Autogesellschaft. Eine Bank kaufte den Betrieb aus Privathänden für $ 146000000. Sie gründete dann eine corporation und gab folgende Effekten aus: $ 160000000 bonds und preferred stock sowie 1500000 Stück unbenannte nicht stimmberechtigte Aktien. Die allein stimmberechtigten 500000 Stück Stammaktien behielt sie jedoch für sich selbst. Resultat: $ 15500000 Bargewinn und die unbedingte Kontrolle über das Riesenunternehmen.

Das oben gekennzeichnete Gründungskapital wandert auf diese Weise ziemlich rasch von einer Unternehmung zur anderen und nimmt, indem es den größten Teil der zunächst selbst übernommenen Papiere wieder abstößt, jedesmal einen erheblichen Gewinn und die Kontrolle über die Gesellschaft mit sich.

Selbst wenn man von einer redlichen Handhabung dieses Gründungssystems ausgeht, ist es fraglich, ob seine Duldung und Förderung im allgemeinen Interesse liegt, da es doch überaus bedenklich ist, den Banken und Finanziers einen so unverhältnismäßig großen Einfluß einzuräumen. Auf jeden Fall bieten sich große Gefahren, wenn sich unehrliche Elemente auf das Gründungsgeschäft werfen bzw. durch irgend welche Mittel später die wenigen management shares an sich bringen. Aus diesen Erwägungen heraus ist in einigen wenigen Staaten [1], jedoch noch nicht in den für Gesellschaftsgründungen wichtigen, die Schaffung von stimmlosen Aktien verboten worden. Einen anderen Ausweg, dem Mißbrauch zu steuern, haben einige Gesellschaften von sich aus eingeschlagen, indem sie das grundsätzlich ausgeschlossene Stimmrecht der preferred stockholders dann zur Entstehung gelangen lassen, wenn einmal, bzw. wiederholt, die zugesicherte Vorzugsdividende nicht gezahlt worden ist. Dadurch wird wenigstens erreicht, daß die Geldgeber dann, wenn sie weniger erhalten, als ihnen versprochen worden ist, sich selber um die Leitung kümmern können. Dies Verfahren hat nur den einen Nachteil, daß die Direktoren zum Schaden der Gesellschaft die Dividende, sofern sie nur irgend Geld flüssig machen können, auch dann zahlen, wenn es nach den wahren Vermögensverhältnissen der Gesellschaft nicht geschehen dürfte, nur um sich den unberechenbaren Einfluß der preferred stockholders vom Halse zu halten. Immerhin mag diese Erweiterung der Rechte der preferred stockholders in vielen Fällen ein Schutz sein [2].

---

[1]) Aufgezählt bei Ballantine, S. 441.

[2]) Das »Industrial Securities Committee of the Investment Bankers

Das kommende deutsche Recht lehnt den reinen Spekulationsgewinn ab. Ebensowenig schutzwürdig wie die Spekulation ist eine Tätigkeit, die die Organisation und Errichtung von Unternehmungen als Selbstzweck betreibt. Nur die auf Produktion gerichtete Unternehmertätigkeit ist schutzwürdig. Infolgedessen wird das neue deutsche Aktienrecht nur die schöpferische Unternehmertätigkeit begünstigen, dem berufsmäßigen Gründertum im amerikanischen Sinne aber entgegentreten. Das gleiche gilt von Leuten, die Fusionierungen, Umorganisationen und sonstige Finanztransaktionen nicht zum Zweck der Produktionsförderung, sondern als Selbstzweck zur Erzielung von Finanzgewinnen betreiben. Um die »Finanziers« dieser Art ausschalten zu können, wird man die Schaffung von verschiedenen Aktiengattungen amerikanischer Art ablehnen müssen. Man sollte vielmehr dem Vorstand die im IV. Abschnitt erörterte Stellung einräumen, im übrigen aber allen Aktionären einen jeweils ihrer Beteiligung entsprechenden Einfluß in der Gesellschaft gewähren. Man sollte also den vom geltenden Recht bereits beschrittenen Weg fortsetzen und eine Verschiedenheit der Aktiengattungen im Stimmrecht nicht mehr zulassen.

Dieser Vorschlag geht von der Voraussetzung aus, daß in Zukunft der Kreis von Personen, die ihr Geld in Aktien anlegen geringer sein wird, als bisher. Wenn man auch schwerlich den Erwerb von Aktien durch Gesetz wird beschränken können, so wird doch das neue Aktienrecht mehr als das bisherige davon ausgehen, daß nicht mehr jedermann sein Geld in Aktien anlegt, sondern nur noch diejenigen Personen, die über ein gewisses Mindestmaß an wirtschaftlichen Kenntnissen und Erfahrungen verfügen. Das Geld des Arbeiters, des Angestellten, des Beamten und des Mannes der freien Berufe gehört nicht auf die Effektenbörse und soll grundsätzlich nicht in Aktien angelegt werden; es gehört vielmehr auf die Sparkasse, die von sich aus im Sinne der nationalen Wirtschaftspolitik für die Verwendung und Anlegung des Sparkapitals in der Wirtschaft sachverständig Sorge tragen kann. Lediglich der wirtschaftlich eingestellte, befähigte und kenntnisreiche Volksgenosse soll sein Geld selbst in Aktien anlegen. Tut er das, so soll er auf den Gebieten, wo das Stimmrecht noch Einflußmöglichkeiten bieten wird, die gleichen Rechte haben, wie jeder Mitaktionär.

---

of America« hat es in seinem Bericht von 1926 als nicht wünschenswert bezeichnet, den Schutz der preferred stockholders weiter als in dem geschilderten Maße auszudehnen.

Die einzelnen Rechte der Aktionäre.

Bevor wir in Einzeluntersuchungen über die Rechtsstellung der Aktionäre eintreten, bedarf es einer kurzen Rechtfertigung der gewählten Vergleichsmethode und Reihenfolge. Der Versuch, unserer Untersuchung das deutsche Schema der Aktionärrechte (Fremdrechte, Mitgliedschaftsrechte, diese als Vermögensbeteiligungen und Verwaltungsrechte, letztere eingeteilt in Samtrechte und Individualrechte starker oder schwacher Natur) in der einen oder anderen Zusammenstellung und Bezeichnungsweise zugrunde zu legen, scheitert — außer an der Verwirrung in der deutschen Terminologie — daran, daß das deutsche Schema auf das amerikanische Recht nicht paßt, inhaltlich ihm sogar in vielen Punkten Gewalt antun würde. Bei der Rechtsvergleichung ist es, wenn eine historische Verknüpfung fehlt, überhaupt Willkür, von einem einzelnen Rechtssystem und den für dieses geschaffenen Einteilungen auszugehen. Das andere Recht muß notwendigerweise zu kurz kommen. Ein zweckmäßiger Weg ist es, vom tatsächlichen Geschehen auszugehen, das heißt die wirtschaftlich wichtigen Vorfälle des betreffenden Lebensgebietes herauszugreifen und die Lösung ihrer juristischen Probleme in beiden Rechten zu vergleichen.

In der vorliegenden Arbeit, die sich mit innergesellschaftlichen Problemen befaßt, sollen alle Aktionärrechte nicht gesellschaftlicher Natur, also die von Lehmann zuerst so genannten Fremdrechte, außer Betracht bleiben. Im deutschen wie im amerikanischen Recht ist gleicherweise anerkannt, daß Ansprüche dieser Art, also z. B. die aus Kauf, Miete, Dienstverhältnis oder ähnlichen Beziehungen herrührenden, nicht zu den eigentlichen Aktionärrechten gehören. Außerdem bleiben den, Zielen dieser Arbeit entsprechend, von den an sich gesellschaftlichen Rechten diejenigen außer Betracht, welche sich aus der Gründung oder Liquidation ergeben, mag auch ihre Geltendmachung in die Zeit des Bestehens der Gesellschaft fallen und Gegenstand gesellschaftlicher Konflikte sein.

VI. Abschnitt.

Das Stimmrecht.

Das Stimmrecht ist das Recht des Aktionärs, bei der Beschlußfassung in der Generalversammlung an der Willensbildung der Gesellschaft mit der ihm nach Gesetz oder Statut zukommenden Stimmenmacht teilzunehmen. Von formellen Dingen abgesehen, handelt es sich wirtschaftlich gesehen hier im wesentlichen um Machtfragen. Zur Lösung derselben beschreiten das deutsche und das amerikanische Recht bei der grundlegend verschiedenen Auffassung über die Machtverteilung innerhalb der Aktiengesellschaft ganz verschiedene Wege. Dabei stehen folgende bereits erörterte Grundgedanken des amerikanischen Gesellschaftsrechts in besonders scharfem Gegensatz zum deutschen: a) die Auffassung der corporation als Vertragsverhältnis; b) die Verlegung der Souveränität von der Generalversammlung auf den board of directors; c) die weitgehende Trennung von Stimmenmacht und Kapitalbeteiligung. Dazu kommt die im amerikanischen Recht allgemein stärkere Betonung des individualistischen Gedankens gegenüber dem kollektivistischen.

A. Die Stimmberechtigung.

Bei der Prüfung der Stimmberechtigung ist in beiden Rechten zwischen der materiellen Berechtigung und der formellen Legitimation zu unterscheiden.

Materiell stimmberechtigt ist in beiden Rechten der Inhaber der Aktie. Auch in den Fällen der Verpfändung, der treuhänderischen Übertragung, der Nießbrauchbestellung und bei der Ausübung des Stimmrechts durch Testamentsvollstrecker (executors) oder Konkursverwalter (receiver) ist die Regelung des materiellen Stimmrechts im wesentlichen gleich.

Bei Verpfändung bleibt nach deutschem Recht die materielle Stimmberechtigung, gleichgültig ob es sich um Namens- [1]) oder Inhaberaktien handelt, beim Verpfänder. Um diesem bei der Verpfändung von Inhaberaktien, die nach § 1293 BGB. unter Übergabe der Aktienurkunde erfolgt, die Ausübung des Stimmrechts zu ermöglichen, wird man eine Verpflichtung des Pfandgläubigers annehmen müssen, dem Verpfänder, da eine Rückgabe unter Aufgabe des Besitzes wegen des Erlöschens des Pfandrechtes nach § 1253 I

[1]) OLG. 26, 206.

BGB. nicht in Frage kommt, wenigstens den gebundenen Mitbesitz nach § 1206 BGB. einzuräumen [1]). Bei der Sicherungsübereignung von Aktien steht das Stimmrecht dem Gläubiger zu [2]). Ob sich diese Auffassung behaupten wird, erscheint fraglich. Sollte man nicht mit guten Gründen im Innenverhältnis eine Verpflichtung des Sicherheitsnehmers annehmen müssen, dem Schuldner die Ausübung des Stimmrechts, sei es durch Legitimationsübertragung oder Vollmachtserteilung, zu ermöglichen, wofern dieser das Stimmrecht nicht benutzt, um dem Sicherheitszweck zuwiderzuhandeln?

In verschiedenen amerikanischen Staaten ist das Verhältnis zwischen Verpfänder und Pfandgläubiger in bezug auf das Stimmrecht durch Statut besonders geregelt. Nach common law ist im Innenverhältnis der Verpfänder stimmberechtigt. Ist die Gläubigersicherung durch bedingte Eigentumsübertragung erfolgt, kann der Verpfänder in equity auf zeitweise Rückübertragung der Aktien zur Ausübung des Stimmrechtes klagen [3]).

Sind Aktien auf einen Treuhänder übertragen oder werden sie durch einen Konkursverwalter oder Testamentsvollstrecker verwaltet, so ist in beiden Rechten [4]) der Treuhänder bzw. der Verwalter oder Vollstrecker materiell stimmberechtigt. Ist an Aktien ein Nießbrauch bestellt, so ist für das deutsche Recht [5]) mit Staub-Pinner und Brodmann [6]) anzunehmen, daß das Stimmrecht dem Nießbraucher zukommt, der aber, soweit es mit seinen eigenen Interessen vereinbar ist, auch die Interessen des

---

[1]) Vgl. LZ. 1908, 871; Brodmann, 1f zu § 252; die Entscheidung OLG. 37, 8 (KG.) kann nicht gegen diese Auffassung verwertet werden, da sie nur besagt, daß das Stimmrecht dem Pfandgläubiger überlassen werden könne.

[2]) KGRspr. 37, S. 8. Staub-Pinner, Anm. 5 zu § 252.

[3]) Vowell v. Thompson, 3 Cranch C. C. 428, Fed. Cas. No. 17023; Canadian Imp. Co. v. Lea, 74 N. J. Eq. 234, 69 Atl. 455.

[4]) Amerikanisches Recht; Treuhänder: Hoppin v. Buffum, 9 R. I. 513, 11 Am. Rep. 291; Commonwealth v. Dalzell, 152 Pensylvania 217, 25 Atl. 535, 34 Am. St. Rep. 640. Konkursverwalter und Testamentsvollstrecker: Schmidt v. Mitchell, 101 Kentucky 570, 41 S. W. 929; Billings v. Marshall Furnace Co., 210 Michigan 1, 177 N. W. 222, 9 Am. L. Rep. 1239. Vgl. auch Clark, a. a. O., S. 594f. und Ballantine, a. a. O., S. 570f. Deutsches Recht; Treuhänder: Staub, Anm. 5 zu § 252, Anm. 98 zu § 368, Könige, Anm. 4 zu § 222.

[5]) Gegen Horrwitz, a. a. O., S. 130, der unter Berufung auf § 1083 BGB. annimmt, daß das Stimmrecht dem Eigentümer und dem Nießbraucher gemeinsam zusteht.

[6]) Staub-Pinner, Anm. 6 zu § 252; Brodmann, Anm. 1g zu § 252, mit weiteren Nachweisen.

Eigentümers wahrnehmen muß. Dies gilt besonders bei Abstimmungen über Anträge, deren Wirkungen über die Zeit des Nießbrauches hinausgehen, und deren Annahme oder Ablehnung die dem Nießbraucher zustehende Verwaltung der Aktie überschreitet [1]). Ob man [2]) in Anwendung des Gedankens, daß das Stimmrecht das Teilnahmerecht, das Widerspruchsrecht und das Anfechtungsrecht umfasse, neben dem zur Abstimmung befugten Nießbraucher auch dem Eigentümer das Recht zusprechen will, zur Wahrung seiner Belange an der Generalversammlung teilzunehmen, Widerspruch zu erheben und anzufechten, mag hier dahingestellt bleiben. Gegen diese Auffassung spricht wohl die Erwägung, daß man die Gesellschaft nicht mit den Auswirkungen eines Interessenkonfliktes zwischen Nießbraucher und Aktieneigentümer beschweren soll.

Im amerikanischen Recht scheint die Frage nach dem Stimmrecht bei Nießbrauchbestellung an Aktien nicht entschieden zu sein. Der Verfasser hat weder eine diesbezügliche Entscheidung feststellen können, noch erörtern die Werke von Cook, Clark und Ballantine, die im übrigen ausführlich auf die Nießbrauchbestellung an Aktien eingehen, das Problem des Stimmrechtes in diesem Falle. Dies liegt daran, daß regelmäßig zwischen Nießbraucher (lifetenant) und Aktieneigentümer (remainderman) bei Bestellung des Nießbrauchs ein Treuhänder eingeschoben wird, dem die Verwaltung der Aktien obliegt, und der die Einkünfte an den lifetenant abführt, wobei er beiden Teilen verantwortlich ist. Die Frage nach der Gewährung des Stimmrechts wird durch die Einschiebung des Treuhänders gegenstandslos.

In beiden Rechten kann ein Aktionär seine Stimmenmacht bei der Abstimmung nur in einer Richtung ausüben. Daraus ergibt sich, daß Miteigentümer nur gemeinsam und nur in einem Sinne stimmen können, nicht etwa geteilt nach Maßgabe ihrer Miteigentumsquote. Ebenso steht es, wenn mehrere Testamentsvollstrecker oder Konkursverwalter beteiligt sind [3]).

Bezüglich der Legitimation bestehen einige Unterschiede. Deutsche Aktien sind immer Wertpapiere, sie sind möglich als Namensaktien, die häufigere Art ist aber die Inhaberaktie. Amerika-

---

[1]) Staub-Pinner, a. a. O., legt dem Nießbraucher die Pflicht auf, über solche Fragen nur mit Zustimmung des Eigentümers zu stimmen.

[2]) so Brodmann, Anm. 1g zu § 252.

[3]) Deutsches Recht: RGZ., 118, 67; Brodmann, Anm. 1a zu § 252; Staub, Anm. 3 zu § 252 (a. A. Horrwitz, S. 138). Amerikanisches Recht: Entscheidungen sind angeführt bei Ballantine, S. 572.

nische Aktien sind keine Wertpapiere [1]) [2]), sondern — im Sinne unserer Terminologie — Legitimationspapiere; sie können auf den Inhaber lauten (share warrant [certificate] to bearer), in der Regel sind sie aber Namensaktien, über die ein Aktienbuch geführt wird, und die durch Indossament und Eintragung im Aktienbuch übertragen werden [3]).

Nach deutschem Recht ist für die Ausübung des Stimmrechts bei Namensaktien der im Aktienbuch eingetragene, bei Inhaberaktien der Besitzer der Aktienurkunde legitimiert. Einzelheiten brauchen hier nicht erörtert zu werden. Nach amerikanischem Recht ist der im Aktienbuch verzeichnete Inhaber legitimiert. In unserm Zusammenhang dürften die technischen Einzelheiten wenig interessieren. Es sei jedoch bemerkt, daß es im amerikanischen Recht ein unserer Hinterlegung der Aktien vor der Generalversammlung entsprechendes Institut nicht gibt.

In Deutschland wie in Amerika ist es praktisch zulässig, sich in der Generalversammlung bei der Ausübung des Stimmrechts

---

[1]) Vgl. Clark, S. 330: »a stock certificate is merely evidence of the stockholder's rights. ... The certificate is simply a written acknowledgment by the company of the interest of the subscribers in its property and franchises. A certificate of stock is not a security, much less a negotiable instrument, though stock certificates possess attributes of negotiability to a certain extent.« (Eine Aktienurkunde ist nur ein Beweismittel für die Rechte des Aktionärs .... Die Urkunde ist nur ein schriftliches Anerkenntnis der Rechte des Aktionärs am Eigentum und den Privilegien der Gesellschaft durch dieselbe. Eine Aktienurkunde ist keineswegs ein Wertpapier, obwohl sie bis zu einem gewissen Grade die Attribute eines Wertpapiers besitzt.) Vgl. Burr v. Wilcox, 22 New York 551; Lipscomb's Administrator v. Condon, 56 West Virginia 416, 49 S. E. 392; Kent v. Quicksilver, 78 New York, 159; National Safe Deposit Savings & Trust Co. v. Hibbs, 229 U. S. 391, 33 Sup. Court 818 (»Certificates of stock are neither choses in action nor negotiable instruments«).

[2]) Die »Uniform Stock Transfer Act« ist ein Gesetzestext, der den einzelnen Staaten zur Einführung als gemeinsames Recht empfohlen ist. Dies ist in 17 Staaten geschehen, darunter in New York, Massachusetts, Michigan und Ohio. Nach der Uniform Stock Transfer Act sind Aktien Wertpapiere (negotiable instruments), die gleichwohl nur übertragen werden können: a) durch Übergabe der Aktienurkunde und Indossierung durch den Berechtigten entweder blanko oder auf einen bestimmten Namen; b) durch Übergabe der Aktienurkunde und eine gesonderte schriftliche Abtretungserklärung oder eine Bevollmächtigung des Empfängers, das verbriefte Recht zu verkaufen, abzutreten oder zu übertragen, ausgestellt von demjenigen, der auf der Aktienurkunde als Berechtigter erscheint. Auch diese Abtretungserklärung kann auf den Namen oder blanko erteilt werden.«

[3]) Über Einzelheiten der Lehre von der Übertragung amerikanischer Aktien s. Clark, a. a. O., S. 560ff. und Ballantine, a. a. O., S. 446ff.

vertreten zu lassen. Die Zulassung der Vertretung hat sich in Amerika allerdings erst allmählich entwickelt. Es ist jedoch für die Zwecke unserer Untersuchung beachtlich, daß infolge der anglo-amerikanischen Auffassung der corporation als Vertragsverhältnis nach common law jeder Aktionär seine Stimme persönlich abgeben mußte [1]). Heute ist in der Praxis dieser Grundsatz natürlich aufgegeben, und das Recht, sich durch einen Bevollmächtigten vertreten zu lassen, ist entweder durch Gesetz, durch Statut oder die by-laws der Gesellschaft fast überall gegeben. Jedoch berechtigt auch heute noch eine allgemein gehaltene Vollmacht, für den Vollmachtgeber in allen Generalversammlungen oder in einer bestimmten Generalversammlung zu stimmen, nur dazu, in den regelmäßigen Angelegenheiten für diesen die Stimme abzugeben; zur Abstimmung über außergewöhnliche Fragen, wie z. B. bei der Beschlußfassung über Änderung des Unternehmensgegenstandes, Rückgabe des Inkorporierungsprivilegs, Verkauf des Gesamtunternehmens oder Auflösung [2]), ist der Bevollmächtigte nicht ohne weiteres befugt. Er bedarf dann einer Spezialvollmacht.

B. Die Ausübung des Stimmrechts.

Das Stimmrecht gewährt dem Aktionär die Möglichkeit, sich bei der Willensbildung der Gesellschaft zu beteiligen. Das Stimmrecht des Aktionärs ist eine der Grundlagen des deutschen Aktienrechts. Als unentziehbares Herrschaftsrecht steht es jedem Aktionär zu und muß ihm auch zustehen, da § 252 bestimmt: »Jede Aktie gewährt das Stimmrecht«.

Im amerikanischen Gesellschaftsrecht liegt der Schwerpunkt der Aktionärrechte nicht im Stimmrecht. Praktisch wird es in noch höherem Grade vernachlässigt als in Deutschland. Auch rechtlich hat es eine weit geringere Bedeutung als bei uns. Der Grund dafür ist die im IV. Abschnitt erörterte Verteilung der Zuständigkeiten. Die Aktionäre haben verhältnismäßig wenig zu sagen und müssen die Entscheidung über Fragen der Geschäftsführung doch dem board of directors überlassen. Einen Ausgleich für diese Macht-

[1]) Vgl. die alten Entscheidungen Taylor v. Griswold, 14 New Jersey Law 22, 27 Am. Dec. 33; Philips v. Wickham, 1 Paige (N. Y.) 590, 27 Am. Dec. 60. Auch die neueren Harvey v. Linville Improvement Co. 118 North Carolina 693, 24 S. E. 489, 32 L. R. A. 265; McKee v. Home Savings & Trust Co., 122 Iowa 731, 98 N. W. 609.

[2]) Rossing v. State Bank of Bode, 181 Iowa 1013, 165 N. W. 254.

losigkeit des Aktionärs schafft das amerikanische Recht dadurch, daß es seine Belange, die er selber nicht hinreichend wahrnehmen kann, durch zahlreiche Rechtsregeln schützt, die dem deutschen Recht unbekannt sind. Die Stellung des Einzelaktionärs ist im amerikanischen Recht durch zwingendes Recht viel stärker ausgebaut als im deutschen. Ich erinnere nur an die dinglich wirkende Bindung der powers einer corporation an den Gegenstand des Unternehmens und die nach außen wirkende Beschränkung der Vertretungsmacht des Vorstandes auf den Umfang der ihm vertraglich übertragenen Befugnisse. Nicht im Stimmrecht, sondern in diesen auf den Schutz des Einzelaktionärs abzielenden Rechtsgrundsätzen liegt der Schwerpunkt der Rechte des amerikanischen Aktionärs. Von Einzelheiten wird weiter unten noch zu reden sein. An dieser Stelle soll nur von vornherein auf die Schwäche der Stellung des amerikanischen Aktionärs, soweit das Stimmrecht in Frage kommt, hingewiesen werden.

Das Abstimmen ist eine Willenskundgebung. Einen Willen kundgeben kann man nur, wenn man sich vorher einen Willen gebildet hat. Die zur Willensbildung führende Verstandesarbeit ist oft, besonders wenn sie die Beurteilung verwickelter wirtschaftlicher Fragen zum Gegenstand hat, nicht immer leicht. Um sie leisten und von seinem Stimmrecht überhaupt einen vernünftigen Gebrauch machen zu können, muß der Aktionär in den Stand gesetzt werden, sich alle nötigen tatsächlichen Unterlagen zu verschaffen. Deshalb gewährt das Gesetz dem Aktionär eine Reihe von Rechten, die, teils formellen, teils materiellen Inhalts, ihm eine sinnvolle und zweckmäßige Vorbereitung seiner Abstimmung ermöglichen sollen. Hierher gehören zunächst eine Reihe von Rechten, die auf Information gerichtet sind. Ergänzend hierzu treten einige Rechte, die sich aus dem gesellschaftlichen Aufbau der Aktiengesellschaft, besser gesagt aus dem Gemeinschaftsgedanken, ergeben. Z. B. hat jeder Aktionär das Recht, vor einer Abstimmung seinen Mitgesellschaftern alle ihm wesentlich erscheinenden Gesichtspunkte vorzutragen, damit sie sich bewußt für oder gegen ihn entscheiden, er hat ein Recht auf Diskussion. In gewissem Sinne gehören hierher auch diejenigen Rechte, die dem Aktionär die Möglichkeit geben, in bestimmten Fällen eine Abstimmung der anderen Aktionäre, die unter Umständen in einer Frage Endgültigkeit und Irreparabilität herbeiführen würde, vorläufig zu verhindern. Auf all diese, das Stimmrecht ergänzenden Rechte, sei im folgenden Abschnitt eingegangen.

a) Die das Stimmrecht ergänzenden Schutzrechte.

1. Die Vorschriften über die Berufung der Generalversammlung.

Abstimmen, Anträge stellen, widersprechen usw. kann der Aktionär nur dann, wenn er in der Generalversammlung erscheint Er hat ein Recht darauf, daß ihm das Erscheinen nicht unbillig. erschwert, sondern ihm loyal ermöglicht wird. Außerdem kann er sich gegen das Erscheinen von solchen Personen, bei denen die Voraussetzungen der Zulassung nicht gegeben sind, wehren, da immer die Möglichkeit besteht, daß es sich um Eindringlinge handelt. Diesen beiden Zielen dienen die Bestimmungen des deutschen Gesetzes über die Berufung der Generalversammlung, die in der Praxis durch Satzungsbestimmungen weitgehend ergänzt werden. Gesetz und Statuten haben für die deutsche Gesellschaftspraxis über die Form der Berufung, die Berufungsfristen, die Sondermitteilungen auf Verlangen, die Hinterlegung der Aktien, die Anmeldung zur Generalversammlung, die Bekanntgabe der Tagesordnung, die Erteilung von Abschriften der Anträge, die Ordnungsmäßigkeit von Ort und Zeit der Generalversammlung usw., so eingehende Bestimmungen getroffen, daß die Interessen der Aktionäre, was das Verfahren anbelangt, hinreichend geschützt sind. Einzelerörterungen erübrigen sich hier. Es sei in diesem Zusammenhange nur noch auf § 254 besonders hingewiesen, der unter gewisser Voraussetzung den Aktionären die Möglichkeit gibt, eine Generalversammlung zu erzwingen. Grundsätzlich ist die Berufung von Generalversammlungen Sache des Vorstandes (§ 253) oder des Aufsichtsrates (§ 246 III); andere Personen können nach dem Gesetz oder dem Gesellschaftsvertrag dazu befugt sein, z. B. Prokuristen, Beamte oder Aktionäre [1]). In jedem Fall können Aktionäre, deren Anteile zusammen den zwanzigsten Teil des Grundkapitals erreichen, unter Angabe des Zweckes und der Gründe von dem zuständigen Organ die Berufung einer Generalversammlung verlangen. Entspricht weder der Vorstand noch der Aufsichtsrat dem Verlangen, so kann das Gericht des Sitzes der Gesellschaft die betreffenden Aktionäre zur Berufung der Generalversammlung ermächtigen. Dadurch ist das Recht des Aktionärs, seiner Überzeugung durch Abstimmung Geltung zu verschaffen und durch Erläuterung bei den anderen Aktionären für sie zu werben, sichergestellt.

---

[1]) Behrend, Anm. 11 zu § 121; Staub-Pinner, Anm. 2 zu § 253.

Die Vorschriften des amerikanischen Rechtes über die Berufung von Generalversammlungen sind weniger streng und vor allem nicht so fest umrissen wie die des deutschen. Dieser Unterschied entspricht der allgemeinen Abneigung des amerikanischen Rechtes gegen die Standardisierung von Formalien, die darauf beruht, daß man der aequitas gegenüber dem ius strictum der Formalvorschriften einen viel breiteren Raum gewährt als das kontinentale Recht. In der Regel bestimmen die charter oder die by-laws die zur Einberufung von stockholders meetings befugte und verpflichtete Person; sonst liegt die Berufung dem board of directors ob. Bezüglich der Form der Berufung müssen wir zwischen den ordentlichen (general) und den außerordentlichen (special) meetings unterscheiden. Trifft das Statut über Tag und Ort für die ordentliche Generalversammlung eine feste Bestimmung (»am 1. April im Hauptbüro der Gesellschaft«) so hat es hierbei sein Bewenden [1]). Besondere Einladungen und eine Veröffentlichung der Tagesordnung auf die bei diesen general meetings merkwürdigerweise auch außergewöhnliche Punkte gesetzt werden dürfen [2]), erfolgen nicht. Ist Zeit und Ort der Generalversammlung jedoch nicht statutarisch festgelegt, also immer bei außerordentlichen Generalversammlungen, muß jeder Aktionär besonders eingeladen werden [3]). Wie die Einladung erfolgt, besagt die Satzung. Da die Mehrheit der Aktien Namensaktien ist, erhält meist jeder einzelne Aktionär eine schriftliche Einlagung. Die Einladung zu außerordentlichen Generalversammlungen (special meetings) muß die Tagesordnung enthalten; andere als die angegebenen Punkte dürfen nicht zur Abstimmung gestellt werden. Bezüglich der Ladungsfrist besteht keine bestimmte starre Regel; die Ladungsfrist muß »reasonable«, d. h. angemessen [4]) sein, kürzer oder länger, je nachdem ob es sich um eine kleine Lokalgesellschaft oder ein Riesenunternehmen mit weit verstreutem Aktionärkreis handelt. — Besonders umstritten ist in Amerika die Frage, an welchem Ort die meetings abgehalten werden müssen. Trifft die Satzung eine Bestimmung, so hat es dabei sein

---

[1]) Morrill v. Little Falls Mfg. Co., 53 Minn. 371, 55 N. W. 547; People v. Batchelor, 22 N. Y. 128.

[2]) Warner v. Mower, 11 Vermont 385; diese Entscheidung, die Ballantine allerdings als herrschend bezeichnet (S. 559), ist stark umstritten. Vgl. Mutual Fire Insurance Co. v. Farquhar, 86 Maryland 668, 39 Atl. 527; Bargley v. Reno Oil Co., 201 Pennsylvania 78, 50 Atl. 760.

[3]) Benbow v. Cook, 115 North Carolina 324, 20 S. E. 453, 44 Am. St. Rep. 454; Ashbury v. Mauney, 173 North Carolina 454, 92 S. E. 267.

[4]) State v. Bonnell, 35 Ohio 10; Miller v. English, 21 New Jersey 317.

Bewenden, gleichgültig, welcher Ort gewählt ist. Für den Fall aber, daß kein Ort satzungsgemäß festgelegt ist, steht eine sehr verbreitete Ansicht auf dem Standpunkt, daß stockholders' meetings nur innerhalb des Inkorporierungsstaates abgehalten werden dürfen, und daß alle außerhalb desselben vorgenommenen Wahlen und Beschlüsse nichtig sind, da die Gesellschaft nur innerhalb des Inkorporierungsstaates rechtserheblich handeln kann [1]). Die herrschende Lehre ist ja neuerdings von diesem Grundsatz stark abgewichen und sieht außerhalb des Inkorporierungsstaates vorgenommene Wahlen und Beschlüsse nicht unbedingt als nichtig an. Sie versagt zunächst denjenigen, die an dem meeting im anderen Staate teilgenommen haben, die Möglichkeit, die Nichtigkeit geltend zu machen (estoppel)[2]). Nur diejenigen, die an dem meeting nicht teilgenommen und sich auch nicht bei den gefaßten Beschlüssen »beruhigt haben« (acquiesce), d. h. dieselben nicht unverzüglich anfechten, können die Unwirksamkeit geltend machen [3]). Auch nach dieser Lehre sind die außerhalb des Inkorporierungsstaates gefaßten Beschlüsse nichtig [4]), wenn im Statut die Abhaltung von stockholders' meetings außerhalb desselben ausdrücklich ausgeschlossen ist.

Ein Recht des amerikanischen Aktionärs, von sich aus gegen den Willen der Verwaltung eine Generalversammlung herbeizuführen, besteht nicht. Hat er den Mitaktionären etwas vorzutragen, muß er bis zur nächsten ordentlichen Generalversammlung warten. Diese kann die Verwaltung natürlich nicht verhindern. Auf außerordentliche Generalversammlungen hat der Aktionär keinen Anspruch; er hat auch kein Mittel, sie herbeizuführen.

2. Die Teilnahme an der Generalversammlung.

Das Handelsgesetzbuch erwähnt gelegentlich das Recht auf »Teilnahme an der Generalversammlung«. Eine Begriffsbestimmung dieses Rechtes gibt das Gesetz nicht, ebensowenig eine Abgrenzung gegenüber dem Stimmrecht. Das Recht auf Teilnahme ist vom Stimmrecht, wenn auch kaum in den Voraussetzungen, so doch dem Inhalte nach, verschieden. Das Recht zur Teilnahme ist weiter

---

[1]) Miller v. Ewer, 27 Maine 509, 46 Am. Dec. 619; Franco Land Co. v. Laigle, 59 Texas 339; Ormsby v. Vermont Copper Mining Co., 56 New York 623.

[2]) Heath v. Silverthorn Lead Mining & Smelting Co., 39 Wisconsin 146; Handley v. Stutz, 139 United States 417, 11 Sup. Ct. 530.

[3]) Ormsby v. Vermont Copper Mining Co., 56 New York 623.

[4]) Hodgson v. Duluth, H. & D. R. Co., 46 Minnesota 454.

als das Stimmrecht. Es umfaßt das Recht, in der Generalversammlung anwesend zu sein, zu reden, Anträge zu stellen, nach Maßgabe des Gesetzes und der Satzung die Stimme abzugeben, den Beschlüssen zu widersprechen usw.

Das Recht zur Teilnahme an der Generalversammlung einer deutschen Aktiengesellschaft steht jedem Aktionär, jedem Vorstands- und Aufsichtsratsmitglied, außerdem einigen gesetzlich damit ausgestatteten Personen, wie z. B. bei Hypotheken- und Schiffsbanken dem Vertreter der Aufsichtsbehörde und dem Treuhänder des Gesetzes betreffend die gemeinsamen Rechte der Besitzer von Schuldverschreibungen, zu. Die Satzung kann noch andere Personen zulassen, ebenso die Generalversammlung im Einzelfall (Presse) [1]. Von der materiellen Stimmberechtigung ist das Recht zur Teilnahme unabhängig [2]; auch ein Aktionär, der vom Stimmrecht ausgeschlossen ist, hat das Recht, an der Generalversammlung teilzunehmen, insbesondere auch sich an der Diskussion [3] zu beteiligen und den Beschlüssen zu widersprechen.

Im amerikanischen Rechte ist das Teilnahmerecht dem Stimmrecht gleichzusetzen. Es bietet keine besonderen Probleme. Direktoren sind durch ihre qualification shares immer Aktionäre, und auf Grund eines Sondergesetzes teilnahmeberechtigte Personen gibt es nicht. Eine dem § 252 III entsprechende Vorschrift die Aktionäre betreffend, ist nicht vorhanden, so daß der Unterschied zwischen Teilnahmerecht und Stimmrecht nicht praktisch werden kann.

3. Das Recht auf Auskunft und Kontrolle.

Sachkunde soll die Grundlage der Urteilsbildung sein. Um vernünftig abstimmen zu können, muß der Aktionär wissen, wie es mit der Gesellschaft steht. Aber auch unter anderen Gesichtspunkten ist der Aktionär an sachlicher Information interessiert. Soll er

[1]) Es führt zu Verwirrung, wenn Staub-Pinner, Anm. 17 zu § 250 den Begriff »Recht auf Anwesenheit« einführt. Ein solches Recht, welches nicht im Teilnahmerecht enthalten ist, gibt es nicht. Auch wenn die Satzung zuläßt, daß ein Aktionär im Beistand eines Beraters erscheint, hat dieser kein Recht auf Anwesenheit, sondern nur der Aktionär ein Recht, einen Dritten mitzubringen.

[2]) Friedländer, Anm. IV 1 zu § 252; J.W., 97, 112f.

[3]) Man beachte den Unterschied zwischen dem Recht auf Diskussion und dem Recht auf Erörterung. Ersteres besagt, daß der Aktionär sich zu den Punkten der Tagesordnung äußern darf, letzteres betrifft sein Recht darauf daß bestimmte Dinge überhaupt zur Sprache gebracht werden. Es ist nicht Ausfluß des Stimmrechts, sondern Ausfluß des Rechts auf Mitverwaltung.

einen Beschluß anfechten? Soll er die Geltendmachung von Regressen gegen die Gründer, Verwaltungsmitglieder oder Liquidatoren verlangen? Soll er das Bezugsrecht ausüben? Insoweit geht das Recht auf Information über den Rahmen eines Hilfsrechtes zum Stimmrecht hinaus. Gleichwohl mag es hier seinen Platz finden, da es im wesentlichen doch seiner Unterstützung dient.

In beiden Rechten drängt die Entwicklung dahin, die Publizität der Gesellschaften zu erhöhen. Zu beachten ist, daß hierfür nicht nur die Absicht, die Stellung der Aktionäre zu stärken, sondern auch Gedanken des Gläubigerschutzes und sogar Rücksichten auf die Allgemeinheit maßgebend sind. Trennen lassen sich die genannten Gesichtspunkte nicht, vielmehr muß man den ganzen Fragenkomplex als Einheit betrachten. Wirtschaftlich ist hier folgendes zu berücksichtigen: Auf der einen Seite muß den Aktionären als den eigentlichen Inhabern des Unternehmens die Möglichkeit gegeben werden, sich über dessen Stand zu unterrichten. Außerdem haben auch die Gläubiger ein schutzwürdiges Interesse daran, sich aus den veröffentlichten Bilanzen Klarheit über ihren Schuldner zu verschaffen. Auf der anderen Seite liegt die Gefahr nahe, daß die Konkurrenz oder unredliche Spekulation sich den Publizitätszwang zunutze machen, um durch unlautere Machenschaften, gegebenenfalls aber auch auf redlichem Wege, die erlangten Kenntnisse zum Schaden der Gesellschaft für ihren Vorteil auszunutzen Die verschiedene Größe der Gesellschaften und die Verschiedenheit in der Zusammensetzung der Aktionärschaft erschwert eine befriedigende Lösung der Publikationsfrage, die allen wirtschaftlichen Bedürfnissen gerecht wird. Bei einer kleinen lokalen Gesellschaft läßt sich der Kreis der beteiligten Personen verhältnismäßig leicht übersehen, aber wer will herausfinden, was hinter dem Auskunftsverlangen eines der 179 000 Aktionäre der United States Steel Corporation oder der 56 000 der General Motors Company steckt?

Die beiden Rechte sind verschiedene Wege gegangen, um das Publizitäts-, Auskunfts- und Revisionsproblem zu lösen. Die Entwicklung des deutschen Rechts drängt dahin, die »Geheimniskrämerei« bei der Verwaltung unserer Gesellschaften zu unterbinden. Diesem Gedanken dienen zunächst einmal die Vorschriften über die Aufstellung des Jahresabschlusses (Bilanz und Gewinn- und Verlustrechnung) und seine Veröffentlichung. Einen gewaltigen Vorstoß machen die Notverordnungen vom 19. 9. 31 und 6. 10. 31, deren weit ausgebautes Muster für den Jahresabschluß einen Einblick in fast jeden Winkel des Gesellschaftsgebäudes gestattet. Auf

Einzelheiten [1]) kann hier nicht eingegangen werden, es sei nur die Frage aufgeworfen, ob nicht die Neuregelung in der Gewährung einer fast unbeschränkten Publizität zu weit geht. Die Zukunft muß lehren, ob sich die Rechtsprechung die Ansicht von Schlegelberger [2]) und Neufeld [3]) zu eigen machen wird, daß die Schutzklausel des § 260 a IV Ziffer 2, wonach im Geschäftsbericht die Berichterstattung insoweit unterbleiben kann, als das überwiegende Interesse der Gesellschaft oder der Allgemeinheit es erfordert, auf den Jahresabschluß keine Anwendung findet. Als Gegenargument, d. h. zugunsten einer entsprechenden Anwendung der genannten Bestimmung auch auf den Jahresabschluß ließe sich hören, daß Dinge, die nicht einmal den Teilnehmern der Generalversammlung mündlich dargelegt zu werden brauchen, erst recht nicht in die zu veröffentlichende Bilanz hineingehören.

Der Information der Aktionäre dient neben dem Jahresabschluß der mit den Bemerkungen des Aufsichtsrates versehene Geschäftsbericht des Vorstandes (§§ 260 II, 260 a). In ihm werden der Vermögensstand und die Verhältnisse der Gesellschaft entwickelt und der Jahresabschluß erläutert. § 260 a bestimmt weitere Angaben über innere und äußere Umstände, die im Geschäftsbericht enthalten sein müssen. Außerdem gibt er durch die angefügten Bemerkungen des Aufsichtsrates nach § 262 e über das Ergebnis der Tätigkeit der Bilanzprüfer Aufschluß. Der Geschäftsbericht muß eine Berichterstattung geben, die den Grundsätzen einer gewissenhaften und getreuen Rechenschaftsablegung entspricht. Sie kann nur insoweit unterbleiben, als das überwiegende Interesse der Gesellschaft selber, einer abhängigen oder einer Konzerngesellschaft oder das der Allgemeinheit es erfordert. Aus der allgemeinen Sorgfaltspflicht des Vorstandes nach §§ 241, 249 wird sich u. U. sogar eine Pflicht zur Nichterwähnung schädigender Punkte ergeben [4]). Diese Lösung trifft m. E. in glücklicher Weise die Bedürfnisse der Praxis. Es besteht eine grundsätzliche Pflicht zur Offenheit, in Einzelfällen sind Ausnahmen zugelassen, deren Voraussetzungen der

---

[1]) Über die Tendenzen in der Entwicklung des Auskunftsproblems vgl. Düringer-Hachenburg, III. Anm. 32—35 der Einleitung.

[2]) Schlegelberger Quassowski-Schmölder, Verordnung über Aktienrecht, Anm. 1 I 4 zu § 261 a.

[3]) Neufeld, Die aktienrechtlichen Vorschriften der Verordnung vom 19. 9. 31, Vorbem. 1 zu §§ 261 a bis 261 b.

[4]) Schlegelberger-Quassowski-Schmölder, a. a. O., Anm. 38 zu § 260 a.

Vorstand zu beweisen hat [1]). Die früheren Konflikte zwischen Wahrheitsliebe, Offenbarungspflicht und Geschäftsinteresse sind damit beseitigt [2]). Der Pflicht zur Erstattung des Geschäftsberichts stehen als Berechtigte allein die an der Generalversammlung Teilnahmeberechtigten gegenüber. Gleichwohl ist der Bericht nicht nur für die Aktionäre bestimmt, was sich schon daraus ergibt, daß er nach § 265 II dem Handelsregister eingereicht werden muß, wo er eingesehen werden kann. Das RG. sagt hierzu, allerdings in einer Strafsache [3]): »Die Offenbarungspflicht soll zugleich im allgemeinen Interesse wirken und einen Schutz gegen schädliches und unlauteres Geschäftsgebahren nicht bloß den jeweiligen Aktionären, sondern der Gesellschaft überhaupt und darüber hinaus allen gegenwärtigen und zukünftigen Gläubigern der Gesellschaft bieten.« Inwieweit die Rechtsprechung an diesem Grundsatz auch unter dem neuen Recht festhalten wird, muß die Zukunft lehren.

Durch Jahresabschluß und Geschäftsbericht wird bereits eine weitgehende Unterrichtung der Aktionäre sichergestellt. Einen weiteren Schutz für sie bietet der dem Aufsichtsrat auf Grund der jährlich vorgenommenen Revision zu erstattende Bericht der Bilanzprüfer [4]). Seine Bedeutung für die Minderheit verliert dieser Schutz zum Teil jedoch dadurch, daß der Bericht nicht jedem Aktionär, sondern nur dem Aufsichtsrat zugängig ist. Ein Aktionär, der gegen die Majorität und damit auch gegen den von dieser gewählten Aufsichtsrat angehen will, wird bei letzterem natürlich wenig Schutz finden. Immerhin müssen nach § 262 e die Bemerkungen des Aufsichtsrates zum Geschäftsbericht Stellung nehmen zum Berichte der namentlich anzugebenden Bilanzprüfer. Außerdem muß der Aufsichtsrat in der Generalversammlung darüber Auskunft erteilen, ob die Prüfung nach ihrem abschließenden Ergebnis zu wesentlichen Beanstandungen Anlaß gegeben hat. § 262 f bestimmt, daß die Bilanzprüfer, wenn nach dem abschließenden Ergebnis der Prüfung wesent-

[1]) Quassowski, J.W. 1931, 2925.

[2]) Vgl. hierzu Friedländer, a. a. O., Anm. 13 zu § 260a, Netter, Die aktienrechtliche Auskunftspflicht, S. 51, und Brodmann, Anm. 6 zu § 260 mit eingehender Literaturangabe.

[3]) RGSt. 41, 297; ähnlich RG. in Bauers Zeitschr. 11, 221.

[4]) Art. VI, XIII Abs. III, XIV Abs. II der V.O. des Reichspräsidenten über Aktienrecht, Bankaufsicht und über eine Steueramnestie vom 19. September 1931, RGBl. I S. 493; Art. 1, 3 der ersten V.O. zur Durchführung der vorgenannten V.O. vom 15. Dez. 1931, RGBl. I, S. 760; Art. 3, 7 der zweiten DurchführungsV.O. zur vorgenannten V.O. vom 20. Dezember 1932, RGBl. I, S. 563.

liche Einwendungen nicht zu erheben sind, dies durch einen Vermerk zu bestätigen haben. Hieraus können die Aktionäre, da der Wortlaut des Bestätigungsvermerks in alle Veröffentlichungen und Vervielfältigungen des Jahresabschlusses aufzunehmen ist, ersehen, ob die Prüfer nach pflichtgemäßer Prüfung auf Grund der Bücher und Schriften der Gesellschaft sowie der vom Vorstand erteilten Aufklärungen und Nachweise die Buchführung, den Jahresabschluß und den Geschäftsbericht für ordnungs- und gesetzmäßig halten.

Außer der regelmäßigen Kontrolle der Gesellschaft durch den Aufsichtsrat und die Bilanzprüfer sieht das deutsche Recht noch eine außerordentliche Kontrolle vor. Praktisch wird eine solche nur dann in Frage kommen, wenn Aktionäre in irgendeiner Richtung Mißtrauen gegen die Verwaltung geschöpft haben. Auch in diesem Fall haben jedoch die Aktionäre nicht das Recht, selber die Prüfung der ihren Argwohn erregenden Angelegenheiten vorzunehmen (so das amerikanische Recht), vielmehr können sie nur die Bestellung von Prüfern herbeiführen. Ihre Rechte in dieser Richtung sind im Laufe der Entwicklung immer mehr verstärkt worden. § 266 in seiner heutigen Fassung, dessen Regeln allerdings erst in beschränktem Umfange in Kraft sind [1], bestimmt zwingend [2], daß die Generalversammlung mit einfacher Stimmenmehrheit die Bestellung von Prüfern zur Prüfung von Vorgängen bei der Gründung der Gesellschaft oder der Geschäftsführung [3] beschließen kann. Die Objektivität der Abstimmung über die Bestellung von Prüfern wird durch eine noch über den Rahmen des § 252 III hinausgehende Stimmrechtsbeschränkung geschützt, da bei der Beschlußfassung über die Bestellung von Prüfern Aktionäre, die zugleich Mitglieder des Vorstandes oder Aufsichtsrates sind, nicht mitstimmen dürfen, wenn die Prüfung sich auf Vorgänge erstrecken soll, die mit der dem Vorstande oder dem Aufsichtsrate zu erteilenden Entlastung oder der Einleitung eines Rechtsstreits zwischen dem Verwaltungsmitgliede und der Gesellschaft »im Zusammenhange steht«. Daß sie gerade diese »betreffen«, wie es in § 252 III heißt, ist nicht erforderlich, »Zusammenhang« genügt [4]. Besteht kein Zusammenhang mit

---

[1]) Vgl. S. 120 Note 4.

[2]) Friedländer, a. a. O., Anm. 2 zu § 266.

[3]) Die Prüfung der Bilanz durch besonders bestellte Prüfer ist im Hinblick auf die Pflichtprüfung fortgefallen.

[4]) Neufeld, Die aktienrechtlichen Vorschriften der V.O., vom 19. 9. 31, Anm. 3 zu § 260.

einem der Verwaltungsorgane oder einzelnen Mitgliedern derselben, so gilt das Stimmverbot nicht [1]).

Bedeutend verstärkt ist die Stellung des Einzelaktionärs durch die Bestimmung, daß, wenn in der Generalversammlung die Bestellung der Prüfer abgelehnt ist, auf Antrag von Aktionären, deren Anteile zusammen den zehnten Teil des Grundkapitals erreichen, Prüfer durch das Gericht bestellt werden können. Eine gleiche Minderheit, die aber nicht aus denselben Personen zu bestehen braucht, die in der Generalversammlung gegen den Mehrheitsantrag gestimmt haben [2]), und die hierzu auch nicht die unten genannten formellen Voraussetzungen (Hinterlegung, dreimonatlicher Aktienbesitz, Sicherheitsleistung) zu erfüllen braucht [3]), kann beantragen, daß an Stelle der von der Generalversammlung bestellten Prüfer vom Gericht andere Prüfer bestellt werden, damit nicht die Mehrheit durch Bestellung von ihr genehmen Prüfern eine wirklich objektive Prüfung hintertreibt. Die Anordnung der Prüfung ist kein unbedingtes Recht der Minderheit, vielmehr ist sie in das pflichtgemäße Ermessen des Gerichts gestellt, welches die beiden Verwaltungsorgane vorher hören muß. Das Gericht darf dem Antrag allerdings nicht stattgeben, wenn nicht Verdachtsgründe (nach der früheren Fassung Glaubhaftmachung) beigebracht werden, daß bei dem zu untersuchenden Vorgang Unredlichkeiten oder grobe Verletzungen des Gesetzes oder des Gesellschaftsvertrages stattgefunden haben. Sind aber die formellen Voraussetzungen erfüllt und eine Unredlichkeit oder grobe Verletzung als wahrscheinlich anzunehmen, dann m u ß es dem Antrag ohne Prüfung von Zweckmäßigkeitsfragen stattgeben [4]). Gewisse Beschränkungen bestehen insofern, als die Minderheit ihre Aktien in Höhe von 10% des Grundkapitals hinterlegen, mindestens dreimonatlichen Besitz der hinterlegten Aktien vor der Generalversammlung glaubhaft machen und eventuell Sicherheit leisten muß. Außerdem müssen die Antragsteller, die als Auftraggeber der vom Gericht bestellten Prüfer anzusehen sind, zu denen die Gesellschaft in keinem Vertragsverhältnis steht [5]), die Kosten der Prüfung tragen; wenigstens grundsätzlich. Die Generalversammlung kann jedoch, was in § 267 IV ausdrücklich gesagt ist, be-

[1]) Schlegelberger-Quassowski-Schmölder, a. a. O., S. 339.
[2]) RG. in J.W. 1903, 244.
[3]) Schlegelberger-Quassowski-Schmölder, a. a. O., S. 343.
[4]) Staub-Pinner, a. a. O., Anm. 14 zu § 266.
[5]) Schlegelberger-Quassowski-Schmölder, a. a. O., S. 342; Staub-Pinner, Anm. 2 zu § 267.

schließen, daß die Gesellschaft die Kosten tragen soll. Die Minderheit hat aber hierauf kein Anrecht, auch wenn sich die Prüfung als zweckmaßig und wertvoll erwiesen hat [1]). Um dem Mißbrauch des Minderheitsrechtes auf Bestellung von Prüfern vorzubeugen, bestimmt § 268 IV, daß diejenigen Aktionäre, denen Vorsatz oder grobe Fahrlässigkeit bei ihrem Prüfungsverlangen zur Last fällt, für einen der Gesellschaft durch den Antrag entstehenden Schaden als Gesamtschuldner haften, wenn der Antrag auf Bestellung von Prüfern durch das Gericht zurückgewiesen wird, oder er sich nach dem Ergebnis der Prüfung als unbegründet erweist. Früher bestand eine Haftung nur bei »böswilliger Handlungsweise«; als Ergänzung für die Erleichterung bei der Bestellung von Prüfern ist heute die Haftung auf Vorsatz und grobe Fahrlässigkeit erweitert.

Die bestellten Prüfer haben sehr weitgehende Rechte, wenn ihre Stellung auch nicht ganz so stark ist wie die der englischen auditors, welche bei ihren Untersuchungen sogar Eide abnehmen dürfen [2]). Der Vorstand hat den nach § 266 bestellten Prüfern die Einsicht der Bücher und Schriften der Gesellschaft und die Untersuchung des Bestandes der Gesellschaftskasse sowie der Bestände an Wertpapieren und Waren zu gestatten. Diese Pflicht ist nach der neuen Fassung des Gesetzes (§ 268 II) zweifellos nicht auf die Vorlage solcher Unterlagen beschränkt, die sich auf den zu untersuchenden Vorfall beziehen [3]). Vielmehr können die Prüfer von dem Vorstande alle Aufklärungen und Nachweise verlangen, welche die sorgfältige Erfüllung der ihnen obliegenden Prüfungspflicht erfordert. Der Vorstand kann zur Erfüllung seiner diesbezüglichen Pflichten gemäß § 319 mit Ordnungsstrafen angehalten werden.

Für das deutsche Recht bleibt noch zu untersuchen, inwieweit neben diese speziell geregelten Formen der Informationssicherung und Kontrollausübung noch ein allgemeines Recht des Aktionärs auf Auskunft tritt. Es ist immer möglich, daß weder die Bilanz, noch der Geschäftsbericht mit den Bemerkungen des Aufsichtsrates, noch der evtl. vorliegende Bericht der Prüfer dem Aktionär die erwünschten Unterlagen für seine Urteilsbildung vermittelt. Kann er dann in oder außerhalb der Generalversammlung von der Verwaltung Auskunft verlangen?

Kein Zweifel kann aufkommen darüber, daß die Aktionäre kein

[1]) RG. J.W. 1903, 244.
[2]) Vgl. oben S. 92.
[3]) Schlegelberger-Quassowski-Schmölder, a. a. O., Anm. 2 zu § 267.

Recht haben, von der Verwaltung außerhalb der Generalversammlung Auskunft über die Verhältnisse der Gesellschaft zu verlangen. Erteilt die Verwaltung eine solche Auskunft, so geschieht dies ausgeschäftlicher Zuvorkommenheit; sie ist nur dann bedenkenfrei, wenn die Auskunftserteilung die Gesellschaft nicht schädigt. Der Vorstand hat dies in jedem Fall pflichtgemäß zu prüfen. Die Frage, ob die Verwaltung durch eine Auskunftserteilung außerhalb der Generalversammlung, durch die sie zwar die Gesellschaft nicht schädigt, wohl aber eine Gruppe von Aktionären gegenüber einer anderen begünstigt, pflichtwidrig handelt und der benachteiligten Gruppe schadensersatzpflichtig wird, ist m. W. weder in der Rechtsprechung noch im Schrifttum behandelt. In allen den Fällen, wo nicht geradezu der Tatbestand des § 826 BGB. vorliegt, möchte der Verfasser die Rechtswidrigkeit und damit die Schadensersatzpflicht der Verwaltungsmitglieder verneinen. Dies widerspricht nicht dem Grundsatz der gleichmäßigen Behandlung, da dieser nur für gesellschaftliche Angelegenheiten gilt. Hier handelt es sich juristisch aber um Handlungen, die gegenüber dem Aktionär als Drittem vorgenommen werden, wenn auch seine Aktionäreigenschaft tatsächlich die Grundlage für die Bereitwilligkeit der Verwaltung zur Auskunftserteilung gewesen sein mag.

Bei der Untersuchung, wie weit der Aktionär innerhalb der Generalversammlung ein Recht auf Auskunfterteilung hat, müssen wir zwei Fragen unterscheiden. Erstens, wem der Anspruch auf Auskunfterteilung zusteht, und zweitens, wie weit dieser Anspruch geht. Für beide Fragen besteht eine einheitliche Rechtsauffassung nicht. Man kann nicht einmal von einer herrschenden Lehre sprechen. Das Gesetz sagt nichts über die Berechtigung auf Auskunft. Sie ergibt sich aber als notwendige Ergänzung des Stimmrechts aus der Natur der Sache. Mit dieser Feststellung ist aber noch nicht entschieden, wer zur Stellung des Auskunftsverlangens berechtigt ist, der einzelne Aktionär oder die Generalversammlung als solche. Namhafte Schriftsteller [1]) erblicken im Auskunftsrecht ein Sonderrecht des Aktionärs, der gleichzeitig mit dem Recht auf Erörterung auch das Recht auf Fragestellung haben müsse, um überhaupt zu einer vernünftigen Ausübung seines Stimmrechts gelangen zu können. Auf diesem Standpunkt stand früher auch das Reichs-

[1]) Staub-Pinner, Anm. 20 zu § 260; Brodmann, Anm. 2d zu § 259; Horrwitz, J.W. 1916, 887; Heinitz, DJZ. 1917, 196; Bondi, LZ. 1917, 1309; Sontag, a. a. O., S. 38; Netter, Die aktienrechtliche Auskunftspflicht, S. 46, 51.

gericht [1]), das sich jedoch neuerdings auf den Standpunkt gestellt hat, daß nach § 666 BGB., welcher auf Grund der §§ 22, 57 BGB. auf das Verhältnis der A.G. zu den Vorstandsmitgliedern anwendbar sei, die Gesellschaft als der Geschäftsherr von der Verwaltung als dem Verpflichteten Auskunft verlangen könne, und daß diese der Generalversammlung als dem zur Entgegennahme berufenen Organ zu erteilen sei [2]). In der Entscheidung 131, 192 führt es auf S. 196 aus: »Die Verwaltung kann auf eine Anfrage eines Aktionärs die Auskunft verweigern, und es bleibt dann dem Fragesteller überlassen, ob er sein Begehren durch einen entsprechenden Antrag an die Generalversammlung weiter verfolgen will.« In Bd. 82 S. 187 drückt es sich dann noch bestimmter aus: »Für die Aktiengesellschaft muß der Gedanke an ein Individualrecht auf Auskunftserteilung mit Entschiedenheit abgelehnt werden [3]).« Selbst Staub-Pinner geben a. a. O. zu, daß durch die reichsgerichtliche Praxis mancher Mißbrauch des Auskunftsrechtes beseitigt werde. Auf der anderen Seite wird man auch bei der Abgrenzung des Auskunftsrechtes dem allgemeinen Bestreben [4]), die Publizität zu erhöhen, Rechnung tragen müssen. Es bleibt abzuwarten, ob auch unter der neuen gesetzlichen Regelung durch die Notverordnungen das Reichsgericht, dessen letzte veröffentliche Entscheidung zum Auskunftsrecht (131, 192) vor Erlaß der genannten Verordnung liegt, an seiner alten Rechtsprechung festhalten wird. Friedländer [5]) steht auf dem Standpunkt, daß auch unter der neuen Regelung dabei verblieben werden müsse, daß die Auskunftspflicht nur der Generalversammlung, nicht den einzelnen Aktionären gegenüber besteht. Eine vermittelnde Lösung gibt Schlegelberger [6]), der den einzelnen Aktionär für berechtigt hält, »zwecks Ergänzung und Berichtigung eines unvollständigen oder unrichtigen Geschäftsberichts Auskunft in der Generalversammlung zu verlangen...., und ferner, ohne Zusammenhang mit dem Geschäftsbericht Auskunft über Gegenstände der Abstim-

---

[1]) RGZ. 34, 58.

[2]) RGZ. 82, 182; 105, 46 (nicht ganz eindeutig); 124, 279; 131, 196.

[3]) Auf dem Standpunkt des RG. stehen auch: Könige, Anm. 2 zu § 264; OLG. (Celle) 32, 113.

[4]) Im Entwurf I (E. I § 86ff.) wird das Fragerecht als Individualrecht anerkannt. Wird die Auskunft verweigert, so wird in einem Bescheinigungsverfahren vor der Spruchstelle über die Berechtigung zur Verweigerung bzw. über die Richtigkeit und Vollständigkeit der Auskunft verhandelt.

[5]) a. a. O., Anm. III 1—3 zu § 260a.

[6]) Schlegelberger-Quassowski-Schmölder, a. a. O., Anm. 44—46 zu § 260a.

mung zu verlangen«. Ein allgemeines Recht auf Auskunft will also niemand dem Aktionär zubilligen. Auch in der Auffassung Schlegelbergers ist kein allgemeines Auskunftsrecht in Schranken zu erblicken vielmehr gibt sie dem Aktionär nur eine beschränkte Fragelegitimation; überschreitet der Aktionär deren Grenzen, so braucht die Verwaltung keineswegs Gründe für die Verweigerung der Auskunft geltend zu machen, sondern braucht nur auf das Fehlen der Legitimation zu verweisen. Auch Schlegelberger gewährt dem Aktionär kein Fragerecht in bezug auf Angelegenheiten, die nicht mit dem Geschäftsbericht oder dem Gegenstande der Abstimmung im Zusammenhang stehen, mögen sie für den Aktionär wirtschaftlich noch so wichtig und interessant sein. Ein Aktionär kann also z. B. keine Auskunft verlangen, um sich die wirtschaftlichen Unterlagen für die Entscheidung zu verschaffen, ob er das Bezugsrecht ausüben soll oder nicht.

Auch über den Umfang der Auskunftspflicht sind die Meinungen geteilt. Die herrschende Lehre nimmt ein in bestimmter Weise beschränktes Fragerecht an. Diese Formulierung halte ich für ungenau. Brodmann z. B.[1]) prüft, »wie weit der Anspruch im einzelnen Falle geht«. Viel klarer wäre die Streitfrage, wenn man sich einmal entschließen wollte, grundsätzlich von einer unbeschränkten Auskunftspflicht, wie es doch eigentlich selbstverständlich ist, auszugehen. Die dann zu prüfende Frage lautet: Wann und in welchem Umfange sind die zur Auskunftserteilung Verpflichteten berechtigt bzw. verpflichtet, die Auskunft zu verweigern. Horrwitz[2]) führt hierzu aus: »Vorstand und Aufsichtsrat sind verpflichtet, der Generalversammlung jede von dieser verlangte Auskunft zu geben, es sei denn, daß eine solche der Gesellschaft schädlich sein würde.« Der Umfang der Auskunft in Verbindung mit dem Geschäftsbericht ist nunmehr im Gesetz bestimmt. Gegenüber dem früheren Zustand ist die Auskunftspflicht erweitert worden, da eine Berichterstattung nicht nur dann unterbleiben darf, wenn das überwiegende Interesse der Gesellschaft selbst es erfordert, sondern auch dann, wenn das überwiegende Interesse einer »beteiligten Gesellschaft oder der Allgemeinheit« es erfordert.[3]) Man wird diese Grundsätze, die für die notwendige Berichterstattung gelten, auch auf die Auskunftserteilung in den Fragen, über die eine Berichterstattung gesetzlich nicht erforderlich ist, die aber auf Anregung von Aktionären oder auf

---

[1]) A. a. O., Anm. 3d zu § 259.

[2]) Horrwitz, Das Recht der Generalversammlungen der Aktiengesellschaften und Kommanditgesellschaften auf Aktien, S. 215.

[3]) § 260a IV Satz 2.

eigenes Betreiben der Verwaltung in der Generalversammlung erfolgt, anwenden können. Hiermit hat der Gedanke, daß nicht allein ethische Gesichtspunkte den Umfang der Offenbarungspflicht bestimmen [1]), auch gesetzliche Anerkennung gefunden, so daß nunmehr die praktischen Notwendigkeiten des Geschäftslebens hinreichend berücksichtigt sind [2]). Liegen die Voraussetzungen für eine Auskunftsverweigerung vor, was die Verwaltung zu beweisen hat [3]), darf sie gewisse Dinge verschweigen, sie darf und braucht aber nie die Unwahrheit zu sagen [4]).

Der Aktionär hat neben dem allgemeinen Recht auf Auskunft noch die Möglichkeit, eine Berichterstatttung und Auskunft zu bestimmten bemängelten Bilanzposten durch ein — gegebenenfalls wiederholtes — Vertagungsverlangen nach § 264 mittelbar zu erzwingen.

Aus allem Vorhergesagten ergibt sich, daß der deutsche Aktionär in keinem Falle das Recht hat, selber eine Kontrolle über die Angelegenheiten der Gesellschaft auszuüben. Information kann er immer nur durch Mittelsleute, entweder durch die Verwaltung oder durch die Prüfer, erhalten. Auf eine persönliche Einsicht in die Geschäftsbücher oder eine persönliche Besichtigung der Waren oder Geschäftsräume hat er kein Recht.

Das deutsche Recht gewährt dem Aktionär verschiedene gegeneinander scharf abgegrenzte Kontrollrechte. Die amerikanische Auffassung ist wesentlich anders. Vorausgeschickt sei, daß die amerikanische Praxis ganz allgemein der Geheimniskrämerei abhold ist, nicht nur in bezug auf die technische Einrichtung der Betriebe, sondern auch in bezug auf die Organisation und die finanzielle Seite [5]). Die Bilanzen, insbesondere die der größeren Gesellschaften, sind geradezu von vorbildlicher Offenheit und Klarheit, ohne durch eine gesetzliche Vorschrift hierzu gezwungen zu sein. Ebenso sind die Verwaltungen im allgemeinen gegenüber den einzelnen Aktio-

---

[1]) Rosendorff, Stille Reserven, S. 59ff.; Goldmann, Anm. 5 zu § 260, für das bisherige Recht.

[2]) Vgl. hierzu Schlegelberger-Quassowski-Schmölder, Anm. 35—38 zu § 260a.

[3]) Quassowski, J.W. 1931, 2925.

[4]) Neufeld, Anm. 3 zu § 260a; Lehmann-Hirsch, Anm. 14 zu § 260.

[5]) Es ist oft erstaunlich, mit welchem Freimut selbst ausländischen Ingenieuren Einblick in Fabrikationsmethoden usw. gestattet wird. Auf der anderen Seite wird die in Europa allgemein übliche Zurückhaltung in dieser Hinsicht von Amerikanern als befremdend empfunden und fälschlich als Spitze gerade gegen den Amerikaner aufgefaßt.

nären in der Offenlegung der Verhältnisse sehr loyal, so daß es in Informationsfragen seltener als in Deutschland zu einem Prozeß kommt [1]).

Wir vergegenwärtigen uns die im ersten Abschnitt erörterte Auffassung, daß die corporation ein Vertragsverhältnis ist, und daß die Direktoren in einem Vertragsverhältnis nicht nur zur Gesellschaft als solcher, sondern auch zu jedem einzelnen Aktionär stehen. Hieraus ergibt sich, daß die Aktionäre in ihrer Gesamtheit, also als Generalversammlung, ebenso aber auch einzeln, berechtigt sind, Auskunft über die Angelegenheiten der Gesellschaft zu verlangen. Dieses Recht kann sowohl innerhalb als auch außerhalb der stockholders' meetings ausgeübt werden und unterliegt keiner Beschränkung. Es darf nur nicht als Chikane ausgeübt werden; auch darf die Erteilung der Auskunft nicht zur Benachteiligung einer Gruppe von Aktionären gegenüber der anderen führen.

Das Recht der Aktionäre, sich über die Angelegenheiten der Gesellschaft zu unterrichten, ist aber nicht auf die Einholung von Auskünften bei der Verwaltung beschränkt, die ja doch immer alles nur durch ihre eigene Brille betrachtet und beurteilt. Der Aktionär hat auch die Möglichkeit einer unmittelbaren Information. Er hat das Recht, die Geschäftsbücher, den Betrieb und die Waren der Gesellschaft persönlich oder im Beistand eines Sachverständigen in Augenschein zu nehmen, zu prüfen und sich von den Geschäftsbüchern und Geschäftspapieren Abschriften anzufertigen. Das alte englische Recht, das aber insoweit nach Amerika nicht übernommen ist, vertrat den Standpunkt, daß zwar jeder Partner einer partnership (O.H.G.) das Recht habe, die Bücher jederzeit einzusehen, daß aber diese Regel für den stockholder nicht gelte. Nach dieser Auffassung konnte ein stockholder nur dann persönlich die Gesellschaft kontrollieren, wenn ein besonderer Anlaß zum Mißtrauen vorlag. »The right of a stockholder to examine the books and papers of the corporation is not unlimited. . . . . He can insist upon and enforce the right when he has a good and specific reason for making the examination and where his purpose is a proper one, but not otherwise. He cannot do so from mere curiosity, or for merely speculative purposes, or for reasons not connected with his rights as a stockholder, or vexatiously, but at common law at least, he can do so only when he asserts the right in good faith, and for a specific, honest purpose, and where there is a particular matter in dispute involving

[1]) Hierüber berichtet schon Solmssen, Bank-Archiv 26, 47.

and affecting seriously his rights as a stockholder.«[1]) (Das Recht des stockholders, die Bücher und Papiere der Gesellschaft zu prüfen, ist nicht unbeschränkt. Er kann nur dann auf diesem Recht bestehen und dessen Durchführung erzwingen, wenn er einen besonderen guten Grund für die Prüfung hat, und wenn seine Motive für diese Prüfung einwandfrei sind, sonst nicht. Er kann keine Prüfung vornehmen aus Laune, nur um auszukundschaften, aus Gründen, die nicht mit seinen Rechten als Gesellschafter in Zusammenhang stehen, oder aus Schikane, sondern, wenigstens nach common law, steht ihm das Recht zur Prüfung nur dann zu, wenn er es geltend macht in gutem Glauben, für einen speziellen ehrlichen Zweck, und wenn eine einzelne Angelegenheit streitig ist, die seine Rechte als stockholder betrifft und angeht.) Ähnlich die englische Entscheidung Rex v. Marchant Tailors' Co.[2]): »It is necessary, that there should be some particular matter in dispute, between members, or between the corporation and individuals in it; there must be some controversy, some specific purpose in respect of which the examination becomes necessary«. (Es ist nötig, daß eine besondere Sache zur Erörterung steht, entweder zwischen einzelnen Gesellschaftern oder zwischen der Gesellschaft und an ihr beteiligten Personen; es muß sich also um eine Kontroverse, zugespitzt auf einen besonderen Fall, handeln, wegen dessen die Prüfung der Bücher notwendig ist.)

Das amerikanische Recht hat die englischen Beschränkungen des Kontrollrechtes nicht übernommen. Es steht vielmehr auf dem Standpunkt, daß jeder Aktionär sich ohne Angabe eines Grundes von dem Zustand der Gesellschaft persönlich überzeugen kann. Er darf während der regelmäßigen Geschäftsstunden die Bücher, Papiere, Läger und den Betrieb in Augenschein nehmen. Ballantine[3]) begründet diesen Standpunkt wie folgt: »The claim of the stockholder to know how the affairs of the company are being conducted is founded on the necessity of self-protection. Managers of some corporations try to keep the stockholders in ignorance or under misapprehension on the condition of affairs. Business prudence demands that the investor be vigilant to watch whether the capital which he has risked in the interprise is being profitably and honestly employed. Those in charge of this company might be guilty of gross incompetency or dishonesty for many years if the stockholders could

[1]) Ballantine, a. a. O., S. 548, welcher sich an die Entscheidung Bank of Bombay v. Suleman Somji, 99 Law Times Rep. (N. S.) 62, anschließt.

[2]) 2 Barn. & Adol. 115.

[3]) a. a. O., S. 546.

not inspect the records and obtain information«. (Das Recht des Aktionärs, zu wissen, wie die Angelegenheiten der Gesellschaft geführt werden, gründet sich auf die Notwendigkeit des Selbstschutzes. Die Leiter mancher Unternehmungen versuchen, die Aktionäre in Unwissenheit zu halten oder gar sie über die Geschäftslage zu täuschen. Die Geschäftsklugheit verlangt, daß der Geldgeber scharf darüber wacht, daß das Geld, welches er in der Unternehmung riskiert hat, ehrlich und zu seinem Vorteil verwandt wird. Die amtierenden Leiter des Unternehmens können sich große Unwissenheit und Unehrlichkeit durch viele Jahre hindurch zuschulden kommen lassen, wenn die Aktionäre nicht die Bücher kontrollieren und sich Aufklärung verschaffen können.)

In einer anderen amerikanischen Entscheidung [1]) ist gesagt: »The stockholders of a corporation are the equitable owners of its assets, and the officers act in a fiduciary relation as agents of the corporation and of the stockholders. They should be ready to account to the stockholders for their doings at all reasonable times, and the stockholders have a right to inspect their records and accounts, to ascertain whether they are faithful, honest and intelligent in the performance of their duties. There is no good reason, why the stockholders, acting in good faith and for the purpose of advancing the interest of the corporation and protecting their rigths as owners, should not be permitted to examine the corporate property, including the books and accounts«. (Die Aktionäre sind in equity die Eigentümer des Gesellschaftsvermögens, und die Direktoren handeln als treuhänderische Vertreter für die Gesellschaft und die Aktionäre. Sie müssen sich dazu verstehen, den Aktionären für ihre Handlungen zu jeder vernünftigen Zeit Rechenschaft abzulegen, und die Aktionäre haben das Recht, die Buchführung und die Konten nachzuprüfen, um festzustellen, ob die Direktoren sich treu, ehrlich und sachkundig bei der Erfüllung ihrer Pflichten verhalten. Es läßt sich kein verständiger Grund dafür anführen, warum Aktionären, die in gutem Glauben zum Zweck der Förderung der Gesellschaftsinteressen und zum Schutze ihrer Rechte als Gesellschafter handeln, nicht erlaubt werden sollte, das Vermögen der Gesellschaft in Augenschein zu nehmen, einschließlich der Bücher und Konten.)

Diese Auffassung ist absolut herrschende Lehre [2]). Die Aus-

---

[1]) Varney v. Baker, 194 Massachusetts 239.

[2]) Vgl. Guthrie v. Harkness, 199 U. S. 148, 50 L. Ed. 130, 26 Sup. Ct. 4; In re Steinway, 159 New York 250; Heminway v. Heminway, 58 Connecticut 443.

übung der Kontrolle kann dem Aktionär nur dann verwehrt werden, wenn ihm nachgewiesen wird [1]), daß sein Prüfungsbegehren sich als Mißbrauch darstellt. Beispiele für mißbräuchliche Kontrollzwecke sind die Vorbereitung einer Erpressung [2]), die Behinderung des Geschäftsbetriebes, das Ausspionieren von Geschäftsgeheimnissen [3]), die Förderung von unlauterem Wettbewerb usw. Nur das redliche Auskunftsverlangen ist geschützt. Im Gegensatz zum deutschen Recht auch der Wunsch, sich über Bewertungsfragen zu orientieren und sich Aufklärungen zu verschaffen, die mit der Kontrolle der Geschäftsführung nicht in Zusammenhang stehen, also z. B. sich an Hand eigener Beobachtungen über die Wahrscheinlichkeiten der Kursbewegung zu informieren. Der Aktionär ist also bei seinem Auskunftsverlangen keineswegs auf Fragen im Zusammenhang mit dem Geschäftsbericht, mit Bilanzposten oder Punkten der Abstimmung in der Aktionärversammlung beschränkt. Ballatine [4]) nennt einige Beispiele zulässiger Motive der Inspektion durch den Aktionär: »To ascertain the financial condition or propriety of dividends, or the value of the stock and wether there has been mismanagement; in anticipation of corporate meetings where important questions are to be voted on in aid of litigation with the corporation or its officers«. (Um die finanzielle Lage oder die Angemessenheit von Dividenden festzustellen, oder den wahren Wert der Aktien herauszufinden oder eine eventuelle Mißwirtschaft aufzudecken; außerdem die bloße Vorbereitung für Generalversammlungen, auf denen über wichtige Fragen abgestimmt werden soll, oder auch als Hilfsmaßnahmen in einem Rechtsstreit mit der Gesellschaft oder ihren Beamten). Die Aktionäre können von der Verwaltung also Auskunft verlangen, genau wie es der Gesellschafter einer O.H.G. kann. Sein Kontrollrecht geht sogar soweit, daß die Gesellschaft verpflichtet ist, ihre Geschäftsunterlagen zum Zwecke der Nachprüfung von außerhalb in das Gebiet des Staates zu bringen, wo sie inkorporiert ist. Der kontrollierende Aktionär braucht sich nicht nach auswärts verweisen zu lassen [5]).

---

[1]) Bernert v. Multnomah Lumber & Box Co., — Oregon —, 247 Pac. 155.

[2]) Lien v. Savings, Loan & Trust Co., 43 North Dakota 260, 174 N. W. 621; (Der Präsident der Gesellschaft sollte gezwungen werden, den betreffenden Aktionär auszukaufen).

[3]) In re Wygant, 101 N. Y. Misc. 509, 167 N. Y. Suppl. 369.

[4]) a. a. O., S. 549.

[5]) Huylar v. Cragin Cattle Co., 40 New Jersey Eq. 392, 2 Atl. 274; Mitchell v. Rubber Reclaiming Co. (N. J. Eq.), 24 Atl. 407.

Die Bedenken, die einem so weitgehenden Auskunfts- und Kontrollrecht des Aktionärs entgegenstehen, sind in der amerikanischen Literatur und Rechtsprechung keineswegs unerörtert geblieben. Der Supreme Court von New Jersey [1]) schildert besonders drastisch die Gefahren des Mißbrauchs und der Behinderung für die Gesellschaft durch die Kontrolle der Aktionäre. »I can conceive of no monster of the jungle or the most vivid imagination, that could unsettle the nerves of a corporation director when angaged in rejuvenating an embarassed company, as the appearance of Mr. Venner in search of information«. (Ich kann mir kein Ungeheuer der Wüste, noch ein Gespenst einer noch so regen Phantasie vorstellen, daß die Nerven eines Direktors, der sich abmüht, sich mit seiner Gesellschaft aus Schwierigkeiten wieder herauszuarbeiten, mehr aus dem Häuschen bringen könnte, als die Erscheinung von Mister Venner mit dem Verlangen nach »Aufklärung«!) Gleichwohl ist die Tendenz der amerikanischen Entwicklung keineswegs auf eine Abschwächung der Aktionärrechte in diesem Punkte gerichtet, sondern geht vielmehr darauf hinaus, sie weiter zu verstärken. So geht eine moderne, auch in die Rechtsprechung verschiedener Staaten übernommene Lehre dahin, dem Aktionär jede Auskunftseinholung zu gestatten, wenn sie der Gesellschaft nicht schadet, also auch dann, wenn sie unstreitig gar nicht mit den Gesellschaftsinteressen zusammenhängt. So ist z. B. in Maine [2]) entschieden worden, daß die Gesellschaft einem Aktionär die Einsicht in ihre Aktionär- und Kundenlisten gestatten müsse, obwohl der Aktionär, ein Effektenhändler, unstreitig die erfahrenen Namen in seinem eigenen Geschäft gebrauchen wollte. Weit verbreitet ist die Rechtsprechung, daß Aktionäre ohne Angabe von Gründen immer eine Liste der Aktionäre mit Angabe der Adresse und des Aktienbesitzes verlangen können [3]). Bezeichnend für die Tendenz, die Auskunftsrechte der Aktionäre zu stärken, ist die in neueren Entscheidungen anzutreffende Auffassung, daß es auf die Motive des Auskunftsverlangens, seien sie gut oder verwerflich, gar nicht ankomme, da es in vielen Fällen den Aktionär von vornherein von einer Prüfung abschrecken werde, wenn er sich der Gefahr ausgesetzt sehe, über sein Recht hierzu erst prozessieren zu müssen [4]). Neuerdings ist in mehreren Staaten das Recht der

---

[1]) General Inv. Co. v. American Hide and Leather Co., 97 N. J. Eq. 214, 127 Atl. 529.

[2]) White v. Manter, 109 Maine 408, 84 Atl. 890, 42 A. L. R. (N. S.) 332.

[3]) Hauser v. New York Water Co., 278 Pensylvania 387, 123 Atl. 330.

[4]) Vgl. Johnson v. Langdon, 135 California 624, 67 Pac. 1050; Venner v. Chicago City Ry Co., 246 Illinois 170, 92 N. E. 643.

Aktionäre auf Auskunft und Kontrolle durch Statut neu geregelt worden, und zwar ausnahmslos in erweiterndem Sinne. So machen manche Statutes das unbedingte Recht auf Kontrolle zum Gesetz [1]. Andere, so z. B. New York [2], legen sogar der Gesellschaft oder dem Direktor, der sich der Einsichtnahme widersetzt, eine Strafe von $ 250.— auf, zahlbar an den benachteiligten Aktionär, ohne daß es darauf ankäme, ob diesem ein Schaden erwachsen ist [3].

b) Der Gebrauch des Stimmrechts, insbesondere die Stimmrechtsbeschränkungen.

Bei Abstimmungen in der Generalversammlung kann die Annahme eines Antrages einstimmig erfolgen, oder aber auch mit den Stimmen einer Mehrheit gegen eine Minderheit. Im letzteren Falle wird die Minderheit regelmäßig auf dem Standpunkt stehen, die Gesellschaft habe sich falsch entschieden. Es liegt jedoch im Wesen der demokratisch angelegten Aktiengesellschaft, daß die Minderheit sich fügen muß. Man kann zwar nicht sagen, die Mehrheit habe stets die bessere Einsicht. Sie wird aber normalerweise das tun, was sie für das beste hält, ist es doch überwiegend ihr eigenes Geld, das sie aufs Spiel setzt. Im allgemeinen wird das Selbstinteresse der Aktionäre der wirksamste Schutz gegen Mißwirtschaft sein. In Fragen der Geschäftspolitik reicht der Schutz freilich nicht weiter als die Redlichkeit und die Fähigkeiten der Mehrheit.

Die deutschen wie die amerikanischen Gerichte haben es bei Streitigkeiten über Generalversammlungsbeschlüsse gleicherweise abgelehnt, sich auf die Prüfung von Zweckmäßigkeitsfragen der Geschäftspolitik einzulassen, da es für solche einen juristischen Maßstab nicht gibt und die wirtschaftliche Seite den Rahmen der Sachkunde des Gerichts überschreitet. In bemerkenswerter Weise hat dies der Supreme Court von Michigan ausgesprochen und gleichzeitig Henry Ford das Zeugnis eines erstklassigen Geschäftsmannes

---

1) Da das Recht auf Büchereinsicht und Auskunft ursprünglich ein Recht nach common law ist, wird es prozessual durch eine Klage in law geltend gemacht, auf die ein writ of mandamus ergeht. Eine injunction in equity ist selten gewährt und kommt nur da in Frage, wo ein writ of mandamus keine angemessene Hilfe bietet. Über prozessuale Einzelheiten vgl. Ballantine, a. a O., S. 553 f.

2) Vgl. Henry v. Babcock & Wilso Co., 196 N. Y. 302. Das Statut, damals section 33 of chapter 59 of the Consolidated Laws, ist nach dieser Entscheidung zitiert.

3) Kelsey v. Pfaundler Process Fermentation Co., 51 Hun (N. Y. Suppl.) 723.

ausgestellt, indem er sagt [1]): »The judges are not business experts. . . . . The experience of the Ford Motor Company is evidence of capable management of its affairs«. (Richter sind nicht Sachverständige des Geldverdienens. . . . . Hingegen sind die Erfahrungen, die man mit der Ford-Gesellschaft gemacht hat, ein hinreichender Beweis für eine sachkundige Geschäftsführung.) Das Gericht schließt hieraus, es dürfe sich in seinen Entscheidungen niemals auf eine Beurteilung von Zweckmäßigkeitsfragen der Geschäftspolitik einlassen, sondern müsse sich auf die Prüfung von Rechtsfragen beschränken. Für die Praxis ergibt sich hieraus, daß das Gericht bei der Beurteilung von Generalversammlungsbeschlüssen also immer die Politik als für die Gesellschaft günstigste unterstellen muß, die eine redliche Mehrheit dafür hält.

Dieser Grundsatz muß jedoch einige Einschränkungen erfahren. Im Fall der Interessenkollision, d. h. wenn abstimmende Aktionäre nicht nur auf der Seite der Gesellschaft, sondern auch auf der Gegenseite beteiligt sind, kann man bei ihnen eine sachliche Entscheidung nach bestem Wissen und Gewissen und einen unbefangenen Blick nicht immer voraussetzen. Das Reichsgericht [2]) sagt hierzu: »Von einem selbst Beteiligten kann nicht erwartet werden, daß er das eigene Interesse dem Interesse der Gesellschaft nachstelle«. Diese Erwägung hat in Deutschland den Rechtsgedanken zur Anerkennung gebracht, daß man in Fällen widerstreitender Interessen die Entscheidung nach Möglichkeit den Unbeteiligten, also den lediglich im Interesse der Gesellschaft urteilenden Aktionären vorbehalten soll, ein Rechtsgedanke, der uns in §§ 34 BGB., 252 HGB., 43 III Gen. Ges., 47 IV GMBH.-Ges., 36 des Ges. über die privaten Versicherungsunternehmen, entgegentritt. § 252 III lautet: »Wer durch die Beschlußfassung entlastet oder von einer Verpflichtung befreit werden soll, hat hierbei kein Stimmrecht und darf ein solches auch nicht für andere ausüben. Dasselbe gilt von einer Beschlußfassung, welche die Vornahme eines Rechtsgeschäftes mit einem Aktionär oder die Einleitung oder Erledigung eines Rechtsstreits zwischen ihm und der Gesellschaft betrifft«. Diese Vorschrift führt den obengenannten Rechtsgedanken keineswegs bis zu den letzten Konsequenzen durch. Nach feststehender Rechtsprechung bezieht sich Satz 2 dieser Vorschrift, die Abstimmung über Rechtsgeschäfte mit dem Aktionär betreffend, nur auf solche Fälle, wo der Aktionär der Gesellschaft als Dritter gegenübertritt, nicht dagegen auf solche,

[1]) Dodge v. Ford Motor Co., 204 Mich. 459, 170 N. W. 668, 3 A. L. R. 413.

[2]) RGZ. 60, 173.

wo er in Betätigung des ihm nach der Satzung zustehenden Rechtes auf Mitverwaltung durch Ausübung des Stimmrechtes in der Generalversammlung bei einem Beschluß mitwirkt, durch den eine innere Angelegenheit der Gesellschaft geregelt wird. Als innere Angelegenheit der Gesellschaft gilt insbesondere, wenn Mitglieder des Vorstandes oder Aufsichtsrates gewählt werden. Hierbei kann jeder Aktionär sich selbst die Stimme geben [1]). Ein zum Vorstands- oder Aufsichtsratsmitglied gewählter Aktionär darf auch über einen Antrag abstimmen, der seine Abberufung auf Grund der §§ 231 III bzw. 243 IV zum Gegenstand hat [2]). Diese Rechtsprechung beruht auf der Erwägung, daß bei Beschlüssen, durch die ein Organ der Gesellschaft gebildet oder ergänzt wird, ein »Widerstreit der wechselseitigen Interessen nicht besteht« [3]) und der Ausschluß des Stimmrechts bei diesen »eher zur Schädigung als zur Förderung des Gedeihens der Gesellschaft führt« und damit das Gegenteil von dem, was § 252 III bezweckt, erreicht wird.

In der Praxis schließt die Bestimmung des § 252 III jedoch keineswegs bei jeder Interessenkollision den Einfluß des wirtschaftlich Beteiligten aus. Das liegt insbesondere daran, daß die Generalversammlung einer deutschen Aktiengesellschaft, von wenigen Ausnahmefällen abgesehen, kaum in die Lage kommt, selbst Rechtsgeschäfte abzuschließen. Der Abschluß von Rechtsgeschäften liegt vielmehr in Händen des Vorstandes oder (seltener) des Aufsichtsrates. Wird nun darüber abgestimmt, ob irgend ein Geschäft mit einem Aktionär abgeschlossen werden soll, und geht der Antrag

---

1) RGZ. 60, 172; 74, 276 besagt für die G. m. b. H., daß ein Gesellschafter bei der Wahl eines Geschäftsführers für sich selbst die Stimme abgeben könne und u. U. sogar über die Regelung seiner Bezüge mit abstimmen könne, nämlich dann, wenn die Bestellung zum Geschäftsführer und der die Gehaltsregelung enthaltende Dienstvertrag einen einheitlichen untrennbaren Akt bilden und sich zueinander verhalten wie die Bestandteile eines Vertrages. Dagegen Brodmann, Anm. 5 c zu § 252. Vgl. auch RG. Holdh. 1911, 120; RG. Recht 1919, 662, RG. LZ. 1917, 394.

2) RGZ. 75, 234 hatte, allerdings ohne daß die Entscheidung hierauf beruhte, angenommen, daß bei einem Antrage über die vorzeitige Abberufung das Vorstandsmitglied wegen seines »zum mindesten moralischen Interesses an der Behauptung seiner Stellung« kein Stimmrecht habe. ER 81, 37 gibt diese Ansicht ausdrücklich auf, da § 252 III nur für Individualrechte gelte und außerdem wegen der Möglichkeit einer endlosen Folge von Absetzung und Wiederwahl die Versagung des Stimmrechts bei der Abberufung als praktische Unmöglichkeit erscheinen lasse. Ebenso RG. JW. 1915, 195; RG. JW. 1919, 313; RGZ. 104, 182.

3) RGZ. 60, 173.

dahin, den Vorstand zum Abschluß zu ermächtigen, so darf der beteiligte Aktionär trotz seines wirtschaftlichen Interesses mit abstimmen, da der Beschluß das Rechtsgeschäft nicht im Sinne des § 252 III betrifft. Der Vorstand hat ja immer noch die theoretische Möglichkeit, das Geschäft nicht oder anders als beschlossen abzuschließen [1]). Aus ähnlichen Gründen darf ein Aktionär das Stimmrecht ausüben, wenn es sich um die »Genehmigung« eines Rechtsgeschäftes handelt, das der Vorstand mit ihm abgeschlossen hat. Ist das Rechtsgeschäft für die Gesellschaft im Augenblick der Abstimmung bereits bindend, so hat die Genehmigung nur Bedeutung für das Innenverhältnis zwischen Vorstand und Gesellschaft; sie wirkt als Entlastung [2]). Nur wenn die Genehmigung der Generalversammlung zum Zustandekommen des Geschäftes erforderlich ist, wenn also z. B. der Vorstand unter Vorbehalt der Genehmigung der Generalversammlung abgeschlossen hat, kommt § 252 III zum Zuge [3]).

Tatsächlich — nicht rechtlich — wird die Bedeutung des § 252 III noch dadurch eingeschränkt, daß eine Umgehung dieser Vorschrift durch unentdecktes Vorschieben von Strohmännern im Wege der Legitimationszession oder treuhänderischen Übertragung verhältnismäßig leicht ist. Das Reichsgericht hat außerdem angenommen, daß auch der Erwerber von Aktien, die ausdrücklich zur Umgehung des § 252 III übertragen worden sind, nicht vom Stimmrecht ausgeschlossen ist, wenn nur die Übertragung nicht zum Schein erfolgt ist und der Erwerber keine Bindung bezüglich seiner Stimmabgabe eingegangen ist [4]).

Nach allem ist der praktische Wert des § 252 III ziemlich zweifel-

[1]) RG. Holdh. 15, 244; RGZ. 68, 241; eingehend über den Unterschied zwischen Ermächtigung und Vornahme des Geschäftes durch die Generalversammlung selber RGZ. 108, 326. Die Entscheidung desselben Senats RGZ. 104, 128, die § 47 IV GmbH.-Gesetz auf die »Ermächtigung« angewandt hatte, ist damit überholt.

[2]) RGZ. 115, 246 (250): »In einem Falle, wo der Vorstand das Rechtsgeschäft schon rechtsgültig abgeschlossen hat und es sich nur noch um die Entlastung der Verwaltung handeln kann, ist der Vertragsgegner, der zugleich Aktionär ist, nicht gehindert, über die Beschlußfassung bei der nachträglichen Genehmigung mitzuwirken«. Ebenso RG. DJZ. 1924, 317. In der Literatur wird diese Theorie des Reichsgerichts heftig bekämpft. Vgl. Brodmann, Anm. 5 b zu § 252, und Anm. 2 zu § 275; Staub-Pinner, Anm. 25 zu § 252 mit weiteren Angaben.

[3]) RGZ. 89, 367 (382).

[4]) RGZ. 85, 170; bekämpft von Brodmann, Anm. 5 d zu § 252; Flechtheim, J. W. 1925, 990; Bondi, DJZ. 1914, 908; Pinner, JW. 1916, 990.

haft. Am bedeutsamsten, weil schwer zu umgehen, ist er bei denjenigen Geschäften, die von der Generalversammlung selbst vorgenommen werden müssen. Und gerade bei dem Hauptfall dieser Art, der Fusion, ist die Versagung des Stimmrechts am wenigsten gerechtfertigt. Deshalb stehen auch die Reformbestrebungen dem § 252 III ablehnend gegenüber. Im Bericht der Aktienrechtskommission des 34. deutschen Juristentages heißt es [1]: »Die Aufrechterhaltung des § 252 III führt entweder dazu, die Fusion in das Ermessen das Minderheit zu stellen, oder sie veranlaßt die Mehrheit, auf Umwegen ihren Willen durchzusetzen. .... Die Bestimmung hat ... soweit sie das Stimmrecht eines Aktionärs bei Vornahme eines Rechtsschäftes ausschließt, aus rechtlichen und wirtschaftlichen Gründen keine Berechtigung mehr. ..... Falls sie wirklich eingehalten wird, beruft sie die Minderheit zur Entscheidung. Die Kommission empfiehlt daher, § 252 III Satz 2 zu streichen«.

Zur Erleichterung der Durchführung des Vergleiches mit dem amerikanischen Recht sei, wenn auch unter Durchbrechung des Systems der Untersuchung, darauf hingewiesen, daß für den Fall eines Widerstreits der Interessen der Gesellschaft mit dem persönlichen Interesse eines Vorstands- oder Aufsichtsratsmitgliedes das deutsche Recht keine besondere aktienrechtliche Schutzvorschrift enthält, die das Stimmrecht des Verwaltungsmitgliedes bei Abstimmungen innerhalb des Verwaltungsorgans ausschließt oder seine Vertretungsbefugnis beschränkt. In solchen Fällen kommen nur die allgemeinen Vorschriften zur Anwendung, insbesondere § 181 BGB., wonach ein Vorstandsmitglied im Zweifel nicht berechtigt ist, im Namen der Gesellschaft mit sich im eigenen Namen oder als Vertreter eines Dritten ein Rechtsgeschäft vorzunehmen, es sei denn, daß das Rechtsgeschäft ausschließlich in der Erfüllung einer Verbindlichkeit besteht. Außerdem bedroht § 312 Mitglieder des Vorstandes oder des Aufsichtsrats, die absichtlich zum Nachteile der Gesellschaft handeln, mit krimineller Strafe.

In Amerika ist das Problem der Interessenkollision beim management der Gesellschaften ein noch bedeutsameres Problem als in Deutschland, da dort die Verschachtelung von Gesellschaften und außerdem das Bestreben, Geld lediglich durch Finanzierungsmanöver zu verdienen, viel verbreiteter ist als in Deutschland. Zum Schutz gegen die aus der Interessenkollision möglicherweise erwachsenden Schädigungen hat das amerikanische Recht ganz andere

[1]) S. 30.

Wege beschritten als das deutsche. Während § 252 III im Falle der Interessenkollision dem beteiligten Aktionär das Stimmrecht nimmt und durch diese mechanische Verfahrensvorschrift das Wohl der Gesellschaft zu sichern bestrebt ist, kennt das amerikanische Recht keine Stimmrechtsbeschränkung wegen widerstreitender Eigeninteressen, sondern stellt es in seinen Schutzvorschriften nur auf den Inhalt des gefaßten Beschlusses ab. Ein wirtschaftlich beteiligter Aktionär darf stets mitstimmen, aber alle gefaßten Beschlüsse unterliegen der Nachprüfung unter dem Gesichtspunkt der mißbräuchlichen Majorisierung. Unredliche und unfaire Beschlüsse, die die Minderheit benachteiligen, unterliegen der Aufhebung durch das Gericht. Ohne hier der späteren Behandlung des Majorisierungsproblems vorgreifen zu wollen, sei nur bemerkt, daß die amerikanischen Gerichte bei dieser Prüfung an die Beschlüsse einen weit strengeren Maßstab anlegen als in Deutschland. Während das deutsche Recht, das die Aktiengesellschaft als Körperschaft ansieht, gegen Generalversammlungsbeschlüsse, die von der Mehrheit unter Mißbrauch ihrer Machtstellung zum Schaden der Gesellschaft und der Minorität gefaßt sind, nur einen Schutz nach Deliktsgrundsätzen gewährt, prüft das amerikanische Recht, das von dem Bestehen eines Vertragsverhältnisses zwischen den stockholders ausgeht, die Beschlüsse auch unter dem Gesichtspunkt der Vertragsverletzung, wodurch natürlich der Minderheit ein viel weitgehenderer Schutz gewährt wird.

Zur Gewährung des Stimmrechts auch in den Fällen, wo der Aktionär ein persönliches Interesse hat, ist das amerikanische Recht durch die Erwägung bestimmt worden, daß bei einem stockholders' meeting jeder stockholder einzig und allein sich selbst und seine persönlichen Interessen vertritt und in keiner Weise als Treuhänder oder Vertreter für andere handelt [1]). In der grundlegenden Entscheidung Northwestern Transportation Co. v. Beatty [2]) hatten die Direktoren auf Antrag des Direktors Beatty die Frage vor die Generalversammlung gebracht, ob die Gesellschaft von eben diesem Direktor zu einem übrigens unstreitig angemessenen Preis ein Dampfschiff kaufen sollte. Das Gericht entschied, daß der Direktor Beatty, dem die Mehrheit der Aktien gehörte, in der Generalversammlung mitstimmen dürfe, da die Erwerbung des Schiffes eine reine Frage der Geschäftspolitik sei, und der Ausschluß des Direktors vom

[1]) Du Pont v. Du Pont, 251 Fed. 937, 256 Fed. 129.

[2]) Transportation Co. v. Beatty, L. R. 12 App. Cas. 539 (kanadische Entscheidung).

Stimmrecht die Entscheidung über die Geschäftspolitik in die Hände der Minorität legen würde anstatt in die der Majorität. Auf diese Entscheidung Transportation Co. v. Beatty baut sich eine umfangreiche Rechtsprechung auf, die auch dem beteiligten Aktionär das Stimmrecht gewährt [1]). Besonders weit geht die bekannte Windmuller-Entscheidung [2]). Dort hatte die Holding-Gesellschaft B die Mehrheit des allein stimmberechtigten common stock der Produktions-Gesellschaft A erworben und hierbei deren first preferred stock eine Dividende von 6%, dem second preferred stock eine solche von 2% garantiert. Gleich nach dem Erwerb stellte dann die Gesellschaft in der Generalversammlung der Gesellschaft B den Antrag, die Gesellschaft aufzulösen, um auf diese Weise die ihr lästige Zinsgarantie von selbst los zu werden. Das Gericht entschied, daß die Gesellschaft A trotz ihres großen eigenen Interesses, welches dem Interesse der Minderheit und dem der preferred stockholders entgegengesetzt war, bei der Abstimmung das Stimmrecht ausüben und die Auflösung der Gesellschaft B durchsetzen könne. Die Entscheidung ist deshalb besonders interessant, weil darin, übrigens unter Berufung auf die obengenannte Entscheidung im Falle Transportation Co. v. Beatty, gesagt ist, daß der Aktionär bei der Abstimmung nur seine eigenen Interessen zu beachten brauche und sich über die Interessen der Minderheit und sogar über die objektiven Interessen der Gesellschaft selbst hinwegsetzen dürfe. Es heißt dort in einem Vergleich der Stellung des Direktors mit der des Aktionärs: »Directors, by whomsoever elected, are the representatives of all the stockholders, and, as such, are charged with the duty of administering the affairs of the company for the equal benefit of their cestuis que trust. But the doctrine is new, that the stockholders are trustees one for another, or that an interest of one stockholder, which in the judgment of another stockholder may seem to be adverse to his own, can opperate to prevent him from voting on his own stock as he sees fit. .... Every shareholder has a perfect right to vote upon any question, although he may have a personal interest in the subject-matter opposed to or different from the general or particular interests of the company«. (Die Direktoren, von wem sie auch gewählt sind, nehmen die Interessen aller stockholders wahr, und sind allgemein verpflichtet, die Angelegenheiten der

---

[1]) Bjorngaard v. Goodhue Bank, 49 Minnesota 483; United Staates Steel Corporation v. Hodge, 64 New Jersey Eq. 807; Russell v. Patterson Co., 232 Pennsylvania 113; Middleton u. Arastraville Mining Co., 146 California 219.

[2]) Windmuller v. Standard Distilling & Distributing Co., 114 Fed. 491.

Gesellschaft so zu führen, wie es gleicherweise im Interesse aller dieser Treugeber liegt. Aber es geht zu weit zu behaupten, daß die stockholders sich untereinander in einer Treuhandstellung befinden, oder daß das persönliche Interesse eines stockholders, welches dem Interesse eines anderen Stockholders nach dessen Urteil zuwiderläuft, als ein Hinderungsgrund wirken kann, das Stimmrecht für seine Aktien ganz nach seinem Gutdünken auszuüben. . . . . Jeder stockholder hat ein vollkommenes Recht, sich an der Abstimmung über jede Frage zu beteiligen, gleichgültig, ob er in der Angelegenheit ein Interesse hat, welches von den allgemeinen oder besonderen Interessen der Gesellschaft verschieden ist oder ihnen entgegensteht.)

Um ein vollständiges Bild vom amerikanischen Recht zu geben, sei hier eine kurze Darstellung der Grundsätze über den Interessenkonflikt zwischen Direktor und Gesellschaft eingefügt. Der Interessenkonflikt zwischen Direktor und Gesellschaft, über den es im deutschen Recht keine besonderen aktienrechtlichen Vorschriften gibt, ist im amerikanischen Recht sehr eingehend geregelt [1]). Zunächst einmal haben wir den dem § 181 BGB. entsprechenden Grundsatz, daß der Direktor einer corporation ein Rechtsgeschäft nicht gleichzeitig für diese und den Vertragsgegner abschließen darf. In der Behandlung der Fälle, in denen dies geschehen ist, ist die Rechtsprechung jedoch nicht einig. Die englischen und eine Anzahl von amerikanischen Gerichten stehen auf dem Standpunkt, daß jeder Vertrag, in dem ein Direktor gleichzeitig für die corporation und sich selbst oder eine von ihm vertretene dritte Person tätig war, nach Wahl der Gesellschaft als nichtig zu behandeln ist, ohne daß es überhaupt darauf ankäme, ob die corporation geschädigt ist oder nicht [2]). Diese Auffassung beruht auf der Erwägung, daß die corporation in jedem Fall auf den von eigenen Interessen unbeeinflußten Beistand aller Direktoren, nicht nur der im Einzelfall unbeteiligten, Anspruch hat [3]). Die heute herrschende Lehre schränkt diese ältere

---

1) Der Abschnitt über »Stockholders having a personal interest« nimmt im Lehrbuch von Clark, S. 597, und dem von Ballantine, S. 568, je eine Seite ein, während die Lehre über »Personal Interest of Directors« bei Ballantine, S. 376 ff. und bei Clark, S. 638, 22 bzw. 10 Seiten beansprucht.

2) Die führende englische Entscheidung ist Aberdeen Ry Co. v. Blakie Bros., 1 Macq. H. L. Cas. 461; Imperial Mercantile Association v. Coleman, L. R. 6 H. L. 189. Amerikanische Entscheidungen: Munson v. Syracuse G. C. R. Co., 103 New York 58, 8 N. E. 355; Porter v. Lassen, 127 California 261; Clark v. Am. Coal Co., 86 Iowa 436, 449.

3) Ballantine, a. a. O., S. 386.

Auffassung dahin ein, daß die corporation einen Vertrag, bei dessen Abschluß auf der Gegenseite einer ihrer Direktoren mitgewirkt hat, dann gegen sich gelten lassen muß, wenn er auf ihrer Seite gültig von unbeteiligten Personen abgeschlossen ist, oder wenn die für sie handelnden Personen auch ohne Berücksichtigung des auch auf der Gegenseite beteiligten Direktors die Gesellschaft vollgültig vertreten konnten [1]). Die unbeteiligten Direktoren tragen in solchen Fällen allein die Verantwortung. Einige ganz neue Entscheidungen, die für die Abneigung des anglo-amerikanischen Juristen gegen strikte Rechtsregeln und formelle Kriterien besonders bezeichnend sind, gehen noch einen Schritt über diese hinaus. Sie nehmen an, daß Rechtsgeschäfte, die unter Mitwirkung eines persönlich beteiligten Direktors zustande gekommen sind, zwar grundsätzlich vernichtbar sind, daß aber die Vernichtbarkeit dadurch ausgeräumt werden kann, daß der Vertragsgegner die Fairness des Vertrages beweist [2]).

Beinahe die gleichen Grundsätze gelten für die sogenannten »interlocking directors«, d. h. solche Personen, die dem board of directors zweier Gesellschaften angehören, die ein Rechtsgeschäft miteinander abschließen. Der Supreme Court sagt über die Stellung dieser Direktoren [3]): »The relation of directors to corporations is of such a fiduciary nature that transactions between boards having common members are regarded as jealously by the law as are personal dealings between a director and his corporation, and where the fairness of such transactions is challenged the burden is upon those who would maintain them to show entire fairness and where a sale is involved the full adequacy of the consideration«. (Das Verhältnis eines Direktors zu seiner Gesellschaft ist so sehr Vertrauenssache, daß das Auge des Rechts Abschlüsse zwischen Gesellschaften, die gemeinsame Direktoren haben, ebenso mißtrauisch untersuchen muß, wie Abschlüsse zwischen der Gesellschaft und einem Direktor persönlich; in allen Fällen, wo die Fairness eines solchen Vertrages angezweifelt wird, liegt denjenigen, die die Anerkennung seiner Gültigkeit verlangen, der Beweis ob, daß der Vertrag absolut fair

[1]) People v. Township Board of Oberyssel, 11 Michigan 222; Pacific Vinegar & Pickle Porks v. Smith, 145 California 352, 78 Pac. 550; Cumberland Co. v. Parish, 42 Maryland 598. Tri-State Coal Timber Lands Association v. Neace, 92 West Virginia 196, 114 S. E. 569.

[2]) Minnesota Loan & Trust Co. v. Peteler Car Co., 132 Minnesota 277, 283, 156 N. W. 255; Ransome Concrete Michinery Co. v. Moody, 282 Fed. 29; Lazenby v. Henderson, 241 Massachusetts 177, 135 N. E. 302.

[3]) Geddes v. Annaconda Copper Mining Co., 254 U. S. 590, 599.

ist, und daß der Wert der Leistung der Gegenleistung entspricht.) [1]) Einige Jurisdiktionen behandeln solche Verträge ohne Rücksicht auf die Fairness als vernichtbar [2]), andere halten sie für gültig, wenn auf jeder Seite, ohne Einrechnung der gemeinsamen Direktoren, voll Vertretungsberechtigte abgeschlossen haben [3]).

Über diese dem § 181 BGB. ähnlichen Grundsätze hinaus gewährt das amerikanische Recht noch weiteren Schutz gegen eigensüchtiges Handeln der Direktoren, worauf hier jedoch nur kurz eingegangen werden kann. Wenn sich einem Direktor eine Gelegenheit bietet, im Interessenbereich der corporation ein Geschäft zu machen, etwas zu kaufen [4]), zu mieten [5]), ein Patent zu erwerben [6]), o. ä., dann darf er diese Gelegenheit nicht für sich selbst ausnützen, sondern muß der corporation den Vortritt lassen. Hat der Direktor einen Wert der genannten Art pflichtwidrig für sich selbst erworben, so muß er, wenn die coproration es verlangt, sich so behandeln lassen, als ob er ihn treuhänderisch für die Gesellschaft erworben hätte. Bis zur Entscheidung der corporation trägt er das Risiko einer ungünstigen Entwicklung. Ähnliche Grundsätze gelten für den Fall, daß ein Direktor sich Forderungen gegen die corporation abtreten läßt. Ein Direktor darf Forderungen gegen seine corporation nur vor Fälligkeit und ohne Sicherung eines unbilligen persönlichen Vorteils diskontieren [7]), praktisch also nur dann, wenn er durch die Diskontierung der corporation einen lästigen Gläubiger vom Halse schafft, oder wenn nach der geschäftlichen Lage der Gesellschaft keine Kollusion zu besorgen ist [8]). Es soll verhindert werden, daß Direktoren Forderungen gegen ihre corporation billig erwerben, diese

---

[1]) Ebenso: Thomas v. Brownville R. R. Co., 109 U. S. 522; Irving Bank Columbia Trust Co. v. Stoddard, 292 Fed. 815.

[2]) O'Connor Mining Co. v. Coosa Furnace Co., 95 Alabama 614; Pittsburgh Ry. Co. v. Dodd. 115 Kentucky 176; San Diego v. San Diego R. R. Co., 44 California 106.

[3]) Booth v. Robinson, 55 Maryland 419, 441; Rolling Co. v. Railroad, 34 Ohio 450.

[4]) McClure v. Law, 161 New York 78, 55 N. E. 388; Higgins v. Lansingh, 154 Illinois 301, 40 N. E. 362.

[5]) Pike's Peak Co v. Pfuntner, 158 Michigan 412; McCourt v. Singers-Bigger, 145 Fed. 103.

[6]) Farwell v. Pyle-National Electric Haedlight Co., 289 Illinois 157, 124 N. E. 449.

[7]) Seymour v. Spring Forest Cimetery Association, 144 New York 333; Young v. Columbia Land & Investment Co., 53 Oregon 439, 99 Pac. 936, 101 Pac. 212.

[8]) Ft. Payne Rolling Mill v. Hill, 174 Massachusetts 224, 54 N. E. 532.

dann zum Nennwert geltend machen und in der Vollstreckung die Werte der corporation an sich bringen. — Auch mittelbar dürfen die Direktoren sich keinen persönlichen Vorteil zufließen lassen. Sie dürfen z. B. von Dritten keine Sondervergütungen annehmen. In einem Fall wurde es sogar für unerlaubt gehalten, daß ein Direktor sich von einem Aktionär beim Erwerb von qualification shares eine Kursgarantie hatte geben lassen. Er mußte das auf Grund der Kursgarantie Empfangene an die Gesellschaft abführen [1]). Es heißt in der Entscheidung wörtlich: »The director is really a watch-dog, and a watch-dog has no right without the knowkedge of his master to take a sop from a possible wolf«. (Der Direktor ist ein Wachthund, und ein Wachthund hat nicht das Recht, ohne Wissen seines Herrn von jemand einen Bissen anzunehmen, der möglicherweise ein Wolf ist.)

An § 252 III erinnert folgende aus den entwickelten Grundsätzen sich ergebende Regel: Bei Abstimmungen im board of directors [2]) über irgend eine Maßnahme oder ein Rechtsgeschäft werden Direktoren, die persönlich oder für eine unter ihrer Leitung stehende andere corporation an diesem interessiert sind, nicht mitgezählt. Auch bei der Errechnung eines etwa nötigen Quorums bleiben sie unberücksichtigt [3]). Der bekannte Richter Cardozo, jetzt Mitglied des Supreme Court, hat sich sogar auf den Standpunkt gestellt, daß es nicht einmal entscheidend darauf ankomme, ob der interlocking director mit abgestimmt habe, es genüge vielmehr, wenn tatsächlich sein Einfluß vorherrschend und bestimmend gewesen sei. »The refusal to vote does not nullify as of course an influence and predominance exerted without a vote«.[4]) (Die Stimmenthaltung ist kein sicheres Zeichen dafür, daß nicht ohne Stimmabgabe ein ausschlaggebender Einfluß ausgeübt worden ist.)

---

[1]) In re North Australien Territory Co. (Archer's Case) L. R. 1 Ch. Div. 322.

[2]) Da die amerikanischen Gesellschaften meist eine größere Anzahl von Direktoren haben, als die deutschen, außerdem durch das kumulative Wahlsystem sich Vertreter sowohl der Majorität wie der Minorität im board befinden, ist in den Satzungen für den Fall von Meinungsverschiedenheiten innerhalb des board sowie für die Entscheidung bestimmter wichtiger Fragen meist eine besondere formelle Beschlußfassung des board vorgesehen.

[3]) In re Lone Star Shipbuilding Co., 6 Fed. (2 d) 192; Hotaling v. Hotaling, 193 California 368, 224 Pac. 455.

[4]) Globe Woolen Co. v. Utica Gas & Electric Co., 224 New York 483, 121 N. E. 378.

c) Der Mißbrauch des Stimmrechts.

Vom Standpunkt einer strengen Methodik ist eigentlich eine Gegenüberstellung der Grundsätze des deutschen und amerikanischen Rechts über den Mißbrauch des Stimmrechts nicht möglich, da das deutsche und amerikanische Stimmrecht in ihrem Wesen und in ihrer inneren Bedeutung so verschieden sind, daß sich die Vergleichsobjekte auch nicht annähernd entsprechen. Gerade in denjenigen Fällen, in denen in Deutschland eine Erörterung über den Mißbrauch des Stimmrechts am häufigsten ist, d. h. bei Beschlüssen über die Gewährung des Bezugsrechtes und die Dividendenfestsetzung, kann das Problem des Stimmrechtsmißbrauchs im amerikanischen Recht gar nicht auftauchen, da sowohl die Gewährung des Bezugsrechts als auch die Erklärung einer Dividende gar nicht der Aktionärversammlung obliegt. Untersuchungen über die Grenzen und den Mißbrauch des Stimmrechts sind daher jeweils den Abschnitten über die einzelnen Rechtsvorgänge vorbehalten. An dieser Stelle soll nur einleitend auf den Unterschied in der Grundauffassung hingewiesen werden.

In beiden Rechten entscheidet in allen Fällen, wo es zu einer Abstimmung kommt, der Wille der (gegebenenfalls qualifizierten) Mehrheit. Die Minderheit muß sich fügen. Nun kann ein Beschluß zwar formell in Ordnung sein, aber wegen seiner wirtschaftlichen Ziele eine Ungerechtigkeit darstellen. Er kann »aus der Zusammenfassung von Inhalt, Beweggrund und Zweck einen ungerechten Gesamtcharakter tragen«[1]). Ungerechtigkeiten liegen meist darin, daß die Mehrheit sich durch die mißbräuchliche Ausnutzung ihrer Machtstellung auf Kosten der Minderheit bereichern will. Aber nicht nur die Mehrheit kann ihr Stimmrecht mißbrauchen. In der Praxis kommt es auch häufig vor, daß die Minderheit die ihr zu ihrem Schutze gewährten Befugnisse dazu benutzt, sich unbillige Vorteile zu verschaffen. Ebenso wie es einen Mißbrauch der Mehrheitsrechte gibt, gibt es einen Mißbrauch der Minderheits- und Sonderrechte[2]). Mißbräuchliche Anträge auf Vertagung nach § 264 I und arglistige Anfechtungs- oder Regreßklagen sind z. B. unzulässig[3]).

Bereits im II. Abschnitt ist die Verschiedenheit der Auffassung des deutschen und amerikanischen Rechts von dem Verhältnis von

---

1) RGZ. 107, 74.

2) Vgl. z. B. RGZ. 85, 170.

3) Brodmann, a. a. O., Anm. 1 d zu § 271; Düringer-Hachenburg, a. a. O., III Anm. 84, 86, 91 der Einleitung II.

Aktionär zu Aktionär erörtert. Innerhalb der körperschaftlich aufgebauten deutschen Aktiengesellschaft ist ein Aktionär gegen den anderen nur durch § 826 BGB. geschützt. Vertragsregeln finden keine Anwendung. Eine erschöpfende Zusammenstellung der hierüber vom Reichsgericht entwickelten Grundsätze findet sich in der Abhandlung von Hueck [1]), auf die hiermit verwiesen wird.

Das amerikanische Recht geht von der vertraglichen Verbundenheit der Aktionäre aus (vgl. Abschnitt I). Jeder Mißbrauch eines gesellschaftlichen Rechts ist daher nicht nur unter dem Gesichtspunkt der unerlaubten Handlung zu werten, sondern zugleich unter dem Gesichtspunkt der Vertragsverletzung. Die Anforderungen an einen Vertragspartner sind natürlich strenger als die an einen Außenstehenden. Die Pflichten der Mehrheit gegenüber der Minderheit werden aus einem angenommenen Treuhandverhältnis abgeleitet. Es besteht eine sogenannte »fiduciary relationship« zwischen der Mehrheit und der Minderheit, da die erstere wirtschaftlich über den Anteil der Minderheit mitverfügen und bestimmen kann. Jede Handlung, die die Mehrheit in ihrer Eigenschaft als Aktionär vornimmt und welche geeignet ist, die Minderheit zu schädigen, wird mit dem Maßsatb dieser Treupflicht gemessen.

Da die Minderheit in Amerika durch die strengen Vertragsregeln geschützt ist, kann sie sich viel leichter als eine deutsche Minderheit gegen ein mißbräuchliches Verhalten der Mehrheit wehren. Auf der anderen Seite ist es aber auch für die Minderheit leichter, den Spieß umzudrehen und durch den Mißbrauch ihrer Rechte der Gesellschaft und der Mehrheit Schaden zuzufügen. Diese Quelle von Unerquicklichkeiten haben verschiedene Staaten durch den Erlaß besonderer Gesetze zu verstopfen versucht (appraisal statutes) [2]). Die Einzelheiten dieser Gesetzes sind verschieden, der Grundgedanke ist jedoch immer derselbe. Die Mehrheit soll die Minderheit nicht vergewaltigen, aber die Minderheit soll auch kein Klotz am Bein der Mehrheit und der Gesellschaft sein. Wenn daher eine Meinungsverschiedenheit ausbricht, die eine gedeihliche Zusammenarbeit unmöglich macht, so soll die Mehrheit verpflichtet bzw. berechtigt sein, die Minderheit zu einem durch unabhängige Sachverständigenschätzung festzustellenden Preise auszukaufen.

[1]) Hueck, Die Sittenwidrigkeit von Generalversammlungsbeschlüssen der Aktiengesellschaften und die Rechtsprechung des Reichsgerichts, in: Die Reichsgerichtspraxis im deutschen Rechtsleben. Bd. IV. S. 167.

[2]) Die appraisal statutes der einzelnen Staaten sind zusammengestellt in Parker-Smith, Corporation Manual.

Entweder muß die Mehrheit die Rechte der Minderheit achten, oder sie muß sie mit dem wahren Werte ihrer Beteiligung abfinden [1]).

Die vom Reichsgericht vertretene Theorie, daß für das Verhältnis von Aktionär zu Aktionär nur § 826 BGB. maßgebend ist, widerspricht dem natürlichen Rechtsempfinden. Auch die Rechtswissenschaft hat mehrfach dagegen Stellung genommen [2]). Brodmann will zwar kein vertragliches, aber ein besonderes »aktienrechtliches Verhältnis« zwischen den Aktionären annehmen [3]). Düringer-Hachenburg [4]) sagt dazu: »Den Gedanken, bei der G. m. b. H. und dementsprechend bei der Aktiengesellschaft das Stimmrecht überall da zu versagen, wo die Ausnützung der Rechte gegen Treu und Glauben verstößt, hat das RG. abgelehnt. Nur die Nichtigkeit des Beschlusses wegen Verstoßes gegen die guten Sitten hat es gelten lassen. Die Verletzung von Treu und Glauben setzt ein bestehendes Vertragsverhältnis voraus. Der Verstoß gegen die guten Sitten hat seine Bedeutung außerhalb eines solchen. Das RG. nimmt nur einen Verstoß gegen die guten Sitten an. Zwischen den Aktionären besteht ein Treuverhältnis gesellschaftlicher Art. Freilich nicht in dem Sinne, daß hierdurch die Aktionäre einander oder auch gegenüber der Aktiengesellschaft zu einem positiven Tun verpflichtet sind. Es führt aber zur Einschränkung und Begrenzung in der Ausübung der Aktionärrechte. Erkennt man dies, so läßt sich in den von dem RG. behandelten Fällen auch der Verwurf des Handelns gegen Treu und Glauben erblicken. Die Abwehr des Mißbrauchs des Stimmrechts ergibt sich nicht aus dem allgemeinen Prinzip, sondern aus dem Gesellschaftsverhältnis. Nur aus ihm läßt sich die Zurückweisung des Selbstinteresses rechtfertigen, das sonst das Geschäftsleben beherrscht. Es zeigt auch bei der Körperschaft seine Wirkung. Denn, wenn der Beschluß nichtig ist, weil er unter Ausbeutung der Macht der Mehrheit die Gesellschaft und damit die Minderheit schädigt, so ist dies ohne einen Zusammenhang unter den Mitgliedern der AG. nicht denkbar. Die Konstruktion mittels des Verstoßes gegen die guten Sitten war

---

[1]) Es ist eine bisher noch ungeklärte Streitfrage, ob ein Minderheitsaktionär, den die Mehrheit durch Mißbrauch des Stimmrechts zu schädigen versucht, seine Rechte aus dem appraisal statute wahlweise neben der Klage auf Unterlassung geltend machen kann oder nur anstatt derselben. Eingehende Erörterung dieser Frage bei Lattin, Remedies of Dissenting Stockholders under Appraisal Statutes, 45 Harvard L. R. 233 ff.

[2]) Vgl. Ring-Schachian, die Praxis der A. G., S. 364.

[3]) a. a. O., Anm. 5 b zu § 213 HGB.

[4]) a. a. O., III Anm. 79 der Einl. II.

nur ein Notbehelf. Hinter ihm steckt die Auffassung von der Beschränkung des Mehrheitsrechts.«

Das RG. selber hat in einer neueren Entscheidung selbst einmal eine Formulierung gebraucht, welche von dem strengen körperschaftlichen Standpunkte abzuweichen scheint [1]. »Aus der Befugnis, im Wege des Mehrheitsbeschlusses zugleich auch für die Minderheit zu beschließen und damit mittelbar über deren in der Gesellschaft gebundene Vermögensrechte zu verfügen, ergibt sich ohne weiteres die gesellschaftliche Pflicht, im Rahmen des Gesamtinteresses auch den berechtigten Belangen der Minderheit Berücksichtigung angedeihen zu lassen und deren Rechte nicht über Gebühr zu verkürzen«.

Einer theoretischen Nachprüfung halten alle diese Konstruktionen nicht stand. Ob man von einem »gesellschaftlichen« oder »aktienrechtlichen« Verhältnis spricht, stets handelt es sich nur darum, durch Einführung einer Zwischenform das strenge körperschaftliche Prinzip zu verlassen, ohne sich jedoch offen zur Vertragsauffassung zu bekennen. Auch der Vorschlag der Aktienrechtskommission des 34. deutschen Juristentages kommt auf dasselbe hinaus. Die Kommission [2] empfiehlt die Aufnahme folgender Bestimmung: »Der Abstimmende haftet der Gesellschaft gegenüber für den durch seine Abstimmung herbeigeführten Schaden, soweit ihm dabei Vorsatz zur Last fällt«.

Eine den wirtschaftlichen Bedürfnissen entsprechende Reform sollte den körperschaftlichen Gedanken aufgeben und ein Vertragsverhältnis zwischen den Aktionären anerkennen. Jeder Mißbrauch des Stimmrechts würde dann eine strenge, aber natürliche Beurteilung nach dem Grundsatz von Treu und Glauben finden. Außerdem würde dann klar zutage treten, daß privatrechtlich gegen den Mißbrauch des Stimmrechts nicht »das Unternehmen an sich«, wie es offenbar die Aktienrechtskommission annimmt, sondern der Mitaktionär geschützt werden muß. Richtig sagt hierzu Hueck [3]: »Nur soweit die Schädigung des Unternehmens zugleich eine Schädigung der am Unternehmen beteiligten Aktionäre bedeutet, kann eine sittenwidrige Schädigung in Frage kommen«.

C. Kritische Erörterungen.

Die Hauptangriffe gegen die Auffassung des geltenden deutschen Rechts vom Stimmrecht richten sich gegen seine Einwirkung auf die

---

[1] RGZ. 132, S. 149 (163).
[2] Bericht S. 27.
[3] a. a. O., S. 175.

wirtschaftliche Entwicklung der einzelnen Unternehmungen. Man streitet also immer weniger darum, wie das Stimmrecht im einzelnen ausgestaltet werden soll, als darum, was überhaupt der Abstimmung unterliegen soll. Letzten Endes ist es dasselbe Problem, das bei der Abgrenzung der Befugnisse zwischen den einzelnen Organen der Gesellschaft auftaucht. In Deutschland drängt die Entwicklung dahin, der Generalversammlung, und damit den schwankenden Aktionärmehrheiten, immer mehr Befugnisse zu entziehen. Die Einwirkung unorganischer betriebsfremder Einflüsse soll nach Möglichkeit ausgeschaltet werden.

In Amerika gehen die Forderungen der Reformer in die entgegengesetzte Richtung. Der Einfluß der Aktionäre auf die Geschicke der corporation ist jetzt im allgemeinen viel geringer als in Deutschland. Dies beruht zunächst einmal auf der im V. Abschnitt erörterten Einteilung der amerikanischen Aktiengattungen, dann aber auch darauf, daß in Amerika das Interesse des amerikanischen Durchschnittsaktionärs an der Verwaltung der Gesellschaft noch geringer ist als das des deutschen. Auch bei Gesellschaften, wo das Stimmrecht nicht auf eine management Gruppe beschränkt ist, erscheint kaum jemand in der Aktionärversammlung. In der Regel legt die Verwaltung der Einladung zur Aktionärversammlung, die jeder im Aktienbuch verzeichnete Aktionär erhält, eine auf die Direktoren ausgestellte Stimmvollmacht bei, die entweder unterschrieben zurückkommt oder aber in den Papierkorb wandert. Der Grund für dies Verhalten des amerikanischen Aktionärs ist zunächst die technische Unmöglichkeit, sich wegen eines kleinen Aktienbesitzes die Mühe und die Kosten einer Reise zu der an einem entfernten Ort stattfindenden Aktionärversammlung aufzuerlegen. Dies um so mehr, als der Aktienbesitz in Amerika viel mehr verteilt ist als in Deutschland. Man nimmt an, daß von den 125000000 Einwohnern der Vereinigten Staaten etwa 14500000 Personen Aktien besitzen. Von diesen Leuten ist natürlich nur der geringste Teil überhaupt in der Lage, sachliche Mitarbeit von irgend einem Wert zu leisten [1]). Aber auch der fähige Teil kümmert sich verhältnismäßig wenig um die Gesellschaften, weil die Aktionäre ja doch nichts zu sagen haben. Die Gefahr in Amerika ist nun die, daß außenstehende Leute die Herrschaft über ein Unternehmen an sich reißen und für betriebs-

[1]) Hinzukommt, daß sich ein unverhältnismäßig großer Teil der Aktien amerikanischer Riesenunternehmen in Frauenhänden befinden. Z. B. wurden in der ordentlichen Aktionärversammlung der American Telephone Corporation von 1926 festgestellt, daß 200000 der 366000 ins Aktienbuch eingetragenen Aktionäre Frauen waren.

fremde Zwecke mißbrauchen. Ohne selbst hervorzutreten, wählen sie Direktoren, die von ihnen völlig abhängig sind. Die sogenannten »dummy directors« spielen im amerikanischen Gesellschaftsrecht eine große Rolle. In einer amerikanischen Entscheidung [1]) heißt es: »The holder of the majority of the stock of a corporation has the power, by the election of biddable directors and by the vote of his stock, to do everything that the corporation can do. His power to control and direct the action of the corporation places him in its shoes, and constitutes him the actual, if not the technical, trustee for the holders of the minority of the stock«. (Ein Mehrheitsaktionär hat die Macht, durch seine Stimmen und durch die Wahl gefügiger Direktoren alles zu tun, was die Gesellschaft selber tun kann. Seine Macht, die Handlungen der Gesellschaft zu kontrollieren und zu bestimmen, macht ihn praktisch, wenn auch nicht im technischen Sinne, zum Treuhänder für die Interessen der Minderheit.)

Diese Umstände haben dazu geführt, daß man sich in Amerika über die zunehmende Trennung von Eigentum und Unternehmertum beklagt. Ripley [2]) sagt darüber: »I believe, that the trouble has to do with the growing dissociation of ownership from responsibility for the manner in which it shall be put to use«. (Ich glaube, daß die bestehenden Schwierigkeiten zusammenhängen mit der Trennung des Eigentums von der Verantwortung für seine Verwendung.) Man will infolgedessen den Einfluß der Einzelaktionäre stärken und diese zu erhöhter Tätigkeit anspornen. Häufig wird unter Hinweis auf das deutsche Beispiel die Einführung eines Aufsichtsrats empfohlen. (stockholders supervisory council).

Eine deutsche Reform wird eine Neuregelung der Zuständigkeiten innerhalb der AG. treffen müssen. Man wird dabei nicht wie bisher vom Kapitalist, sondern vom Unternehmer ausgehen müssen. Ich halte insofern den amerikanischen Grundsatz, daß die Aktionäre entweder selbst oder durch einen Aufsichtsrat die Direktoren wählen, daß diese dann aber von den Anweisungen der Generalversammlung unabhängig sind, im Prinzip für nachahmenswert Diese Verlegung des Schwerpunktes innerhalb der Aktiengesellschaft wird auch die Ausgestaltung des Stimmrechts im einzelnen beeinflussen, was hier jedoch nicht erörtert werden kann.

Zu der juristischen Umgestaltung des Stimmrechts muß eine psychologische Umstellung treten. Ein gewisser Teil der heutigen Aktionäre hat innerlich überhaupt kein Verhältnis zum Unternehmen ihrer Gesellschaft d. h. zur Produktionsstätte und den dort

[1]) Wheeler v. Abilene Nat. Bank Building Co., 159 Fed. 391.
[2]) Ripley, Main Street and Wall Street, S. 116.

arbeitenden Menschen. Sie empfinden nicht die rechte Verantwortung gegenüber dem Werk und den dort Schaffenden. Ihr einziges Streben ist auf finanziellen Erwerb gerichtet. Manche Verwaltung kann ein Lied von solchen »dividenden-lüsternen« Aktionären singen. Der »Dividendenhunger« in seinen krassen Formen ist schon schlimm genug. Immerhin sind Dividenden immer noch echte Produktionsgewinne. Schlimmer noch sind Aktionäre, die eine Aktie überhaupt nur deshalb erwerben, weil sie aus Kursschwankungen zu verdienen hoffen. Echtes Unternehmertum verkörpern diese Leute nicht. Volkswirtschaftlich haben sie keine Berechtigung, und für das Einzelunternehmen können sie verderblich sein. Hier neben der juristischen eine geistige Umformung zu erreichen, wird eine der vornehmsten Aufgaben des Nationalsozialismusses sein, die sich allerdings allein mit den Mitteln der Gesetzgebung nicht lösen läßt. Diese kann nur die Formen liefern, in die die Entwicklung sich ergießen soll.

Wenn erst die Einstellung des Aktionärs sich dahin gewandelt hat, daß er seiner Gesellschaft und seinen Mitaktionären gegenüber eine gewisse moralische Verantwortung fühlt und sein Augenmerk vornehmlich auf die Produktion statt auf Finanzmaßnahmen richtet, werden Fälle, in denen über den Mißbrauch des Stimmrechts geklagt wird, seltener werden. Grundlage für einen Mißbrauch des Stimmrechts ist nämlich meist irgend eine betriebsfremde Finanztransaktion, durch die sich eine Aktionärgruppe auf Kosten der anderen zu bereichern sucht.

Für die Beurteilung des einzelnen Falles eines Stimmrechtsmißbrauches werden sich die richtigen Gesichtspunkte von selbst ergeben, wenn man sich erst dazu entschließt, die Auffassung der Aktiengesellschaft als Körperschaft zugunsten der Vertragsauffassung aufzugeben. Man wird dann nicht die im VI. Abschnitt Teil B 3 erörterten unnatürlichen Maßstäbe heranzuziehen brauchen, sondern wird die Pflichten eines Aktionärs gegenüber dem anderen zwanglos nach Treu und Glauben mit Rücksicht auf die Verkehrssitte abmessen.

Ob man für den Fall widerstreitender Interessen innerhalb der Aktionärschaft ein besonderes Verfahren einführen soll, in dem die Mehrheit die Minderheit auskaufen kann bzw. muß, möchte der Verfasser offen lassen. Man mag zunächst einmal abwarten, wie sich die amerikanischen appraisal statutes bewähren.

Was die Hilfsrechte zum Stimmrecht anbelangt, so hat sich die deutsche Regelung durchweg bewährt. Lernen können wir jedoch etwas von der amerikanischen Praxis in der Auskunftsfrage.

Die amerikanischen Direktoren sind in hohem Maße vom Vertrauen ihrer Aktionäre und des Publikums abhängig. Infolgedessen sind sie mit Informationen über ihre Gesellschaft verhältnismäßig freigiebig. In Amerika ist eine Publizität gebräuchlich, die über die unsere weit hinausgeht. In der Zukunft der deutschen Gesellschaftspraxis wird auch hier eine Erneuerung der geistigen Grundlage der deutschen Unternehmerschaft die befriedigendste Lösung des Auskunftsproblems bringen. Ist das geschehen, werden elastische Rechtsregeln, die die Auskunftspflicht in das pflichtgemäße Ermessen der Verwaltung stellen, den besten Erfolg bringen. Nicht aus gesellschaftsrechtlichen, sondern aus staatspolitischen Gründen sollte man jedoch eine gewisse Beschränkung der Auskunftspflicht einführen. Am besten geschähe dies durch Einführung einer dem geltenden § 260a Abs. 4 nachzubildenden Schutzklausel, die dem Vorstand das Recht gibt, im Geschäftsbericht und auf Befragung in der Generalversammlung hin die Rechenschaftslegung und Auskunftserteilung zu unterlassen, wenn nationale Interessen dies verlangen.

VII. Abschnitt.

Das Dividendenrecht.

Im II. Abschnitt haben wir erörtert, daß es die Zweckbestimmung einer kommerziellen Aktiengesellschaft ist, Geld zu verdienen[1]). Hat sie dieses Ziel erreicht, d. h. ist Geld vorhanden, so ergibt sich die Frage, wie es verwertet werden soll. Darüber, daß privatrechtlich letzten Endes die Aktionäre die Nutznießer sein sollen, herrscht kein Zweifel. Gleichwohl haben Meinungsverschiedenheiten über die Verwendung des Gewinnes im Einzelfall zu zahlreichen Kämpfen und Rechtsstreitigkeiten geführt.

Dreierlei Interessengruppen treffen aufeinander. In der neueren wissenschaftlichen Erörterung des Dividendenrechts stehen die Interessen der »Gesellschaft an sich« im Vordergrund. Ob es privatrechtlich gesehen solche Interessen überhaupt gibt, und ob ihnen — ihr Bestehen vorausgesetzt — Daseinsberechtigung und privatrechtliche Schutzwürdigkeit zuzubilligen sind, soll hier zunächst einmal dahingestellt bleiben; jedenfalls kann ein solches Interesse, »das wahre Wohl des Unternehmens«, gedacht werden. Man kann jedoch vorausschauend im Einzelfall niemals mit Sicherheit feststellen, welche Maßnahmen und welche Geschäftspolitik das »wahre Wohl

[1]) Brodmann, a. a. O., Anm. 7a zu § 313; RGZ. 49, 81.

eines Unternehmens« verlangt. Spricht daher jemand in einer Generalversammlung vom »wahren Wohl des Unternehmens«, so bezeichnet er jeweils das, was einer Aktionärgruppe, sei es eine Mehrheit, sei es eine Minderheit, oder die Verwaltung, dafür hält oder in Verfolgung von Sonderinteressen dafür ausgibt. Nimmt man jedoch einmal das »wahre Wohl des Unternehmens« als eine abstrakte unbekannte Größe, so ergibt sich, daß dieses, soweit die Gewinnverteilung in Frage kommt, zweierlei Richtung haben kann. Entweder kann es im Interesse der Gesellschaft liegen, möglichst wenig Gewinn zu verteilen, um die zur Verfügung stehenden Gelder zur inneren Festigung, zur Expansion oder anderen eigenen Zwecken zu benützen [1]; seltener werden die Interessen der Gesellschaft selbst auf eine möglichst umfangreiche Verteilung des Gewinnes hinzielen. Als Grund kommen Rücksichten auf die Börse oder die Konstanz der Kurs- bzw. Dividendenpolitik in Betracht. Hachenburg [2]), der besonderen Wert auf die Stärkung des Unternehmens durch Bildung stiller Reserven legt, zählt folgende Gesichtspunkte auf: »Der Nutzen müßte in günstigen Zeiten kleiner scheinen als er war. Weder die Kunden noch die Konkurrenten, weder die Aktionäre noch die Arbeiter und Angestellten sollen die volle Höhe kennen. Die Begehrlichkeit dieser Kategorien soll nicht geweckt werden. Wird wirklich sehr viel verdient, so muß man auf Rückschläge gefaßt sein. Daher muß man insgeheim für magere Jahre sammeln. Erscheint ein sehr großer Nutzen in der Bilanz, so verlangen die Abnehmer billigere Preise . . . Der Aktionär will mehr Dividende, die Arbeiter und Angestellten mehr Lohn und Gehalt. Das Interesse des Unternehmens verlangt Stärkung seiner Kapitalgrundlage«.

Neben den Interessen des »Unternehmens an sich« sind die Interessen des Aktionärs [3]) zu berücksichtigen. Die verschiedenen Aktionäre erwarten wegen der Ungleichheit der persönlichen Verhältnisse von ihrer Geldanlage verschiedene Resultate. Während der »Normalaktionär« bei möglichst großer Sicherheit seiner Anlage und ziemlich gleichbleibendem, wenn nicht steigendem Kurs eine möglichst hohe und möglichst gleichmäßige Dividende erhalten will, können im Einzelfall die Interessen auch andere Wege gehen. Unter Umständen liegt dem Aktionär gerade an einer niedrigen Dividende (z. B. wenn er den zukünftigen Dividendenanspruch

---

[1]) Vgl. den Fall Dodge v. Ford Motor Co., 204 Michigan 459, 170 N. W. 668, 3 A. L. R. 413.

[2]) Vgl. Düringer-Hachenburg, 3. Aufl. III Einl. II, Anm. 108.

[3]) Vgl. Düringer-Hachenburg, 3. Aufl. III Einl. II Anm. 107.

abgetreten hat). Oder aber er ist gar nicht an der Dividende interessiert, weil es ihm nur auf möglichst schnelles Anwachsen des Unternehmens, auf Kurssteigerung oder anderes ankommt. Umgekehrt benötigt er unter Umständen gerade im laufenden Jahr eine besonders hohe Dividende, wenn diese zur Zeit seine einzige Einnahme ist, während er für später andere Geldmittel in Aussicht hat. Noch schlimmer ist die Lage eines Aktionärs, wenn die Aktien sein einziges Vermögensstück und seine einzige Einnahmequelle sind; unter Umständen können die anderen Aktionäre ihn durch dauernde Nichtausschüttung von Dividende »aushungern«, d. h. dahin bringen, daß er seine Aktien verkaufen muß, und zwar, wenn diese nicht an der Börse gehandelt werden, in der Regel an die Majorität zu einem Preise, den diese ihm vorschreibt.

Die dritte Gruppe, deren Interesse bei der Festsetzung der Dividende mitspielt, ist die Verwaltung. Ist z. B. ihre Tantième von der Höhe der Dividende abhängig, wird ihr an hoher Dividende gelegen sein. Auf der anderen Seite bestimmen gerade bei der Verwaltung nicht immer finanzielle Gesichtspunkte die Stellung zur Dividendenpolitik. Die Leiter von Aktiengesellschaften, insbesondere von Riesenunternehmungen, lassen sich bei der Entscheidung von Fragen der Geschäftspolitik oft weniger von eigenen Geldinteressen als von psychologischen Gründen bestimmen. Bei manchen der ganz großen Unternehmer unserer Zeit ragt der schöpferische Drang nach wirtschaftlicher Gestaltung weit über das Streben nach persönlichem Gelderwerb hinaus. Wir haben in der Wirtschaftsentwicklung der jüngsten Zeit zahlreiche Beispiele dieses Triebes beobachten können; manchmal als genialen Drang zum Erfolg, manchmal als unselige Besessenheit, die zum Zusammenbruch führte. Dewing nennt neben Ehrgeiz, Spekulationstrieb und Erwerbstrieb (ambition, speculation, profits) ausdrücklich dieses Gestaltungsstreben der Leitung (creative impulse) als einen der Gründe der geschäftlichen Expansion. In seiner für die amerikanische Mentalität bezeichnenden Darstellung heißt es [2]): »Four main motives have led men to expand business enterprises. On the whole they are not economic, but rather psychological; they are the motives incident to the struggle for conquest and achievement — the previous legacy of man's 'predatory barbarism'. All motives for expansion whatsoever the field of human endeavour, from the expansion of a man's backyard to the expansion of a nation's

---

[1]) Dewing, a. a. O., S. 463 ff.

[2]) a. a. O. S. 634 ff.

empire, rise out of the preconception that there is increased value, excellence or strength in increased size. In the narrower sphere of individualized business, the world-or as much of it as records the reputation of a business and the man who guides its destinies- measures the success of a corporation by increased size, and secondarily by increased profits.

The most powerful motive that leads a man to expand a business is the illusion of valuing himself in terms of his setting. The bigger the business, the bigger the man. A man prefers to direct a large business rather than a small one; just as the borough president seeks the mayoralty and the mayor the governorship. He likes to feel himself of influence in the sphere of his activity ....

The second motive, less significant, one is led to believe, is the creative impulse. A business manager has an aversion to stagnation; he wishes to be constructive. He wishes to make actual the vague images of progress. The only field with which he is familiar, is his business, and in the fortune of his business he sees the realisation of his hopes and his ideals. It is a commonplace of psychology that somewhere in the mental structure of all of us lies the impulse to build, to see our ideas take form in material results. The impulse to build is at the same time an important element in inventive and artistic genius and in skilful craftsmenship. The particular form in which this impulse finds expression is, among men of ordinary ability, a matter of accident. And the particular form close at hand to the business manager is his business«. (Vier Hauptmotive treiben die Menschen dazu, ihre Geschäftsunternehmen zu erweitern. Das Schwergewicht liegt dabei nicht auf der finanziellen, sondern auf der psychologischen Seite; die psychologischen Motive sind die treibende Kraft bei dem Wettstreit um Eroberung und Fortschritt — der jetzigen Form des »Beutemachens der Barbaren«. Alle Motive auf jedem Gebiet der menschlichen Betätigung — vom Emporarbeiten des Mannes im Hinterhaus bis zur Expansion der Weltreiche — beruhen auf der Auffassung, daß vergrößerter Umfang auch erhöhten Wert, erhöhte Qualität und Macht bedeutet. In der beschränkteren Sphäre des privaten Geschäftslebens bemißt die Welt — oder wenigstens der Teil von ihr, der sich überhaupt mit der Wertung eines Unternehmens und seines Leiters befaßt — die menschliche Betätigung an dem Umfang ihres Erfolges und erst in zweiter Linie an dem Umfang des finanziellen Ertrages.

Das mächtigste Motiv, das die Menschen zur Erweiterung ihres Unternehmens veranlaßt, ist, daß sich jeder am Maßstab seiner eigenen Umgebung mißt. Je größer das Geschäft ist, um so größer ist der Mann. Der Mensch leitet lieber ein großes Unternehmen als ein kleines; genau wie ein Amtsvorsteher nach der Bürgermeisterwürde strebt und der Bürgermeister gern Gouverneur wäre. Jeder möchte in seinem Wirkungskreis einen möglichst großen Einfluß haben . . . . .

Das zweite, wie manche uns glauben machen möchten, weniger wichtige Motiv ist der schöpferische Impuls. Ein Unternehmer haßt den Stillstand; er will aufbauend tätig sein. Das einzige Gebiet, in dem er Bescheid weiß, ist sein Geschäft, und in dem Schicksal seines Geschäftes sieht er die Verwirklichung seiner Hoffnungen und Ideale. In der Psychologie ist es allgemein bekannt, daß irgendwo in unser aller Innerstem der Trieb schlummert, aufzubauen und unsere Ideen in der Welt der Wirklichkeit feste Form annehmen zu sehen. Der Trieb aufzubauen ist gleichzeitig ein wichtiges Element beim Genie des Künstlers und Erfinders und des fähigen Handwerkers. Die besondere Form, die dieser Trieb bei einem durchschnittlich begabten Menschen annimmt, hängt zum großen Teil vom Zufall ab. Die besondere Form beim Unternehmer ist sein Geschäft . . .) Mit diesem schöpferischen Trieb des Menschen, den Sombart [1]) das »irrationale Element des Machtstrebens« nennt, müssen wir als mit einer psychologischen Tatsache rechnen, welche gerade in der Dividendenpolitik eines Unternehmens besonders wichtig ist. Als Beispiel sei der bereits mehrfach erwähnte Ford-Fall genannt.

Die genannten drei Interessenströmungen lassen sich juristisch nicht auf Formeln bringen. Den Interessen entspricht, auch soweit sie schutzwürdig sind, kein parallel liegendes System von subjektiven Rechten. Oft ist der Interessenträger, wie z. B. »die Verwaltung« oder »die Majorität« als solcher überhaupt nicht fähig, Rechtsträger zu sein. Ferner kann begrifflich die Gesellschaft kein »privatrechtliches Recht auf gedeihliche geschäftliche Entwicklung« gegenüber ihren eigenen Aktionären haben. Die rein juristische Erfassung des Dividendenproblems ist an allen Enden schwierig. Es läßt sich nicht durch eine mathematische Formelregelung lösen. Vielmehr muß die Rechtsordnung einen praktischen Weg finden, auf dem die widerstreitenden wirtschaftlichen Interessen eine Synthese finden, bei der Einzelinteressen am wenigsten aufgeopfert werden und, rechtspolitisch gesehen, der Gesamtwirtschaftsorganismus am wenigsten erschüttert wird. Letzteres ist besonders zu beachten, da das Dividendenproblem gerade bei Wirtschaftsgebilden großen Ausmaßes häufig akut werden und bei ihnen die Mangelhaftigkeit

[1]) W. Sombart, Die Zukunft des Kapitalismus, S. 9.

der Rechtssätze gefährliche Rückwirkungen auf die Gesamtwirtschaft haben kann.

Das deutsche und das amerikanische Recht haben das Dividendenproblem ganz verschieden gelöst. Schon die Verschiedenheit ist interessant. Eine eingehende Untersuchung der beiden Lösungen verdient aber eine um so weitgehendere Beachtung, als gerade im Dividendenrecht in besonders hohem Maße die charakteristischen Merkmale der beiden Gesellschaftssysteme hervortreten.

Nach § 260 beschließt die Generalversammlung nach Feststellung der Jahresbilanz und der Gewinn- und Verlustrechnung über die Verteilung des Gewinnes. Nach amerikanischem Recht [1]) befindet der board of directors über die Ausschüttung des Gewinnes [2]). Die Aktionäre haben darauf keinen Einfluß. Sie können nur bei der Wahl bzw. Wiederwahl der Direktoren ihre Interessen zur Geltung bringen. Dieser Unterschied in der Zuständigkeit hat zur Folge, daß in Amerika der Kampf um die Dividendenpolitik auf einer ganz anderen Ebene ausgetragen wird als in Deutschland. Bei uns stehen sich Aktionär und Aktionär — praktisch Majorität und Minorität — gegenüber, in Amerika Verwaltung und Aktionärschaft. Der Gegensatz — Majorität—Minorität — ist natürlich auch vorhanden, da die Majorität die ausschlaggebende Stimme bei der Besetzung des board of directors hat, steht aber juristisch im Hintergrund.

Obwohl theoretisch ein Aktionär sich sowohl wegen zu hoher [3]) als auch wegen zu niedriger Dividende in seinen Interessen beeinträchtigt fühlen kann, entstehen in der Praxis Streitigkeiten eigentlich immer nur daraus, daß ein Aktionär geltend macht, die Dividende sei zu knapp bemessen. Eine solche Benachteiligung kann technisch auf zweierlei Weise erfolgen. Die eine Möglichkeit ist die, daß der in der Bilanz ordnungsmäßig ausgewiesene Gewinn nach Abzug der gesetzlichen Rückstellungen nicht restlos als Dividende verteilt, sondern zu anderen Zwecken verwertet wird. Der andere Weg ist der, daß zwar der ausgewiesene Gewinn restlos zur Verteilung gebracht wird, daß aber dieser ausgewiesene Gewinn nur einen Teil des wahren Gewinns darstellt, während der Rest in stillen Reserven verschwunden ist [4]). Dies ist möglich, da weder das deutsche

[1]) Nach englischem Recht setzt die Generalversammlung die Dividende fest. Sie soll aber dabei nicht über den Vorschlag der Verwaltung hinausgehen. (S. 89 der Musterarticles). Curti, a. a. O. S. 265.

[2]) Vgl. Spellmann, a. a. O., S. 379 ff.

[3]) Vgl. RGZ. 72, 33.

[4]) Auf dem Gebiet des Bilanzrechts und der damit zusammenhängenden Probleme hat im letzten Jahrzehnt die Wirtschaftswissenschaft ungeheure

noch das amerikanische Recht den Grundsatz der absoluten Bilanzwahrheit kennt. Ein Jahresabschluß, der übergroße Unterbewertungen enthält, kann bilanzrechtlich durchaus einwandfrei sein; ob er auch **gesellschaftsrechtlich** in Ordnung ist, muß besonders und zwar nach Maßgabe der für die Pflicht zur Verteilung des Gewinnes geltenden Grundsätze geprüft werden. Der eine Unterbewertung rügende Aktionär muß also außer der Unrichtigkeit der Bilanz noch sein gesellschaftliches Recht auf die anderweitige Festsetzung dartun [1]). Ob er ein solches hat, richtet sich nach dividendenrechtlichen Gesichtspunkten. Die offene Zurückhaltung des Gewinnes ist, soweit das Dividendenrecht in Betracht kommt, genau so zu beurteilen wie die versteckte. Insoweit gelten die Ausführungen des folgenden Absatzes über die offene Gewinnzurückhaltung entsprechend.

Für die Geltendmachung einer Unterbewertung besteht nur insofern eine Besonderheit, als gemäß § 271 II Satz 2 die Anfechtung eines Bilanzfestsetzungsbeschlusses, die darauf gegründet wird, daß durch den Beschluß Abschreibungen oder Rücklagen über das nach dem Gesetz oder nach dem Gesellschaftsvertrage statthafte Maß hinaus angeordnet seien, nur dann zulässig ist, wenn die Anteile der Aktionäre, die die Anfechtungsklage erheben, den zwanzigsten Teil des Grundkapitals erreichen.

Nehmen wir einmal an, daß eine Aktiengesellschaft, die den gesetzlichen Reservefonds von 10 v. H. des Aktienkapitals bereits ordnungsmäßig gebildet hat, ein Geschäftsjahr mit Gewinn abschließt und diesen in der Bilanz voll ausweist. Nach dem Gesetz hat dann jeder Aktionär ein Recht darauf, daß dieser Gewinn restlos unter

---

Fortschritte gemacht, die sich auch in der juristischen Beurteilung der Probleme auswirken müssen. So ist noch in einer RG.-Entscheidung aus dem Jahre 1918 (94, 213) das Wort Sonderabschreibung in einem Zusammenhange gebraucht, wo offensichtlich Rücklagen gemeint sind.

[1]) In RGZ. 94, 213 sagt das Reichsgericht, daß gegen den Willen eines Gesellschafters einer G. m. b. H. keine willkürlichen freien Reserven geschaffen werden dürfen. Denn »beim Fehlen einer dies zulassenden Bestimmung des Gesellschaftsvertrages darf der Anspruch des einzelnen Gesellschafters auf den Jahresgewinn nicht durch die willkürliche Minderbewertung von Vermögensgegenständen vereitelt oder geschmälert werden«.

[1]) In RGZ. 94, 213 sagt das Reichsgericht, daß gegen den Willen eines Gesellschafters einer G. m. b. H. keine willkürlichen freien Reserven geschaffen werden dürfen. Denn »beim Fehlen einer dies zulassenden Bestimmung des Gesellschaftsvertrages darf der Anspruch des einzelnen Gesellschafters auf den Jahresgewinn nicht durch die willkürliche Minderbewertung von Vermögensgegenständen vereitelt oder geschmälert werden«.

die Aktionäre verteilt wird. Generalversammlungsbeschlüsse, die eine andere Verwendung bestimmen, kann er unter den Voraussetzungen des § 271 anfechten. Grundsätzlich muß alles verteilt werden, was sich nach der jährlichen Bilanz als freier Gewinn ergibt [1]). Diese vom Gesetz getroffene Regelung ist in der Praxis freilich zur Ausnahme geworden. Regelmäßig trifft die Satzung der Aktiengesellschaft eine besondere Bestimmung darüber, wie der Gewinn verwandt werden soll. Oft ist ein Schlüssel festgesetzt, nach dem der Gewinn auf die verschiedenen Aktiengattungen verteilt wird; oder es ist bestimmt, daß er einer Interessengemeinschaft zufließen soll, oder daß aus ihm bestimmte Tantièmen gezahlt werden, oder daß Rücklagen außer den gesetzlichen gemacht werden sollen usw. Auch kann die Satzung die Gewinnverteilung zeitweise oder teilweise ausschließen. Die Satzung kann auch eine indirekte Bestimmung über den Reingewinn treffen, indem sie ihn zur Verfügung der Generalversammlung stellt [2]). Diese kann dann mit einfacher Mehrheit über die Verwendung des Reingewinnes beschließen [3]). Die Minderheit muß sich fügen [4]), es sei denn, daß der Tatbestand des § 826 BGB. erfüllt ist.

Das amerikanische Recht [5]) trägt in viel höherem Maße als das deutsche dem Umstand Rechnung, daß die Verteilung des Gewinnes bzw. sein Einbehaltung weniger eine Rechtsfrage als vielmehr eine Frage der geschäftlichen Zweckmäßigkeit ist. Daher liegt die Entscheidung darüber, ob beim Vorliegen der sonstigen Voraussetzungen eine Dividende erklärt wird oder nicht, ausschließlich in der Hand der Verwaltung. Die Generalversammlung hat hierauf überhaupt keinen Einfluß. Das amerikanische Recht geht davon aus, daß eine sachgemäße Geschäftsführung nur dann möglich ist, wenn die Dividendenpolitik ohne Rücksicht auf die persönlichen Interessen der Aktionäre von der Geschäftsleitung bestimmt

---

[1]) Staub-Pinner, Einleitung zu § 215, Anm. 9 zu § 213; Brodmann, Anm. 6 und 7 zu § 213; RFH. 14 307. Vgl. auch Hueck a. a. O., S. 173 und 175.

[2]) Dies ist nur dann anzunehmen, wenn es unzweideutig aus der Satzung hervorgeht. Wiederholt die Satzung nur die Gesetzesbestimmung, daß »die Generalversammlung die Dividende festsetzt«, kann eine solche Ermächtigung nicht angenommen werden.

[3]) Vgl. Ring-Schachian, a. a. O. S. 367.

[4]) Vgl. Hueck, a. a. O., S. 173, Fußnote 14.

[5]) Thompson, Corporations (3. ed. 1927) vol. 7 §§ 5260—5406; Weiner, Theory of Anglo-American Dividend Law, 29 Columbia Law Review 461; Clark, a. a. O., S. 418 ff.

wird. Der board of directors hat pflichtgemäß abzuwägen, wieviel vom Verdienst verteilt, wieviel in Reserve gestellt und wieviel zur Betriebserweiterung oder zu anderen Zwecken verwandt werden soll. Er kann sich jeweils nach der Marktlage im Geschäftszweig der Gesellschaft und den sonstigen zu berücksichtigenden Umständen über die Verwendung des Gewinnes schlüssig werden. Gegen seine Entscheidung können die Aktionäre nur dann vorgehen, wenn sie den Mitgliedern des board Unredlichkeit oder offenbare Willkür nachweisen. »It is discretionary with the directors of a corporation wheter they will declare a dividend, even when there are surplus profits, and, as a general rule, the courts will not control them in the exercise of this discretion, unless they act in bad faith or are guilty of palpable abuse of discretion« [1]). (Die Direktoren einer corporation haben die freie Entscheidung darüber, ob sie eine Dividende erklären wollen oder nicht, dies sogar dann, wenn Gewinnüberschüsse vorhanden sind, und im allgemeinen werden die Gerichte es nicht zu ihrer Aufgabe machen, sie in der Ausübung ihrer freien Entscheidung zu kontrollieren, es sei denn, daß sie unehrlich handeln oder in offenbarem Mißbrauch ihrer Entscheidungsmacht.) An den Beweis der offenbaren Unbilligkeit stellen die amerikanischen Gerichte sehr hohe Anforderungen, da sie auf dem Standpunkt stehen, daß es nicht Aufgabe des Gerichts sei, Fragen der Geschäftspolitik zu entscheiden. In der Entscheidung McNab v. McNab & Harlin Manufacturing Co. [2]) heißt es: »The directors are chosen by the shareholders, to exercise best judgment, depending upon their knowledge of the affairs and condition of the company; and when that has been done, the courts do not undertake to control their action, although they might differ in their views of the proper management to be adopted and followed«. (Die Direktoren sind von den Aktionären gewählt, um nach bestem Wissen zu handeln, je nach ihren Kenntnissen der Angelegenheiten und Verhältnisse der Gesellschaft; wenn das geschehen ist, werden es die Gerichte nicht unternehmen, ihre Handlungen zu kontrollieren, selbst wenn sie in ihrer Beurteilung der Frage, welche Maßnahmen zweckmäßigerweise einzuschlagen und anzuwenden wären, von deren Urteil abweichen.) Die Direktoren haben sogar freie Wahl darin, ob sie die Dividende

---

1) Ballantine, a. a. O., S. 502.

2) McNab v. McNab & Harlin Manufacturing Co., 62 Hun (N. Y.) 18; Ebenso Continental Ins. Co. v. Reading Co., 259 U. S. 156; Field v. Lamson & Goodnow Manufacturing Co., 162 Massachusetts 388, 38 N. E. 1126; Pardee v. Harwood Electric Co. 262 Pensylvania 68, 105 Atl. 48.

in Geld, in irgendwelchen anderen Gegenständen [1]), in bonds [2]) oder in Aktien [3]) verteilen wollen. Letzteres können sie allerdings nur, wenn die Übernahme der Aktien keinerlei Haftbarkeit für die Aktionäre im Gefolge haben kann. Auch haben die Direktoren das Recht, wenn sie keine Dividende erklären, andererseits die Dividende auch nicht ausfallen lassen wollen, scrip dividends zu verteilen, d. h. »ein schriftliches Zertifikat für den Aktionär, lautend auf Geld, Aktien, bonds, Land oder einen anderen Vorteil, zu leisten in der Zukunft« [4]. — Was für den common stock gilt, gilt auch für den preferred stock. Es liegt im pflichtgemäßen Ermessen der Direktoren, ob sie Dividende erklären wollen oder nicht. Da dies für den noncummulative preferred stock die große Gefahr in sich birgt, daß die Gesellschaft Jahre lang trotz ausreichender Gewinne keine Dividende auszahlt, hat die Rechtsprechung den Grundsatz herausgebildet, daß der preferred stock, auch wenn er nicht cummulativ ist, sein Recht auf den Gewinn eines Jahres behält, sofern er nur in ihm verdient ist, gleichgültig, wann er zur Verteilung gelangt [5]).

Ist die Dividende einmal erklärt, so wird sie in beiden Rechten ungefähr gleich behandelt. Übereinstimmend nehmen beide Rechte an, daß die ordnungsmäßig erklärte Dividende aus dem Kreise der gesellschaftlichen Rechte heraustritt und zum Gläubigerrecht wird. Das Reichsgericht sagt hierzu: [6]) »Der Anspruch auf verhältnismäßigen Anteil am Reingewinn ist ein obligatorischer gegen die Gesellschaft. — Derselbe entsteht, wenn die Dividende nach Maßgabe des Statuts festgestellt ist. In diesem Zeitpunkte sind auch die in Aussicht gestellten Modalitäten der Dividendenzahlung (Ort, Zeit, Währung) gleichmäßig wie der Anspruch auf die festgesetzte Dividende unantastbares Gläubigerrecht geworden«. Dieser Anspruch ist aus dem Herrschaftsbereich der Gesellschaft vollkommen

---

[1]) Williams v. Western Union Telegraph Co., 93 New York 162 mit der Begründung, daß die Aktionäre diese ja in Geld umsetzen könnten.

[2]) State v. Baltimore & O. R. Co., 6 Gill (Maryland) 363; Wood v. Lary, 47 Hun (N. Y.) 550.

[3]) Union & N. H. Trust Co. v. Taintor, 85 Connecticut 452, 83 Atl. 697. In manchen Staaten ist diese Möglichkeit allerdings durch statutes beschränkt.

[4]) Ballantine, S. 516.

[5]) Basset v. United States Cast Iron Pipe & Foundry Co., 75 New Jersey Eq. 539, 73 Atl. 514; vgl. auch Berle, Noncummulative preferred stock, 23 Columbia Law Review 360.

[6]) RGZ. 22, 113; ebenso Friedländer, Anm. 2 zu § 213; anders Nord, Die Rechte des Aktionärs, S. 26.

ausgeschieden [1]), so daß er aus keinem Grunde wieder vernichtet werden kann, nicht einmal, wenn nachträglich der Gewinn durch Verluste wieder aufgezehrt wird [2]). Der Anspruch auf Auszahlung der ordnungsmäßig erklärten Dividende ist selbständig abtretbar und pfändbar [3]). Im Konkurse kann er auf gleicher Linie mit den anderen nicht bevorrechtigten Konkursforderungen geltend gemacht werden [4]).

Das amerikanische Recht behandelt ebenso wie das deutsche die ordnungsmäßig und zulässigerweise erklärte Dividende als eine gewöhnliche Verbindlichkeit der Gesellschaft [5]). Zur »Erklärung« der Dividende genügt aber nicht, daß die Direktoren intern unter sich beschließen, die Dividende zu verteilen; es muß noch hinzukommen, daß der Beschluß öffentlich bekannt gemacht oder den Aktionären mitgeteilt wird [6]). Erst dann ist der Beschluß unwiderruflich. Für den Fall des Konkurses geht das amerikanische Recht noch weiter in der Begünstigung der Aktionäre als das deutsche. Grundsätzlich stehen die Aktionäre bezüglich ordnungsmäßig erklärter, aber nicht ausgezahlter Dividende den anderen Konkursgläubigern gleich [7]); hat die Gesellschaft jedoch die zur Auszahlung der Dividende notwendigen Gelder auf ein besonderse Konto bei einer Bank eingezahlt, oder sonst deutlich erkennbar von ihrem übrigen Vermögen unterschieden, so kann dieser Fond, auch wenn er sich noch im Besitze der Gesellschaft befindet, ausgesondert werden mit der Begründung, daß die Gesellschaft in Ansehung dieser Gelder nach der Bereitstellung nur noch Treuhänderin [8]) der Aktionäre sei. (Diese Behandlung der Dividende ist um so auffälliger und unverständlicher, als nach ständiger Rechtsprechung für die Zinsen von Bonds derselbe Grundsatz nicht gilt, auch wenn sie

---

[1]) Staub-Pinner, Anm. 12 zu § 213.

[2]) RGZ. 40, 36; Staub-Pinner, Anm. 12 zu § 213.

[3]) RGZ. 87, 383; RGZ. 98, 320.

[4]) ROHG. 18, 153; Mentzel, Kommentar zur Reichskonkursordnung, Anm. 1 f. zu § 207 KO.; Jäger, Anm. zu § 207 u. Anm. 18 zu § 208, und die herrschende Meinung. Dagegen Brodmann, Anm. 4 b zu § 213 unter Berufung auf Aronius in GZ. 40, 128 und Neukamp-Becker, GmbH. § 29, 2 b.

[5]) Beers v. Bridgeport Spring und Co., 42 Connecticut 17.

[6]) Ford v. Eastampton Rubber Thread Co., 158 Massachusetts 84, 32 N. E. 1036.

[7]) Stringer's Case (In re Mercantile Trading Co.), L. R. 4 Ch. App. 475. Ballantine, S. 505.

[8]) McLaran v. Cressent Planing Mill Co., 117 Mo. App. 40, 93 S. W. 819; In re Interborough Consol. Corporation, 267, Fed. 914, 919.

erkennbar abgesondert sind [1]). Diese Unterscheidung wird auch in Amerika als ungerechtfertigt empfunden [2]), von den Gerichten aber damit verteidigt, daß die Bank bei der Zahlung von Bondszinsen nur als Vertreterin des Schuldners auftrete.)

VIII. Abschnitt.

Das Bezugsrecht.

Die Ausgabe neuer Aktien ist entweder ein Zeichen der Blüte oder ein Zeichen der Krise. Sie ist ein Zeichen der Blüte, wenn die Gesellschaft bei günstiger Geschäftslage, gestützt auf bisherige Erfolge, sich zur Erweiterung entschließt und hierzu neues Kapital benötigt. Sie ist ein Zeichen der Krise, wenn das ursprünglich in der Gesellschaft angelegte Kapital durch schlechten Geschäftsgang teilweise verloren gegangen ist und ersetzt werden muß. In diesem Fall geht der Ausgabe junger Aktien meist eine dem Verlust entsprechende Kapitalherabsetzung voraus.

Juristisch besteht zwischen den beiden Fällen der Ausgabe neuer Aktien kein Unterschied. Wirtschaftlich sind sie jedoch grundverschieden. Handelt es sich um eine Sanierung, so ist die Hergabe neuen Geldes für den Geldgeber ein Wagnis, das er als Opfer empfindet, und zu dem er sich nur schwer entschließt, meist sogar nur dann, wenn er befürchten muß, ohne die Hergabe neuen Geldes alles zu verlieren, während er durch dieselbe wenigstens einen Teil zu retten hofft. Bei einer Sanierung wird in der Praxis also wohl kaum jemals ein Kampf um die jungen Aktien entbrennen. Jeder ist froh, wenn er sie nicht zu nehmen braucht. Vom Bezugsrecht spricht niemand; man hätte auch eher Ursache, von einem indirekten Bezugszwang zu sprechen.

Der Kampf um das Bezugsrecht kommt, von ungewöhnlichen Verhältnissen in der Inflation abgesehen, praktisch nur in Frage bei Kapitalerhöhungen zum Zwecke der Erweiterung. Jeder gibt sein Geld gerne her, und jeder will zu einem möglichst großen Teil an dem kommenden Aufschwung teilnehmen.

Wirtschaftlich gesehen stehen sich drei verschiedene Interessenträger gegenüber: Die Aktionäre, die Gesellschaft als solche und die

---

[1]) In re Interborough Consol. Corporation, 288 Fed. 334, 32 A. L. R. 932; Guiduse v. Island Refining Corp. 291 Fed. 922.

[2]) Vgl. Grinnell, Status of funds deposited for payment of interest on bonds, 19 Illinois Law Review 634. Ballantine, S. 505.

Verwaltung. Für die Gesellschaft selber kann es gelegentlich besonders vorteilhaft sein, Aktien ausgeben zu können, ohne durch ein Bezugsrecht der Aktionäre gebunden zu sein. Z. B. dann, wenn sie ein anderes Unternehmen gegen eigene Aktien übernehmen oder durch die Aktienüberlassung eine Geschäftsverbindung, z. B. in Form einer Interessengemeinschaft, herstellen will. Manchmal soll auch nur bei einem Dritten durch Einräumung einer Beteiligung ein besonderes Interesse an der Gesellschaft erweckt werden. Einen interessanten Fall dieser Art berichtet die Entscheidung Stokes v. Continental Trust Co. of City of New York [1]). Die Aktien der Trust Co. stiegen nur dadurch, daß das bekannte Bankhaus Blair & Co. ein größeres Aktienpaket erwarb, das es mit dem Tageskurs von $ 450.— für den share bezahlte, in drei Monaten auf $ 550.—, in zwei Jahren auf $ 700.—. Auch bei der Verschachtelung von Gesellschaften ergibt sich oft die Notwendigkeit, neue Aktien zu schaffen. All diese Transaktionen sind gehemmt, wenn die Gesellschaft die Aktien nicht begeben kann, an wen sie will, sondern durch Bezugsrechte gebunden ist.

Als zweiter Interessenträger bei der Ausgabe junger Aktien tritt die Verwaltung auf den Plan. Gelingt es ihr, allein oder auch in Zusammenarbeit mit der Majorität oder auch einer Minoritätsgruppe, die Ausgabe neuer Aktien in ihr genehme Wege zu leiten, so kann sie dadurch die Herrschaft über die Gesellschaft und damit ihre eigene Stellung maßgebend beeinflussen. Während und unmittelbar nach der Inflation sind in Deutschland derartige Maßnahmen häufig vorgekommen und auch in größerem Umfange Gegenstand gerichtlichen Streites gewesen.

Am meisten interessiert am Bezuge der neuen Aktien sind die Aktionäre. Wirtschaftlich läßt sich noch weiter unterscheiden zwischen dem Interesse der Mehrheit, dem der Minderheit und dem des Einzelaktionärs. Die Majorität kann bezüglich der Ausgabe neuer Aktien dieselben Ziele verfolgen wie die Gesellschaft selber oder die Verwaltung. Sie kann aber auch weitergehende Absichten haben. Auf die verschiedenste Weise kann sie versuchen, die Minderheit oder einzelne Mitglieder derselben aus der Gesellschaft zu verdrängen, ihre Quote zu schmälern oder sie auszuhungern.

Die Minorität und der Einzelaktionär sind im Kampfe um die jungen Aktien am meisten gefährdet. Sie haben ein dreifaches Interesse daran, von der Beteiligung an der Neuausgabe nicht aus-

[1]) 186 N. Y. 285, 78 N. E. 1090, 12 L. R. A. (N. S.) 969.

geschlossen zu werden. Zunächst kämpfen sie um ihre Quote am vorhandenen Kapital. Diese ist gefährdet, wenn nicht die neuhereinkommenden Aktionäre eine Einzahlung leisten, die genau dem wahren Wert der alten Aktien entspricht, welcher ja von dem Börsenkurs verschieden sein kann. Zahlen die neuen Aktionäre zu wenig, so werden sie, wenn sie die gleichen Rechte bekommen, wie die alten Aktionäre, auf deren Kosten begünstigt. Zahlen sie zu viel, so erleiden sie einen entsprechenden Schaden. Die Gefahr der ungerechten Behandlung des einen oder anderen Teils läßt sich schon wegen der Schwierigkeit der Bewertung gar nicht ausschalten. Jede Ungerechtigkeit ist nur dann ausgeschlossen, wenn alle Aktionäre sich entsprechend ihrer bisherigen Beteiligung an der Neuausgabe beteiligen können.

Das gleiche wie für die Beteiligung am vorhandenen Kapital gilt für die Beteiligung am aufgespeicherten Gewinn der Gesellschaft. Ist dieser beispielsweise genau so hoch wie das Grundkapital, so müssen die neuen Aktionäre ihre Aktien zum doppelten Nennwert einzahlen, um den alten Aktionären gegenüber einen Ausgleich zu schaffen.

Die Aktionäre haben ein Interesse daran, nicht nur am vorhandenen, sondern auch am zukünftigen Vermögen der Gesellschaft beteiligt zu sein. Wenn es ziemlich sicher ist, daß die Gesellschaft mit dem in ihr angelegten Geld vorteilhafter arbeiten wird, als es der Aktionär durch andere gleich sichere Anlagen kann, so wird jeder begierig sein, sich zu einem möglichst großen Teil an der Gesellschaft zu beteiligen. Die Aktionäre kämpfen deshalb um ihr Recht, Geld in der Gesellschaft anlegen zu dürfen, »the right to invest capital in the enterprise«, wie es Berle [1]) nennt. Wenn die Aktionäre an der Neuausgabe im Verhältnis ihres Aktienbesitzes beteiligt werden, wird auch die earning power, d. h. der Wert, der in der Erwerbsfähigkeit steckt, denjenigen zugeführt, denen er zusteht.

Der dritte, sehr bedeutsame Punkt für den alten Aktionär bei der Ausgabe junger Aktien ist die Wahrung seines verhältnismäßigen Einflusses in der Gesellschaft. Hatte der Aktionär 51% der Aktien, so ist er durch seine Mehrheit in fast allen Fragen ausschlaggebend. Wird nun das Grundkapital erhöht, ohne daß er junge Aktien bezieht, so verwandelt sich seine beherrschende Mehrheitsstellung von selbst in eine Minderheitsstellung. Die 51% werden zur Minderheit. Durch solche Mehrheitsverschiebungen können wichtige Verände-

---

[1]) Berle, Cases and Materials in the Law of Corporation Finance, S. 309.

rungen eintreten, insbesondere dann, wenn ein Aktionär oder eine Aktionärgruppe über eine Sperrminorität oder eine solche Minorität verfügt, die zur Geltendmachung eines Minderheitsrechtes genügt, und sie nun bei der Neuausgabe übergangen wird. Oft ist der Kampf um die Quote am Einfluß wichtiger, als der Kampf um die Quote an den finanziellen Werten.

Die verschiedenen Rechtssysteme suchen durch Vorschriften über das Bezugsrecht einen Ausgleich all dieser Interessen zu schaffen. Diese Vorschriften fallen je nach dem Charakter des betreffenden Rechtes verschieden aus. Das deutsche und das amerikanische Recht gehen übereinstimmend davon aus, daß eine Kapitalerhöhung, auch wenn sie unter Verletzung von Bezugsrechten durchgeführt ist, und, wenigstens in Deutschland [1]) ins Handelsregister eingetragen ist, nicht mehr rückgängig gemacht werden kann. Der benachteiligte Aktionär kann nur im Wege der Schadensersatzklage vorgehen [2]). Ist die Kapitalerhöhung noch nicht durchgeführt, beurteilen die beiden Rechte das Bezugsrecht ganz verschieden. Das deutsche Recht, das der Generalversammlung eine verhältnismäßig starke Stellung einräumt, dagegen den einzelnen Aktionär mit nur spärlichen Rechten bekleidet, gewährt auch hier nur einen beschränkten Schutz, während das amerikanische Reeht, das umgekehrt die Rechte des Einzelaktionärs stärker betont, den Aktionär in seinem Bezugsrecht weitgehender schützt.

Für das deutsche Recht kann man die vielumstrittene theoretische Frage, ob das Bezugsrecht ein Sonderrecht ist oder nicht, auf sich beruhen lassen [3]). Das Gesetz bestimmt in § 282, daß »jedem Aktionär auf sein Verlangen ein seinem Anteil an dem bisherigen Grundkapital entsprechender Teil der neuen Aktien zugeteilt werden muß, soweit nicht in dem Beschluß über die Erhöhung des Grundkapitals ein anderes bestimmt ist«. Dies Recht kann auch nicht von vornherein durch die Satzungsbestimmung, daß allgemein den Aktionären das Bezugsrecht nicht zustehen soll, ausgeschlossen werden; vielmehr muß das Bezugsrecht in demselben Beschluß, der die Kapitalerhöhung ausspricht, ausgeschlossen werden. Geschieht dies nicht, so hat jeder Aktionär kraft Gesetzes ein Gläubigerrecht auf Zuteilung einer verhältnismäßigen Anzahl

---

[1]) Vgl. Ring-Schachian, a. a. O., S. 61.

[2]) Thomas Branch & Co. v. Riverside & Dan Cotton Mills, 139. Virginia 291, 123 S. E. 542. Staub-Pinner, Anm. 10 zu § 282.

[3]) Vgl. Brodmann, Anm. 1 b zu § 451.

von Aktien, welches nur dadurch bedingt ist, das die Kapitalerhöhung zustande kommt [1]).

Der Ausschluß des Bezugsrechts kann nur allen Aktionären gegenüber gleichmäßig geschehen. Auch hat jeder Aktionär einen Anspruch darauf, daß bei Bestimmung des Bezugsverhältnisses einer unnötigen Spitzenbildung vorgebeugt wird. Ausgeübt wird das Bezugsrecht durch das gegenüber der Gesellschaft auszusprechende Verlangen nach Zuteilung von jungen Aktien. Wenn der Aktionär dann einen Zeichnungsschein ausfüllt, ist er auch verpflichtet, die Aktien zu nehmen. Nach deutschem Recht liegt also die Bestimmung darüber, wem neue Aktien zugeteilt werden sollen in der Hand derjenigen Mehrheit, die auch den Kapitalerhöhungsbeschluß faßt [2]). Das Recht der Mehrheit, das Bezugsrecht auszuschließen, findet eine Grenze in den allgemeinen Schranken, die die Grundsätze über die Majorisierung jedem Beschluß setzen. (Vgl. VI. Abschnitt Teil B c).

Das amerikanische Recht [3]) hat eine ganz andere Regelung getroffen. Wie immer ist die Stellung der Aktionärschaft, das heißt die der Aktionärversammlung, gegenüber der Verwaltung schwächer als nach deutschem Recht. Dafür ist aber der Schutz, der dem Einzelaktionär gegen die Gesellschaft gewährt wird, wesentlich stärker. Ein allgemeiner Schutz der Aktionäre durch einen Rechtssatz, daß das Bezugsrecht nicht im Voraus oder durch die Satzung hinwegbedungen werden könne, besteht in Amerika nicht. Berle [4]) weist besonders darauf hin, daß es eine große Gefahr bedeute, Aktien einer Gesellschaft, deren Satzung das Bezugsrecht ausschließt, zu erwerben, da der Wert der Aktien jeden Augenblick durch zu billige Ausgabe neuer Aktien ausgehöhlt werden könne, wodurch dann natürlich auch ihr Börsenkurs sinke. Diese Gefahr

---

[1]) Keine Verletzung des Bezugsrechtes, sondern nur eine technische Maßnahme zur Erleichterung der Neuausgabe ist es, wenn das Bezugsrecht zunächst dergestalt ausgeschlossen wird, daß ein Bankenkonsortium die Aktien übernimmt mit der Verpflichtung, den Aktionären auf Verlangen die auf ihren Aktienbesitz entfallenden Aktien zu einem bestimmten Kurs weiterzugeben. Sachlich ist das Bezugsrecht ja nicht angetastet. Vgl. RGZ. 67, 329.

[2]) Dies ist herrschende Meinung, wenn auch RGZ. 68, 245, übrigens ohne daß es für die Entscheidung darauf ankäme, einfache Mehrheit für genügend hält.

[3]) Vgl. A. H. Frey, Shareholder's Preemptive Rights, 38 Yale Law Journal 563; V. Morawetz, Preemptive Rights of Shareholders, 42 Harvard Law Review 186; Dwight, The Right of Stockholders to New Stock, 18 Yale Law Journal 101.

[4]) Berle, Cases and Materials in the Law of Corporation Finance, S. 310.

ist in Amerika deshalb besonders groß, da dort mehr als bei uns die Ausgabe billiger junger Aktien oder gar von Gratisaktien zum Zwecke der Gewinnverteilung vorgenommen wird. Dann ist es natürlich besonders wichtig, daß sie in die richtigen Hände kommen. Die Geschäftspolitik der American Telephone and Telegraph Co., welche in regelmäßigen Abständen Gratisaktien ausgibt, ist das beste Beispiel. Der Marktwert und die Beliebtheit ihrer Aktien sind zum großen Teil auf diese Ausgaben zurückzuführen. Der Sinn des Verfahrens ist, den Aktionären den erzielten Gewinn so weit als möglich zukommen zu lassen und doch nicht der Gesellschaft die zur Fortentwicklung nötigen Kapitalien zu entziehen. Durch Umwandlung der Reserven und Gewinne in Grundkapital und Verteilung einer entsprechenden Menge von jungen Aktien wird den Interessen beider Teile gedient, da die Gesellschaft nicht durch Geldabzüge geschwächt wird, der Aktionär jedoch durch Verkauf der jungen Aktie den jeweiligen Gewinn realisieren kann. In den Fällen, wo das Bezugsrecht nicht von vornherein durch das Statut ausgeschlossen ist, ist die Stellung des amerikanischen Aktionärs stärker, als die des deutschen. Ohne seine Zustimmung kann das Bezugsrecht weder von einer einfachen, noch von einer satzungsändernden Mehrheit angetastet werden [1]). In der Entscheidung Stokes v. Continental Trust Co. of the City of New York [2]) heißt es: »A majority of the stockholders cannot dispose of new stock to strangers against the protest of any stockholder who insists that he has a right to his proportion. Otherwise the majority could deprive the minority of their proportionate power in the election of directors and their proportionate right to share in the surplus, each of which is an inherent, pre-emptive, and vested right of property. ... A share of stock is a share in the power to increase the stock, and belongs to the stockholders the same as the stock itself. When that power is exercised, the new stock belongs to the old stockholders in proportion to their holdings of old stock«. (Die Mehrheit der Aktionäre kann nicht gegen den Willen eines Aktionärs, der auf seinem Anteilsrecht besteht, über junge Aktien verfügen. Wäre dem nicht so, so könnte ja die Mehrheit die Minderheit ihres Rechtes berauben, bei der Direktorenwahl anteilmäßig mitzuwirken und ihr das Recht nehmen, verhältnismäßig am Gewinn teilzunehmen,

---

[1]) Der führende Fall ist Gray v. Prasident, Directors & Company of Portland Bank (1807!) 3 Massachusetts 363, 3 Am. Dec. 156.

[2]) Stokes v. Continental Trust Co. of City of New York, 186 New York 285, 78 N. E. 1090.

während doch diese beiden Rechte inhärente unveräußerliche absolute Rechte sind. ... Eine Aktie verkörpert einen Anteil an der Befugnis, das Grundkapital zu erhöhen und gehört den Aktionären genau so wie die Aktien selbst. Wenn diese Befugnis ausgeübt wird, gebühren die neuen Aktien den alten Aktionären im Verhältnis ihres Besitzes an alten Aktien.) Das amerikanische Recht gewährt, entsprechend seiner Auffassung über die Natur des Bezugsrechtes, den Inhabern solcher Aktien, welche ihrer Art nach nicht an der Herrschaft über das Unternehmen beteiligt sind und von dem Gewinn nur eine feste Verzinsung erhalten, kein Bezugsrecht, weil ihnen ja durch die Ausgabe der jungen Aktien an Dritte nichts verloren geht [1]). (Nonvoting nonparticipating preferred stock).

Die Frage, wie hoch der Ausgabekurs junger Aktien sein muß, wird von den Gerichten nicht einheitlich beantwortet. Eine Minderheit in der amerikanischen Rechtsprechung nimmt an, daß der Aktionär ein Recht darauf hat, daß die neuen Aktien zu pari ausgegeben werden ohne Rücksicht darauf, wie hoch der Kurs der alten Aktien ist [2]); die herrschende Lehre dagegen steht auf dem Standpunkt, daß die Aktionäre weder verlangen können, daß die neuen Aktien zu pari, noch daß sie zu dem Kurs der alten Aktien [3]) ausgegeben werden. Sie nimmt vielmehr an, daß der board of directos nach pflichtgemäßem Ermessen den Ausgabekurs bestimmt, und zwar nicht nach Maßgabe irgend welcher Rechtsgrundsätze, sondern unter Berücksichtigung geschäftlicher Zweckmäßigkeitserwägungen.

Besonders interessant ist in diesem Zusammenhang, daß nach amerikanischem Recht das Bezugsrecht des Einzelaktionärs auch gegenüber der Ausgabe von Wandelschuldverschreibungen (convertible bonds) besteht. Die Direktoren können gegen den Willen eines Aktionärs keine convertible bonds mit Option auf Aktien ausgeben, da dies einem Ausschluß des Bezugsrechtes gleichkommt [4]). Die Direktoren haben nur dann freie Hand, wenn

---

[1]) General Investment Co. v. Bethlehem Steel Corporation, 88 New Jersey Eq. 237.

[2]) Hammond v. Edison Illuminating Co. of Detroit, 131 Michigan 79, 90 N. W. 1040, 100 Am. St. Rep. 582.

[3]) Scheirich v. Otis-Hidden Company, 204 Kentucky 289, 264 S. W. 755. Ein Aktionär, der nicht das Geld zur Verfügung hatte, sein Bezugsrecht auszuüben und dieses auch nicht verkaufen konnte, verlangte, daß die anderen Aktionäre nur zum (hohen) Kurs der alten Aktien die neuen Aktien erhalten dürften. Die Klage wurde abgewiesen mit der Begründung, daß der Kläger seinen Teil an den neu ausgegebenen Aktien hätte nehmen können und so vor Schaden bewahrt geblieben wäre.

[4]) Wall v. Utah Copper Company, 70 New Jersey Eq. 17, 62 A. 533.

noch nicht auf das ganze autorisierte Kapital Aktien ausgegeben sind. Die herrschende Lehre steht nämlich auf dem Standpunkt, daß ein Bezugsrecht der Aktionäre nur dann besteht, wenn neue Aktien ausgegeben werden. Ist dagegen die Gesellschaft mit einem bestimmten autorisierten Grundkapital gegründet, und hat sie zunächst nur für einen Teil desselben Aktien ausgegeben, so ist sie in der Begebung des Restes frei. Der Grund dafür ist, daß der Aktionär beim Erwerb der alten Aktien ja wußte, welche Quote des gesamten autorisierten Kapitals er erhielt und sich daher nicht benachteiligt fühlen darf, wenn alle ursprünglich vorgesehenen Aktien auch wirklich ausgegeben werden. In der Entscheidung Archer et al. v. Hesse [1]) heißt es: »A corporation may use its original unissued authorized capital stock for any legitimate or lawful purpose it sees fit. ... Before making such use it is not obligated to give to existing stockholders an opportunity to purchase. It is only when the capital stock is increased by the issue of new shares that each holder of the original stock has a right to subsribe for and demand from the corporation such a proportion of the new stock as the number of shares already owned by him bears to the whole number of shares before the increase«. (Eine Gesellschaft kann ihr ursprünglich autorisiertes, nicht ausgegebenes Grundkapital für jeden erlaubten und gesetzlichen Zweck verwenden, den sie für richtig hält. ... Bevor sie diesen Gebrauch macht, ist sie nicht verpflichtet, die Aktien ihren derzeitigen Aktionären zum Erwerb anzubieten. Nur dann, wenn das Grundkapital durch Ausgabe von neuen Aktien erhöht wird, hat jeder alte Aktionär das Recht, diejenige Anzahl neuer Aktien zu zeichnen und zu verlangen, die dem Verhältnis der ihm gehörigen alten Aktien zu dem ursprünglichen Grundkapital entspricht.) Das gleiche gilt für Portefeuille-Aktien [2]) und für solche Aktien, die die Gesellschaft gekauft oder zum Geschenk erhalten hat [3]).

Eine neuere New Yorker Entscheidung [4]) wendet sich allerdings ausdrücklich gegen die oben zitierte Entscheidung Archer v. Hesse und führt aus, daß zwar im allgemeinen die Aktionäre die Aktien nur im Hinblick auf die Höhe des gesamten autorisierten

---

[1]) Archer et al v. Hesse, 164 New York App. Div. 493, 150 N. Y. Suppl. 296.

[2]) Borg et al. v. International Silver Co., 11 Fed. (2 d) 147.

[3]) Crosby v. Stratton, 17 Colorado App. 212, 68 P. 130.

[4]) Dunlay v. Anevue M. Garage & Repair Co., (1930) 253 New York 274, 170 N. E. 917.

Kapitals und unter Berücksichtigung des sich daraus ergebenden Verhältnisses erwerben, daß es aber je nach Lage des Einzelfalles auch anders sein könne; nämlich dann, wenn offensichtlich an eine Ausgabe des überschüssigen autorisierten Kapital erst für den Fall einer Expansion in der Zukunft gedacht war und die Beteiligten bei der ersten Zeichnung nur den sofort ausgegebenen Teil des autorisierten Kapitals, nicht aber den für eine spätere Expansion vorgesehenen Restbetrag berücksichtigt haben. In einem solchen Fall soll nach der genannten Entscheidung das Bezugsrecht bestehen bleiben.

In den meisten Darstellungen des amerikanischen Gesellschaftsrechtes heißt es, daß ein Bezugsrecht der Aktionäre dann nicht besteht, wenn die neu ausgegebenen Aktien nicht für Geld ausgegeben werden, sondern für Sachwerte. Auch in zahlreichen Urteilen findet sich diese Angabe, meistens allerdings, ohne daß es für die Entscheidung darauf ankäme. Richterliche Aussprüche, in denen dies Problem Sache des Streites war, liegen kaum vor. Der grundlegende Fall ist Meredith et al. v. New Jersey Zinc & Iron Co. [1]). Dort heißt es: »In the case in hand, as the stock is issued for the purchase of property which will become a part of the common property and from which the dissenting stockholder will receive the same benefit, if any, as each of his associates, I can see no reason for the application of the rule in this case.« (Da die jungen Aktien zum Erwerbe von Sachwerten ausgegeben sind, welche ein Teil des Gesamtvermögens werden, an welchem der widersprechende Aktionär genau so gut beteiligt wird, wie alle anderen Aktionäre, kann ich keinen Grund sehen, warum die Regeln über das Bezugsrecht in diesem Falle Anwendung finden sollten.) Der Urteilsverfasser, Mr. Justice Pitney, hat jedoch selber mit Bezug auf den hier zitierten Satz in einer anderen Entscheidung [2]) gesagt: »Ich bin keineswegs sicher, daß ich diesen Anspruch getan hätte, wenn ich Zeit gehabt hätte, der Frage die nötige Überlegung zu widmen«. Man wird auf diesen Widerruf hin nicht mehr ohne weiteres annehmen können, daß das Bezugsrecht bei einer Aktienausgabe für Sachwerte nicht in Betracht kommt [3]). Eine neuere Entscheidung aus dem Staate Maryland [4]) hat allerdings angenommen, daß bei der Aus-

---

[1]) Meredith et al. v. New Jersey Zinc & Iron Co., 55 New Jersey Eq. 211, 37 A 539 und 56 New Jersey Eq. 454, 41 Atl. 1116.

[2]) Wall v. Utah Copper Co., 70 New Jersey Eq. 17, 62 A. 533.

[3]) Vgl. die Bemerkungen bei A. Berle Cases and Materials on the Law of Corporation Finance S. 344 f.

[4]) Thom v. Baltimore Trust Co. (1930), 148 Atlantic 234.

gabe von jungen Aktien gegen Sachwerte das Bezugsrecht weichen müsse, da sonst eine große Reihe nützlicher geschäftlicher Transaktien unmöglich gemacht würden. Es bleibt abzuwarten, ob die anderen Jurisdiktionen dieser Auffassung folgen werden.

Infolge der Verschiedenheit der wirtschaftlichen Verhältnisse Deutschlands und Amerikas in den letzten 20 Jahren sind die lebendigen Probleme des Bezugsrechtes ganz verschieden. Die Nachkriegswelle der Prosperität hat in Amerika den Aktionär noch gleichgültiger gegen die Einzelheiten des Geschäftsgebahrens der Gesellschaften gemacht, als er es ohnehin schon war. Er erhielt seine gute Dividende und war zufrieden. Was schadete es, wenn in der Zeit der Hochkonjunktur die allgewaltige Verwaltung weitere ungeheure Gewinne auf dem Wege geschickter Neuemissionen in andere Taschen leitete. Der Vorteil des einen schloß die gute Dividende des anderen nicht aus. Daher erklärt sich auch, daß in der Zeit nach dem Kriege in zunehmendem Maße das Bezugsrecht durch Satzungsbestimmung ausgeschlossen worden ist. Vereinzelt findet sich sogar in Satzungen die Bestimmung, daß die Direktoren das Recht haben sollen, ohne vorheriges Befragen der Aktionärversammlung junge Aktien mit Liquidationsrang vor den alten Aktien auszugeben. Es mag zugegeben werden, daß in manchen Fällen der Ausschluß des Bezugsrechtes der Gesellschaft geschickte und vorteilhafte Transaktionen ermöglicht, z. B. die Anknüpfung von Beziehungen, den Ankauf eines anderen Werkes, die Fesselung eines Abnehmers oder Lieferanten. Außerdem ist oft die Unterbringung der jungen Aktien bei einem Bankenkonsortium oder einigen Großaktionären schneller und einfacher auszuführen als die umständliche Verteilung an alle Aktionäre, die naturgemäß immer einige Zeit dauert, so daß man den Zufälligkeiten der Marktentwicklung in erhöhtem Maße ausgesetzt ist. Auf der anderen Seite ist aber die Gefahr des Mißbrauchs besonders groß. Mit Recht haben sich daher zahlreiche warnende Stimmen gegen eine zu starke Schmälerung des Bezugsrechtes der Aktionäre erhoben [1]).

In Deutschland hat sich der Streit der Meinungen in erster Linie um die Auswirkungen des Bezugsrechtes bei der Schaffung von Schutzrechten gedreht. Dabei kam es meist weniger auf finanzielle Gesichtspunkte als auf die Abwägung des Einflusses an. Der finanzielle Gesichtspunkt ist in Deutschland bei Streitigkeiten um das Bezugsrecht in erster Linie während der Inflation von Bedeutung

---

[1]) Vgl. bes. Ripley, a. a. O., S. 39 ff.

gewesen, wo oft die Ausgabe junger Aktien gegen Papiermark zur Verwässerung des Kapitals zum Schaden der alten Aktionäre verwandt worden ist. Es ist selbstverständlich, daß sich Mißstände niemals werden ganz ausschalten lassen. Ein Ausgleich der Interessen durch ein praktische Kompromißlösung ist der einzige gangbare Weg. So sieht auch der Entwurf II in seinen §§ 150 und 151 keine grundlegende Änderung der Bestimmungen über das Bezugsrecht vor. Nach der vorgeschlagenen Regelung bedarf der Ausschluß des Bezugsrechtes — entgegen der jetzigen Rechtslage — der ausdrücklichen Ankündigung bei der Berufung der Generalversammlung und eines Beschlusses, in dem 3/4 des vertretenen Grundkapitals dem Ausschluß zustimmen. Der Vergleich unseres Rechtszustandes mit der amerikanischen Regelung gibt m. E. keinen Anlaß, eine Änderung des deutschen Entwurfes vorzuschlagen.

IX. Abschnitt.

Die Rechte des Aktionärs auf den strukturellen Bestand der Gesellschaft.

In den Abschnitten VI bis VIII sind diejenigen Beeinträchtigungen der Rechte des Aktionärs besprochen worden, die durch ein mißbräuchliches Verhalten im Rahmen der unverändert bestehen bleibenden Gesellschaft und ihrer Einrichtungen herbeigeführt werden können. Hierbei wird meist, wenn auch nicht immer, der Mißbrauch bald durch seine unmittelbaren Folgen erkennbar werden; z. B. merken es die Aktionäre, oder könnten es wenigstens merken, wenn ihnen zu wenig Dividende ausgezahlt wird, oder wenn sie vom Bezugsrecht ausgeschlossen werden. Dieser Gruppe von Benachteiligungsmöglichkeiten der Aktionäre steht eine andere Gruppe gegenüber, die nicht durch Mißbrauch der bestehenden Institutionen, sondern durch Veränderung bzw. durch Neuschaffung oder Beseitigung derselben herbeigeführt wird. Diese Art von Beeinträchtigungen ist für den Aktionär um so gefährlicher, als sie nicht nur, wie z. B. eine ungerechte Dividendenverteilung, einmalig wirken, sondern dauernde Folgen haben und außerdem oft zunächst in ihren Konsequenzen gar nicht erkennbar sind; wenigstens nicht für den außenstehenden Kleinaktionär.

A. Satzungsänderungen.

Die Struktur der A. G. kann geändert werden durch Satzungsänderung. Scheidet man einmal die einwandfreien Satzungsänderungen und diejenigen Fälle einer ungerechtfertigten Satzungsänderung aus, die unter dem allgemeinen Gesichtspunkt des Stimmrechtsmißbrauchs betrachtet werden müssen, so bietet hier das deutsche Recht verhältnismäßig wenig Probleme grundlegender Natur. Das Gesetz trifft eine positive Regelung für die Satzungsänderung in den §§ 274 ff. Nach diesen Vorschriften kann eine Änderung des Gesellschaftsvertrages nur durch Beschluß der Generalversammlung herbeigeführt werden. Man sollte nach der Struktur der A. G. eigentlich erwarten, daß für diesen Beschluß Einstimmigkeit erforderlich wäre. Das Gesetz bestimmt aber, daß zu Satzungsänderungen nur eine Mehrheit erforderlich ist, die mindestens drei Vierteile des bei der Beschlußfassung vertretenen Grundkapitals umfaßt [1]). Die Satzung kann dies Erfordernis sogar noch mildern. Nur für die Änderung des Gegenstandes des Unternehmens und die Herabsetzung des Grundkapitals ist Dreiviertelmehrheit zwingend vorgeschrieben. Die Satzung kann die Statutenänderung noch erschweren. Unabänderlichkeit der Satzung kann aber im Statut nicht bestimmt werden. Brodmann [2]) ist sogar der Ansicht, daß nicht einmal die Zustimmung aller Aktionäre oder Einstimmigkeit zur Satzungsänderung erfordert werden dürfe, da es bei der Möglichkeit eines Mehrheitsbeschlusses bleiben müsse. Die herrschende Lehre hält allerdings die genannten Erschwerungen für zulässig [3]). Ist keine Bestimmung getroffen, so können also die Satzungsbestimmungen über Firma [4]), Sitz [5]) usw. mit Dreiviertelmehrheit geändert werden.

Eine etwas andere Beurteilung greift bei einer Abänderung der satzungsmäßigen Dauer der Gesellschaft Platz. Sieht die Satzung eine bestimmte Dauer für die Aktiengesellschaft vor, dann kann diese gleichwohl gemäß § 292 I durch Beschluß der General-Versammlung mit einer Mehrheit, die mindestens drei Vierteile des bei der Beschlußfassung vertretenen Grundkapitals umfaßt, aufgelöst werden. Daraus folgt, daß die einmal festgesetzte Zeitdauer auch mit der in § 292 I genannten Mehrheit nachträglich verkürzt werden kann [6]). Eine

---

[1]) Die für das deutsche Recht wichtige Frage, wie die Mehrheit zu berechnen ist, wenn Aktiengattungen mit verschiedenem Stimmrecht ausgegeben sind, ist in diesem Zusammenhang nicht erheblich.

[2]) Brodmann, Anm. 1 c zu § 275; vgl. auch Goldmann, Anm. 5 zu § 275.

[3]) Staub-Pinner, Anm. 2 zu § 275; Lehmann-Ring, Anm. 2 zu § 275; RGZ. 76, 171.

[4]) RJA. 12, 37.

[5]) RGZ. 44, 10.

[6]) RGZ. 65, 266.

Verlängerung der in der Satzung festgesetzten Zeitdauer kann dagegen im Wege der Satzungsänderung nicht erfolgen. Sie beträfe nicht nur die Struktur der Gesellschaft, sondern ihre Existenz überhaupt. Der Aktionär hat sein Geld für eine bestimmte Zeit angelegt. Er kann nicht gezwungen werden, es darüber hinaus weiter in der Gesellschaft zu belassen. Er hat ein Sonderrecht auf die Liquidationsquote im Augenblick der satzungsmäßigen Beendigung der Gesellschaft [1]). Sind die Gesellschafter dagegen alle einig, so können sie die Gesellschaft fortsetzen bzw. ihre Dauer verlängern [2]), gleichgültig, ob der Endigungszeitpunkt schon herangekommen ist oder nicht. Eine Neugründung ist in keinem Fall erforderlich [3]).

Das amerikanische Recht entwickelt seine Grundsätze über die Satzungsänderung aus seiner Grundauschauung der corporation. Es geht davon aus, daß die Gründung einer corporation drei Vertragsverhältnisse erzeugt. Es bestehen: ein privatrechtlicher (nicht öffentlich-rechtlicher!) Vertrag zwischen Staat und corporation, ein Vertrag zwischen der Gesellschaft und ihren Mitgliedern und ein Vertrag zwischen den Mitgliedern inter sese (vgl. den I. Abschnitt). Diese Auffassung des amerikanischen Rechts erzeugt verschiedene, dem deutschen Recht unbekannte Probleme auf dem Gebiet der Satzungsänderung.

Die erste Frage ist: Kann der Staat die charter der corporation ändern? Er kann es unstreitig tun aus polizeilichen Gründen. Die Korporation unterliegt der Polizeigewalt ebenso wie jede natürliche Person [4]). Fälle dieser Art scheiden für unsere Betrachtung aus. — Ob und inwieweit der Staat die charter ändern kann als Inkorporator, ist eines der umstrittensten Probleme des amerikanischen Gesellschaftsrechtes. Da die Amerikaner an der Auffassung festhalten, daß die Inkorporierung ein privatrechtlicher Vertrag ist, kommen sie notgedrungen zu dem Resultat, daß eine Änderung der charter nur mit Zustimmung des Vertragsgegners möglich ist [5]). Die Verfassung verbietet jedes Gesetz, das die Heiligkeit der Vertragspflichten antastet. (Art. 1 section 10 clause 1 der Verfassung der United States of America.)

---

[1]) RGZ. 81, 69; RG. Holdh. 1904, 136. Anders RGZ. 6, 120; OLG. 27, 386.

[2]) RGZ. 118, 337.

[3]) KG. JW. 1925, 640; RGZ. 118, 337. Anders RJA. 7, 209; 8, 199.

[4]) Boston Beer Co. v. Massachusetts, 97 U. S. 25; Eagle Ins. Co. v. Ohio, 153 U. S. 446.

[5]) Ausgangspunkt dieser Lehre ist der Fall Trustees of Dartmouth College v. Woodward, 1 N. H. 111 und 4 Wheat. (U. S.) 518, 4 L. Ed. 629.

Um sich vor den Folgen der im Dartmouth-Fall ausgesprochenen Rechtsansicht der Gerichte zu schützen, haben die inkorporierenden Staaten, übrigens einer ausdrücklichen Anregung des Richters Story in dieser Entscheidung folgend, sich ganz allgemein bei jeder Charter-Verleihung das Recht vorbehalten, die charter zu widerrufen und zu ändern (reserved power). In einer Reihe von Staaten ist dies Recht in der Verfassung oder durch Gesetz allgemein festgelegt, so daß für alle bedingt gegebenen charters und für alle unbedingt, aber nach Erlaß einer solchen Verfassungs- oder Gesetzesbestimmung gegebenen charters die Änderungsbefugnis des Staates unzweifelhaft ist.

Viel Streit hat sich darüber entwickelt, ob die Änderungsbefugnis des Staates unbeschränkt ist. Die Rechtsprechung hat hierzu folgende Grundsätze entwickelt: Das vom Staat gestellte Änderungsverlangen darf nicht willkürlich oder mißbräuchlich sein [1]), auch darf es weder die Gesellschaft in ihren Grundlagen vollkommen umändern [2]), noch sachlich auf eine Enteignung herauslaufen [3]). Tut es das, so müssen auch die für die Enteignung erforderlichen Vorausetzungen erfüllt sein.

Durch die staatliche Anordnung der Änderung bzw. der Ergänzung der Satzung ist dieselbe noch nicht vollzogen. Da die Abänderung ebenso wie die Inkorporierung ein Vertrag ist, bedarf es in jedem Falle der Zustimmung des Vertragsgegners. Durch den Vorbehalt wird dem Staat nur das Recht gesichert, die erteilte Inkorporierung noch nachträglich von Bedingungen abhängig zu machen. Nimmt die Gesellschaft die gestellten Bedingungen nicht an, so verliert sie das Recht auf Existenz, keinesfalls aber besteht sie ohne weiteres mit den angeordneten Änderungen fort. Die Annahme der gestellten Änderungsbedingungen kann ausdrücklich geschehen oder stillschweigend durch Fortsetzung des Betriebes [4]) unter Beobachtung ihres Inhaltes.

Die für die Stellung des Aktionärs wichtigste Frage ist: Wer hat das Recht, die von dem Staat zur Bedingung gemachte Änderung

---

[1]) Shields v. Ohio, 95 U. S. 319; Chicago, M. & St. P. R. Co. v. Wisconsin, 238 U. S. 491, 35 Sup. Ct. 869.

[2]) Buffalo & N. Y. C. R. Co. v. Dudley, 14 N. Y. 336.

[3]) Commonwealth v. Essex Co., 13 Gray (Massachusetts) 239, Ashuelot v. R. R. v. Elliot, 52 N. H. 387; Commissioners of Inland Fisheries v. Holyoke Water Power Co., 104 Massachusets 446, 6 Am. Rep. 247.

[4]) Chicago, M. & St. P. Ry Co. v. Des Moines Union R. Co., 254 U. S. 196, 65 L. Ed. 219.

der charter anzunehmen? Die Beantwortung dieser Frage entscheidet auch darüber, wer das Recht hat, die charter der corporation ohne vorheriges Eingreifen des Staates mit dessen nachfolgender Genehmigung zu ändern. Soll die Gesellschaft, d. h. praktisch die Majorität, oder soll jeder Einzelaktionär als Vertragsgegner des Inkorporierungsvertrages behandelt werden? Die Frage ist in der amerikanischen Rechtsprechung nicht einheitlich beantwortet worden, weil man die Frage nach dem inneren Zweck der reserved power verschieden beantwortet hat. Die Mehrheit steht auf dem Standpunkt, daß die inkorporierenden Staaten sich die Änderungsbefugnis nur deshalb vorbehalten, um die Folgen der Dartmouth-Entscheidung zu vermeiden, d. h. also, um dem Staat die Möglichkeit vorzubehalten, den Gesellschaften Beschränkungen aufzuerlegen, wenn er dies im öffentlichen Interesse für notwendig hält. Die Gerichte von Massachusetts und New York, in der Rechtsprechung die Vertreter der Minderheitsauffassung, gehen hierüber hinaus, und zwar in der Erwägung, daß die Änderungsbefugnis nicht nur zum Schutze öffentlicher Interessen, sondern auch deshalb vorbehalten sei, um der Gesellschaft von Staatswegen in ihrem eigenen Interesse eine Änderung ihrer Struktur angedeihen lassen zu können.

Von der Stellungnahme in dieser Vorfrage hängt die Entscheidung der Hauptfrage ab, ob schon die Mehrheit der Aktionäre eine Satzungsänderung annehmen kann, oder ob dazu die Zustimmung aller Aktionäre notwendig ist. Für denjenigen, der davon ausgeht, daß der Staat nur im öffentlichen Interesse eingreift, ist die Änderung der Satzung ein reines Problem des Innenverhältnisses der Gesellschafter. Für dieses gilt das auf der englischen Entscheidung Natusch v. Irving [1]) aufgebaute Prinzip, daß ein Gesellschafter nicht von seinen Mitgesellschaftern gezwungen werden kann, Partner eines anderen als des ursprünglich geschlossenen Vertrages zu werden. Sie können ihn nicht in eine andere Beteiligung pressen. Die führende amerikanische Entscheidung Zabriskie v. Hackensack [2]) sagt hierzu: »The state was making what had been decided to be a contract, and it reserved the power of change, by altering, modifying, or repealing the contract. Neither the words, nor the circumstances, nor apparent objects for which this provision was made, can, by any fair construction, extend it to giving a power to one part of the cor-

1) Natusch v. Irving (1824) Nicht in der ordentlichen Sammlung erschienen. Zu finden in Gow, on Partnership (3. Aufl.) S. 576; Lindley, on Partnership S. 511; Warren, a. a. O., S. 850.

2) Zabriskie v. The Hackensack and New York R. Co., 18 N. J. Eq. 178.

porators as against the other, which they did not have before. It was to avoid the rule in the Dartmouth College case, not that in Natusch v. Irving, that the change was made«. (Der Staat hat (durch die Inkorporierung) etwas abgeschlossen, was mit der herrschenden Lehre als Vertrag anzusehen ist; hierbei behielt er sich die Variationsbefugnis, sei es durch Änderung, Ergänzung oder Widerruf, vor. Weder der Wortlaut noch die Umstände, noch der klare Zweck, für den diese Bestimmung getroffen ist, kann sie bei vernünftiger Auslegung soweit ausdehnen, daß sie einem Teil der Gesellschafter dem anderen gegenüber ein Recht gibt, welches er nicht schon vorher hatte. Die Änderung in der Art und Weise der Verleihung der Rechtspersönlichkeit ist vorgenommen, um dem Rechtsgrundsatz der Dartmouth College-Entscheidung zu entgehen, nicht um dem in Natusch v. Irving ausgesprochenen Grundsatz zu begegnen.) Ballantine[1]) faßt diese Lehre dahin zusammen: »A stockholder has a right to stand upon the terms of his contract of membership und to insist that the funds of the corporation shall not be applied to any other purpose than that authorized by the charter of the corporation when he became a member«. (Ein Aktionär hat ein Recht, an den Bedingungen seines Beteiligungsvertrages festzuhalten und darauf zu bestehen, daß die Gelder der Gesellschaft nur zu den Zwecken verwandt werden, die in der charter bestimmt waren, als er die Mitgliedschaft erwarb.) Es ist nun aber nicht so, daß die Minorität die Majorität an einer bestimmten Satzungsbestimmung, sagen wir an einem bestimmten Gegenstand des Unternehmens, für ewig festhalten kann. Sie kann nicht verlangen, daß die Gesellschaft ohne Rücksicht auf die Zweckmäßigkeit mit dem ursprünglichen Zweck dauernd fortgeführt wird. Vielmehr bleibt der Majorität stets der — allerdings kostspielige — Ausweg, die Gesellschaft aufzulösen.

Die Jurisdiktionen von Massachusetts und New York kommen als Folge ihrer von der herrschenden Lehre abweichenden Auffassung (vgl. S. 176) von dem Zweck der reserved power zu dem Ergebnis, daß schon die Mehrheit der Aktionäre in der Lage ist, durch Beschluß in der Aktionärversammlung eine vom Staat vorgenommene Änderung der charter anzunehmen, und zwar auch gegen den

[1]) Ballantine, a. a. O., S. 825; Ebenso: Avondale Land Co., v. Shook, 170 Alabama 379; Stevens v. Rutland & Burlington R. R. Co., 29 Vermont 545; Allen v. Francisco Sugar Co., 92 N. J. Eq. 391. 110 Atl. 37. Der Hauptfall in der Praxis ist, daß eine Eisenbahngesellschaft, deren charter als Zweck den Bau einer Eisenbahn von A. nach B. angibt, später auch noch von B. nach X. bauen will, wogegen eine Minderheit opponiert.

Willen der Minderheit [1]). Sie sagen, die Änderung der charter müsse von den Parteien des Inkorporierungsvertrages vorgenommen werden, also vom Staat und von der Corporation als solcher, für die die Mehrheit in der Aktionärversammlung entscheide [2]).

In der Praxis ist die Theorie der herrschenden Lehre beschränkt auf solche Änderungen, die wesentliche Punkte der charter betreffen (fundamental, radical or vital change). Es soll nicht jeder einzelne Aktionär die Möglichkeit haben, sich jeder kleinen Änderung zu widersetzen, auf die es gar nicht ankommt, und sich durch Querulieren Sondervorteile zu verschaffen. Wenn von einer solchen nicht grundlegenden Satzungsänderung gesagt werden kann, daß sie nur der Förderung der bereits in der charter festgesetzten Zwecke dient, ohne die Gesellschaft in ihrem Wesen zu ändern, dann kann die Mehrheit sie ohne weiteres vornehmen. Juristisch wird das damit begründet, daß jeder Gesellschafter bei seinem Eintritt in die Gesellschaft stillschweigend allen denjenigen kleinen Änderungen der Satzung zugestimmt habe, die innerhalb der großen Linie des Gegenstandes der Gesellschaft liegen [3]). Hierher gehört z. B. unter Umständen die Namensänderung [4]), die Vermehrung der Direktorenzahl [5]), die Ermächtigung, nicht benötigte Vermögensgegenstände zu veräußern oder zu verteilen [6]) usw.

In der Praxis der letzten Zeit werden in die Statuten häufig Bestimmungen eingefügt, die die Vornahme von Satzungsänderungen mit einer bestimmten qualifizierten Mehrheit ($^2/_3$ oder $^3/_4$) ausdrücklich zulassen. Die Rechtsprechung hat jedoch den Grundsatz entwickelt, daß auch beim Bestehen einer solchen charter-Bestimmung die Mehrheit keine Änderung der corporation vornehmen darf, die eine Umwandlung in ein vollkommen andersartiges Unternehmen bedeutet. Es muß immer eine vernünftige Verknüpfung mit dem Wesen der usrprünglichen Gesellschaft bestehen [7]).

B. Die Auflösung der Gesellschaft.

Die Satzungsänderung ist bereits eine Änderung in der Struktur der Gesellschaft. Noch weitergehend ist eine von den Aktionären

---

1) Buffallo & New York City R. R. Co. v. Dudley, New York 336; Oldtown & L. Railroad Co. v. Veazie, 39 Maine 580.

2) Durfee v. Old Colony & F. R. R. Co., 5 Allen (Massachusetts) 230.

3) Perkins v. Coffin, 84 Connecticut 275, 79 Atl. 1070.

4) Taggart v. Western Maryland R. Co., 24 Maryland 563, 89 Am. Dec. 760.

5) Mower v. Staples, 32 Minnesota 284.

6) Merchant v. Western Land Association, 56 Minnesota 327.

7) Vgl. Ballantine, a. a. O., S. 830.

herbeigeführte Auflösung. Sie berührt die Interessen jedes einzelnen Aktionärs am sichtbarsten von allen Angriffen auf die Struktur der Gesellschaft. Als Gründe für einen Auflösungsbeschluß kommen eine Reihe von wirtschaftlichen Gesichtspunkten in Betracht, deren Erörterung für die Untersuchung der Rechte des Aktionärs notwendig ist.

Der wichtigste Fall ist, daß die Mehrheit ein Interesse daran hat, die Gesellschaft aufzulösen, während die Minderheit ihren Fortbestand wünscht. Der Grund für das Streben der Mehrheit nach Auflösung der Gesellschaft liegt meist darin, daß der Betrieb der Gesellschaft nach ihrer Ansicht nicht rentabel genug ist. Entweder arbeitet sie mit Verlust, oder aber das in ihr angelegte Geld bringt nicht den Ertrag, den andere Anlagemöglichkeiten den Aktionären bieten. Diese Motive des Auflösungsbestrebens sind vom geschäftsethischen Standpunkt nicht zu beanstanden. Es gibt aber auch Fälle, in denen die Mehrheit die Auflösung der Gesellschaft erstrebt, obwohl an der Rentabilität nichts zu bemängeln ist. Dann sind die Gründe für das Auflösungsverlangen meist nur aus den außergesellschaftlichen Bindungen der betreffenden Aktionäre zu verstehen. Es kann sein, daß sie an einem Konkurrenzbetrieb des gleichen Geschäftszweiges beteiligt sind, zu dessen Gunsten sie die Stillegung der Gesellschaft erstreben, oder mit dem sie sie vereinigen wollen. Es kann auch sein, daß sie Lieferanten oder Abnehmer der Gesellschaft sind und sich deren Geschäft angliedern wollen; oder aber daß sie lediglich durch die Auflösung der Gesellschaft Gelegenheit haben wollen, den gesamten Betrieb billig zu erwerben und ihn ohne die Minorität weiterzuführen. Möglich sind auch gewisse börsenmäßige Gesichtspunkte.

Wenn die Majorität die Auflösung der Gesellschaft wünscht, ergibt sich die Frage, ob sie die Auflösung auch gegen den Willen der Minderheit durchführen kann. Das Problem ist: Kann die Majorität der Minorität die Auflösung der Gesellschaft aufzwingen, oder kann die Minorität die Majorität zwingen, die Gesellschaft fortzuführen?

Nach deutschem Recht kann die General-Versammlung jederzeit mit einer Mehrheit, die mindestens drei Vierteile des bei der Beschlußfassung vertretenen Grundkapitals umfaßt, die Auflösung der Gesellschaft beschließen (§ 292 I Ziffer 2). Die Satzung kann diese Bestimmung nicht abschwächen, wohl aber kann sie bezüglich des Stimmverhältnisses weitere Erschwerungen aufstellen. Einstimmigkeit aller Aktionäre, die Zustimmung Dritter, wie z. B.

die des Vorstandes oder des Aufsichtsrates, kann die Satzung nicht verlangen [1]). Ebensowenig kann sie die Unauflöslichkeit der Gesellschaft aussprechen. Einer qualifizierten Mehrheit muß die Möglichkeit bleiben, jederzeit die Auflösung der Gesellschaft zu beschließen, die durch diesen Beschluß zwar nicht zu bestehen aufhört, aber auch nicht mehr werbende Gesellschaft bleibt, sondern in das Stadium der Liquidation tritt. Diejenigen Aktionäre, die mit einem solchen Beschluß nicht einverstanden sind, können nur unter dem Gesichtspunkte des Stimmrechtsmißbrauchs (§ 826 BGB.) dagegen vorgehen. (Vgl. VI. Abschnitt B e.)

Das amerikanische Recht hat sich mit dem Problem der freiwilligen Auflösung einer Gesellschaft eingehender befassen müssen als das deutsche, da es in Amerika viel häufiger vorgekommen ist, daß sich »Finanziers« die rechtliche Möglichkeit der freiwilligen Auflösung zu unlauteren Zwecken zunutze gemacht haben. Die amerikanische Rechtsprechung hat folgende Hauptgrundsätze entwickelt: Da die Inkorporierung ein Vertrag der Gesellschaft mit dem Staat ist, kann sie nicht rückgängig gemacht werden. Weiter oben haben wir gesehen, daß der Staat eine unbedingt gewährte Inkorporierung nicht willkürlich wieder nehmen oder ändern kann. (Dartmouth College Case). Ebensowenig kann aber auch der andere Vertragsteil des Inkorporierungsvertrages, die Gesellschaft, ohne Zustimmung des Staates von dem Inkorporierungsvertrage loskommen. Durch bloße Rückgabe der charter an den Staat wird die Gesellschaft noch nicht aufgelöst. Hinzukommen muß die Annahme der Rückgabe durch den Staat. Diese Annahme kann der Staat nun entweder jedesmal für den Einzelfall aussprechen, oder aber er kann sie allgemein für jede zurückgegebene charter durch ein Statut erklären [2]). Letzteres ist in den meisten Staaten geschehen. Besonders zu bemerken ist als Gegensatz zum deutschen Recht, daß die Ausführung eines Beschlusses, das gesamte Unternehmen zu veräußern oder den Geschäftsbetrieb einzustellen, nicht die Auflösung der Gesellschaft herbeiführt. Eine corporation kann auch längere Zeit nach einer solchen Veräußerung oder Einstellung ohne weiteres den Geschäftsbetrieb wieder aufnehmen und als werbende Gesellschaft auftreten [3]).

---

[1]) Brodmann, a. a. O., Anm. 4a zu § 292.

[2]) Beidenkopf v. Des Moines Life Insurance Co., 160 Iowa 629, 142 N. W. 434.

[3]) Beyer v. Woolpert, 99 Minnesota 475, 109 N. W. 1116; People v. Ballard, 134 New York 269, 32 N. E. 54.

Die nächste Frage ist: Wer ist berechtigt, dem Staat die charter zur Rücknahme anzubieten? Müssen sämtliche Gesellschafter der Rückgabe zustimmen oder genügt ein Beschluß der Mehrheit? Bei der Beantwortung dieser Frage geht das amerikanische Recht davon aus, daß zwischen den Gesellschaftern inter sese ein Vertrag besteht, für die satzungsmäßige Dauer bzw. auf unbeschränkte Zeit den begonnenen Geschäftsbetrieb fortzusetzen. Im Sinne unserer Terminologie hat jeder Aktionär ein Sonderrecht, daß die Gesellschaft satzungsgemäß fortgesetzt werde. Will ein Gesellschafter oder die Mehrheit die Gesellschaft vorzeitig beendigen, so ist das ein Vertragsbruch. Diesen braucht sich die Minderheit nicht gefallen zu lassen. Die grundlegende Entscheidung ist Kean v. Johnson [1]), die zum Ausdruck bringt, daß ein Vertrag der Gesellschafter, eine zeitlang irgend etwas, z. B. Baumwollwaren, herzustellen, die stillschweigende Vereinbarung enthält, mit dieser Herstellung auch nicht vor der Zeit wieder aufzuhören, so daß die Beendigung der Gesellschaft nur einstimmig beschlossen werden könne [2]). Von diesem heute noch anerkannten Grundsatz macht die moderne Rechtsprechung allerdings folgende Ausnahme: Zur Auflösung der corporation genügt die Zustimmung der Mehrheit, wenn die Gesellschaft mit Verlust arbeitet. Da es selbstverständlicher Vertragsinhalt ist, daß die Gesellschaft zum Zwecke des Geldverdienens betrieben wird, darf die Minderheit die Mehrheit nicht zwingen, bei einem Verlustgeschäft zu verharren, in dem sie sehenden Auges ihren letzten Pfennig verliert [3]). Aus der Grundregel über die Auflösung ergibt sich der weitere Grundsatz, daß »eine prosperierende Gesellschaft« ihr Unternehmen oder wesentliche Teile desselben nicht ohne die Zustimmung sämtlicher Aktionäre veräußern darf [4]).

Der Grundsatz der Entscheidung Kean v. Johnson, daß die Gesellschaft nur mit Zustimmung aller Aktionäre aufgelöst werden

---

[1]) Kean v. Johnson, 9 New-Jersey Eq. 401.

[2]) Ebenso: Eldred v. American Palace Car Co., 96 Fed. 59. Allen v. Francisco Sugar Co., 92 New Jersey Eq 431, 112 Atl. 887; Barton v. Enterprise Loan & Building Association, 114 Indiana 226, 16 N. E. 486.

[3]) Geddes v. Anaconda Mining Co., 254 U. S. 590 Price v. Holcomb, 89 Iowa 123, 56 N. W. 407; Dartholomew v. Derby Rubber Co., 69 Connecticut 521, 38 Atl. 45.

[4]) Ely v. Credit Men's Adjustment & Interchange Bureau, 106 New Jersey Eq. 472, 151 Atl. 208 (1930); (Sherrard State Bank v. Vernon, 243. Illinois App. 122). Vgl. auch Lattin, The Minority Stockholder and Intercorporate Conflict, XVII Iowa Law Review 313 ff. (1932).

kann, ist in der Literatur [1]) und Rechtsprechung [2]) stark bekämpft worden. Ihre Gegner gehen von der herrschenden Lehre aus, daß die Mehrheit dann zur Auflösung der Gesellschaft befugt ist, wenn sie mit Verlust arbeitet. Sie meinen, diesem Fall müsse man den anderen Fall gleichsetzen, daß die Gesellschaft zwar nicht verliert, aber auch nicht die Erträge bringt, die die Aktionäre genießen könnten, wenn sie ihr Geld anderswo anlegen, mit anderen Worten, wenn die Gesellschaft zu wenig verdient. Da man nun die Beantwortung der Frage, ob die erzielten Gewinne ausreichend seien, den Aktionären selber überlassen müsse, könne man auch der Mehrheit immer das Recht geben, die Auflösung bzw. die Veräußerung des Betriebes der Gesellschaft zu beschließen. Diese Lehre war zeitweise sogar herrschend. Der oben genannte Artikel des berühmten Rechtslehrers E. H. Warren ist (1917) noch unter dem Eindruck ihrer Vorherrschaft geschrieben. Heute ist diese Lehre jedoch nur in wenigen Jurisdiktionen anerkannt, obwohl sie eigentlich auch vom amerikanischen Standpunkt aus die vernünftigste Lösung darstellt [3]). Die herrschende Lehre ist zu den Grundsätzen der Entscheidung Kean v. Johnson zurückgekehrt. In allen Fällen, in denen die Mehrheit befugt ist, den Verkauf des Unternehmens herbeizuführen, muß die Vergütung in Geld bestehen. Die Minorität braucht eine Veräußerung gegen andere Werte nicht zu dulden. Allenfalls hält man es für zulässig, das Unternehmen für Aktien einer anderen Gesellschaft zu verkaufen, dann diese Aktien zu verwerten und den Erlös unter die Aktionäre zu verteilen [4]). Auf keinen Fall aber brauchen sich die Minderheitsaktionäre gefallen zu lassen, daß man ihnen statt Bargeld Aktien der übernehmenden Gesellschaft oder sonstige Vermögensstücke (z. B. Bonds) in die Hand drückt [5]). Auch ist es nicht zulässig, die Gesellschaft gegen den Willen einer Minderheit in eine Rentengesellschaft zu verwandeln, d. h. das Unternehmen gegen Aktien einer anderen Gesellschaft zu verkaufen,

---

[1]) E. H. Warren, Voluntary Transfer of Corporate Undertaking, 30 Harvard Law Review, 335, 358.

[2]) Beidenkopf v. Des Moines Life Ins. Co., 160 Iowa 629, 142 N. W. 434; Cohen v. Big Stone Cap Iron Co., 111 Virginia 468, 69 S. E. 459.

[3]) Bowditch v. Jackson Co., 76 New Hampshire 351, 82 Atl. 1014; Maxler v. Freeport Bank, 275 Pensylvania 510, 119 Atl. 592; Nave McCord Mercantile Co. v. Ranney, 29 Federal (2 nd) 383 (1928).

[4]) Ballantine, a. a. O., S. 594.

[5]) Elyton Land Co. v. Dowdell, 113 Alabama 177, 20 So. 981; Winfree v. Riverside Cotton Mills, 113 Virginia 717, 75 S. E. 309.

diese zu behalten und die jährlichen Dividenden unter die Aktionäre zu verteilen [1]).

Die herrschende Lehre zieht aus dem Grundsatz, daß die Mehrheit nicht berechtigt ist, gegen den Willen einer Minderheit den Verkauf des Unternehmens, die Auflösung oder eine Fusion herbeizuführen, die Folgerung, daß die widersprechenden Minderheitsaktionäre entweder auf Unterlassung klagen können (injunction), oder, wenn es für eine Unterlassungsklage schon zu spät ist, im Wege der Schadensersatzklage den Wert ihrer Aktien verlangen können [2]). Bei arglistigem Zusammenwirken haftet für den Schaden nicht nur die übertragende, sondern auch die übernehmende Gesellschaft [3]).

Die amerikanische Praxis hat ergeben, daß die vorstehend geschilderte Auffassung von den Rechten der Minderheit zu einer unerträglichen Behinderung der wirtschaftlichen Entwicklung geführt hat. Querköpfige Kleinaktionäre stemmen sich oft nur aus Eigensinn gegen jede Veränderung. Noch gefährlicher sind solche Aktionäre, die sich nicht aus Überzeugung gegen eine Veränderung wehren, sondern die nur die Absicht haben, die Mehrheit in Bedrängnis zu bringen und dann eine Abfindung von ihr herauszuschlagen. Deshalb haben die meisten amerikanischen Staaten besondere Bestimmungen getroffen, die die Interessen von Mehrheit und Minderheit auszugleichen bestimmt sind [4]). Im einzelnen sind die Vorschriften verschieden. Auf der einen Seite erleichtern sie jedoch alle die Durchführung von Auflösungen, Veräußerungen und Veränderungen dadurch, daß sie nicht mehr Einstimmigkeit, sondern nur noch eine qualifizierte Mehrheit für den Beschluß der Aktionäre verlangen. Es finden sich in den verschiedenen Staaten folgende Erfordernisse: Einfache Mehrheit, 2/3, 3/4, 4/5-Mehrheit, je nachdem mit oder ohne

---

1) Plant v. Macon Oil & Ice Co., 103 Georgia 666, 30 S. E. 567.

2) Tanner v. Lindell Ry., 180 Missouri 1, 79 S. W. 155; Wunsch v. Consolidated Laundry Co., 116 Washington 44, 198 Pac. 282; Kremer v. Public Drug Co., 41 South Dakota 365, 170 N. W. 571; Kaszubowski v. Buffalo Telegram Co., 131 Misc. 563, 227 New York Supplement 435; Garret v. Reid-Cashion Land & Cattle Co., 34 Arizona 245, 274, 270 Pac. 1044; Finch v. Warrior Cement Co. 141 Atl. 54 (Del. Ch. 1928).

3) Wunsch v. Consolitaded Laundry Co., 116 Washington 44, 198 Pac. 383; Ely v. Credit Men's Adjustment & Interchange Bureau, 106 New Jersey Eq. 472, 151 Atl. 208.

4) Eine Zusammenstellung der verschiedenen Statutes findet sich bei Lattin, Remedies of Dissenting Stockholders under Appraisal Statutes, 45 Harvard Law Review 238 ff. siehe außerdem Parker, Corporation Manual (31st ed. 1930).

Zustimmung der Direktoren. In manchen statutes sind die Erfordernisse nach der Art des Entgelts abgestuft, z. B. verlangen einige einfache Mehrheit, wenn ein Verkauf gegen Bargeld geplant ist, sonst $^2/_3$-Mehrheit. Ähnliche Bestimmungen gelten für Fusionen und bestimmte, besonders wichtige Satzungsänderungen. Die meisten Statutes ergänzen diese Erweiterung der Mehrheitsrechte durch einen erhöhten gesetzlichen Schutz der widersprechenden Minderheit. Der herrschende Gedanke dabei ist, daß die Minderheit, die aus berechtigten oder unberechtigten Gründen sich den von der Mehrheit geplanten Änderungen widersetzt, sich nicht mit dem abspeisen lassen muß, was ihr die Minderheit zuweist, sondern sich aus dem Geschäft zurückziehen und verlangen kann, daß ihr, wenn sie binnen einer bestimmten Frist einen dahingehenden Antrag stellt, der Wert ihrer Aktien ausgezahlt wird. Dieser Wert wird von einem unabhängigen, vom Gericht bestimmten Schätzer (appraiser) festgesetzt. Manche statutes bestimmen auch, daß das Gericht die Entschädigung nach Anhörung eines Sachverständigen selbst festsetzt [1]). Der in der amerikanischen Rechtsprechung ausführlich erörterte Streit, was in den appraisal-statutes mit dem »Wert der Beteiligung« gemeint ist, kann hier im einzelnen unerörtert bleiben. Die einen wollen die Höhe der Abfindung nach dem Marktwert der Aktien berechnen, die anderen nach dem Buchwert des Vermögens der Gesellschaft. Dabei findet sich unterschieden: Value, fair value, cash value, fair cash value, (wohl gleichbedeutend) market value, full market value, book value [2]).

Die appraisal statutes wollten den Minderheitsaktionären durch die Schaffung des Rechts auf den Schätzungswert ein neues Recht geben, das sie nach dem bisherigen Rechtszustand nicht hatten; sie wollten ihnen aber von ihren alten Rechten nichts nehmen. Deshalb nimmt die Rechtsprechung an, daß der Minderheitsaktionär, wenn die beanstandete Maßnahme der Gesellschaft eine unerlaubte Handlung oder Vertragsverletzung gegen ihn ist, die Wahl hat, ob er Schadenersatz oder den Schätzungswert nach dem appraisal-statute haben will [3]). Ist der beanstandete Beschluß noch nicht zur Aus-

---

[1]) Die statutes über die Auseinandersetzung der Mehrheit und der Minderheit in den hier behandelten Fällen heißen wegen der in ihnen vorgesehenen Schätzungen appraisal-statutes. (Vgl. auch VI Abschnitt B c.)

[2]) Dies Problem ist unter Berücksichtigung der Rechtsprechung eingehend erörtert bei Lattin, Remedies of Dissenting Stockholders under Appraisal Statutes, 45 Harvard Law Review 233, auf S. 258 ff.

[3]) Equitable Trust Co., v. Columbia National Bank, 145 South Carolina 91, 133, 142 S. E. 811, 825; General Investment Co. v. Lake Shore & M. S. Ry.

führung gelangt, so kann der Aktionär alternativ auf Unterlassung und auf Abfindung nach den Vorschriften des appraisal-statutes klagen [1]). Hat er nur auf Unterlassung geklagt, kann er nach Verlust des Prozesses immer noch die Abfindung nach dem appraisal-statute verlangen, vorausgesetzt, daß die Antragsfrist noch nicht abgelaufen ist. Hat er aber einmal die Abfindung gewählt, kann er nicht mehr zur Klage auf Unterlassung übergehen, da in der Klage auf Abfindung ein Verzicht auf die Unterlassung zu erblicken ist.

Die weiteren in diesem Zusammenhange auftauchenden Probleme sind zu zahlreich, als daß sie hier erörtert werden könnten. Nur um zu zeigen, welches weitere Gebiet hier noch zu klären ist, sei auf folgende Fragen hingewiesen: Wie lange kann der Minderheitsaktionär noch seinen anfänglichen Widerstand aufgeben und sich nachträglich der Mehrheit anschließen? Muß diese ihn dann trotz seines anfänglichen Widerstandes noch an dem von ihr geplanten Geschäft teilnehmen lassen? Kann die Mehrheit von ihrem Plane wieder Abstand nehmen, wenn sie sieht, daß mehr Aktionäre, als sie erwartet hatte, die Rechte aus dem appraisal statute geltend machen? Wie lange ist für die alten Aktien Dividende und von wann an für die Abfindung nach dem appraisal statute Zinsen zu zahlen? Ist der Minderheitsaktionär während des Prozesses über die Unterlassung bzw. die Abfindung noch stimmberechtigt? Nimmt er an den Einnahmen des umgestalteten Unternehmens teil? u. a. m.[2]).

Die Rechtslage in Amerika ist sehr verworren. In fast allen Staaten ist die Minoritätsfrage anders gelöst. Die große Linie der Entwicklung ging in den letzten zwei Jahrzehnten jedoch dahin, die Stellung des Einzelaktionärs gegenüber der Gesellschaft und gegenüber der Mehrheit zu stärken. In jüngster Zeit ist die Entwicklung wieder umgeschlagen und man betont wieder mehr und mehr die Schutzwürdigkeit der »group action«. Der Gemeinschaftsgedanke kommt wieder zum Durchbruch [3]).

---

250 Fed. 160; Cole v. National Cash Credit Association, 156 Atl. 183 (1931); Bown v. Ramsdell, 227 App. Div. 224, 237 New York Suppl. 573 (1929); Cole v. Wells, 224 Mass. 504, 113 N. E. 189.

[1]) Petry v. Harvood Elec. Co., 280 Pensylvania 142, 124 Atl. 302.

[2]) Eingehende Erörterung dieser Fragen mit Literaturnachweisen bei: Lattin, Remedies of Dissenting Stockholders under Appraisal Statutes, 45 Harvard Law Review 251 ff.

[3]) Vergleiche: Sears, The new Place of the Stockholder, 1929; Lattin, The Minority Stockholder and Intercorporate Conflict, 17 Iowa Law Review 313 (1932); Hills, Consolidation of Corporations by Sale of Assets and Distribution of Shares, 19 California Law Review 349 (1931); Lattin, Equitable

C. Die Veräußerung des Gesellschaftsvermögens im Ganzen und die Fusion.

Nur sechs Paragraphen des geltenden Handelsgesetzbuches (303—308) befassen sich mit der Verwertung des Vermögens einer deutschen Aktien-Gesellschaft durch Veräußerung im Ganzen und mit der Aufnahme einer Aktien-Gesellschaft durch eine andere. Diese Paragraphen enthalten auch die Regeln über die Umwandlung eines Unternehmens in eine andere Rechtsform, soweit es sich dabei um Aktiengesellschaften handelt[1]), d. h. sie machen in den meisten Fällen eine Umwandlung ohne Neugründung unmöglich.

Die Sorge des Gesetzes in diesen Bestimmungen gilt in erster Linie den Gläubigern der Aktiengesellschaft, in zweiter der technischen Ausgestaltung der Veräußerung. An die Rechte der Aktionäre ist nur insoweit gedacht, als in allen drei Fällen ein Beschluß der Generalversammlung erforderlich ist, der einer Mehrheit bedarf, die mindestens drei Vierteile des bei der Beschlußfassung vertretenen Grundkapitals umfaßt. Sonst sind über das Verhältnis der Majorität zur Minorität keine Bestimmungen getroffen. Auch die Rechtsprechung hat hierüber keine besonderen Grundsätze entwickelt. Von den nach der Inflation in der amtlichen Sammlung veröffentlichten Reichsgerichtsentscheidungen befassen sich nur drei mit der Veräußerung bzw. Fusion von Aktiengesellschaften unter dem Gesichtspunkt der Minderheitsrechte[2]). In zweien von ihnen ist die tiefere Ursache des Rechtsstreits, daß die Minderheit sich von der Mehrheit übervorteilt glaubt, ausgesprochen. Im Falle RGZ. 115, 378 hatte die Minderheit ihre Klage auf die Verletzung von Bewertungsvorschriften gestützt, im Falle RGZ. 124, 279 bemängelte sie das bei der Kapitalerhöhung und Fusion eingeschlagene Verfahren. Das eigentliche Problem, nämlich welche Pflichten innerhalb einer Aktiengesellschaft ein Aktionär gegen den anderen hat, ist in klarer Fragestellung recht selten erörtert. Die Minderheitsaktionäre, die um ihr Recht kämpfen, sind, da das deutsche Recht kein vertragliches, sondern nur ein körperschaftliches Verhältnis

---

Limitations on Statutory or Charter Powers given to Majority Stockholders, 30 Michigan Law Review 646 (1932); Ballantine, Questions of Policy in Drafting a Modern Corporation Law, 19 California Law Review 465 (1931); Dodd, Dissenting Stockholders and Amendments to Corporate Charters, 75 Pensylvania Law Review 585 (1927).

[1]) Eine Zusammenstellung der möglichen Fälle findet sich bei Friedländer, Aktienrecht, Vorbemerkung zu §§ 303—306.

[2]) RGZ. 115, 378 (Essener Kreditanstalt); 123, 289 und 124, 279 (Vereinigte Stahlwerke).

zwischen den Aktionären annimmt, darauf angewiesen, Beanstandungen von Bewertungen und ähnliche neben der Sache liegende Dinge heranzuziehen. Die Aktionäre sind eben gegen eine ihnen von der Mehrheit aufgezwungene Veräußerung des Gesellschaftsvermögens im Ganzen, gegen eine Auflösung oder gegen eine Fusion nur geschützt durch die allgemeinen Grundsätze über den Mißbrauch des Stimmrechts. Auch § 252 III bietet für den Fall der Fusion wenig Schutz, da diese Vorschrift auch in den Fällen, wo ein Beschluß der Generalversammlung notwendig ist, leicht umgangen werden kann [1]).

Die hier angeschnittenen Fragen sind für die Reform des Aktienrechts besonders interessant, weil der Entwurf II sich eingehend mit der Vermögensveräußerung im Ganzen, mit der Verschmelzung von Gesellschaften (§§ 209—224) und der Umwandlung von Kapitalgesellschaften (§§ 225—239) befaßt. Die Möglichkeiten für eine Umwandlung werden durch den Entwurf sehr erweitert, da sie auch in den Fällen, in denen sie bisher nur durch Neugründung möglich war, zugelassen werden soll. Die Rechte der Aktionäre haben aber, soweit das Verhältnis der Mehrheit zur Minderheit in Betracht kommt, auch im Entwurf II keine vom geltenden Recht abweichende Regelung erfahren. Wenn die qualifizierte Mehrheit die Vermögensveräußerung, Verschmelzung oder Umwandlung beschließt, hat sich die Minderheit zu fügen.

Für die Neugestaltung des Aktienrechts ist zu erwägen, ob man nicht der zweifellos jetzt schon bestehenden Möglichkeit, die Minderheit unter unbilligen Bedingungen aus der Gesellschaft zu verdrängen, die durch die nach dem Entwurf vermehrten Umwandlungsmöglichkeiten noch vergrößert ist, nicht auf irgend eine Weise begegnen soll. Dabei wird man zwischen den Fällen zu unterscheiden haben, wo die Minderheit in das neue Unternehmen mit hereingenommen wird, d. h. an der Umgestaltung und den etwaigen Vorteilen derselben teilnimmt, und denjenigen Fällen, wo die Minderheit, wenn auch vielleicht nicht in der Form, so doch in der Sache, von den Vorteilen der Transaktion ausgeschlossen wird. Für die letzteren Fälle wäre die Einführung einer besonderen Sicherung der Minderheit zu erwägen. Ob sich dabei die schon für andere Aufgaben vorgeschlagenen Spruchstellen (E II § 90) einschalten lassen, oder ob man den amerikanischen Weg der Abfindung zum Schätzungswert geht, will der Verfasser nicht entscheiden. Gegebenenfalls ließen sich als Schützer die Handelskammern oder die neu zu schaffenden ständischen Organe des Handelsstandes einschalten.

---

[1]) Vgl. RGZ. 85, 170 (Bamag-Fall).

X. Abschnitt.

Der Schutz des Aktionärs gegen die Verwaltung.

Bei der Aktiengesellschaft sind diejenigen Personen, die das Kapital zur Verfügung stellen, und diejenigen, die das Unternehmen tatsächlich leiten, nicht notwendigerweise identisch. Sie fallen sogar in der Regel auseinander. Fehlgeschlagene Maßnahmen der Verwaltung treffen also nicht stets deren eigenen Geldbeutel, immer aber den der Aktionäre.

Bei kleinen Unternehmungen ist die Zahl der Aktionäre meist gering, außerdem stammen sie häufig aus der näheren Umgebung des Ortes, in dem sich das Unternehmen befindet, und sind wegen dieser beiden Umstände auch ohne besondere Geschäftskenntnisse in der Lage, das Unternehmen zu übersehen, es zu überwachen und in seine Politik einzugreifen. Außerdem werden bei kleinen Gesellschaften die Mitglieder der Verwaltung in der Regel dem Kreise der Aktionäre entnommen. Je größer aber das Unternehmen wird, um so mehr werden die Aktionäre zur namenlosen, unbekannten, gleichgültigen Masse und die Verwaltung zur Alleinherrscherin ohne klare Verantwortlichkeiten. Je geringer die verhältnismäßige Aktienbeteiligung des einzelnen Verwaltungsmitgliedes ist, umso mehr tritt sein Interesse in seiner Eigenschaft als Aktionär — wenn es überhaupt Aktionär ist — hinter seine Interessen in seiner Eigenschaft als Vorstand zurück. Das eigentliche Aktionärinteresse verschwindet schließlich ganz. Eine Rechts- und Wirtschaftsordnung, die eine solche Entwicklung zuläßt, muß anstreben, die Aktionäre vor Übergriffen und Pflichtwidrigkeiten der Verwaltung jeder Art und jeden Grades zu schützen.

Das deutsche und das amerikanische Recht haben den Schutz des Aktionärs gegen die Verwaltung ganz verschieden geregelt. Ehe wir die Einzelheiten untersuchen, vergegenwärtigen wir uns noch einmal kurz, worin sich die Stellung der Verwaltung einer deutschen Aktiengesellschaft von der Stellung des board of directors einer amerikanischen corporation unterscheidet (vgl. IV Abschnitt). Der Vorstand einer deutschen A. G. ist organisch betrachtet deren gesetzlicher Vertreter, juristisch ihr Angestellter, wirtschaftlich der »Chef«. Der Umfang seiner Vertretungsmacht nach außen ist inhaltlich gesetzlich festgelegt und grundsätzlich unbeschränkbar. Der Vorstand ist mit gewissen Ausnahmen an die Weisungen der Generalversammlung gebunden und kann von ihr jederzeit abberufen werden. Zu den Aktionären steht er in keinem Vertragsverhältnis, beaufsichtigt und beraten wird er vom Aufsichtsrat.

Der amerikanische board of directors vereinigt in sich die Funktionen von Vorstand und Aufsichtsrat. Er wird meist kummulativ, also unter Berücksichtigung der Wünsche der Minderheit, gewählt und ist bis zum Ablauf der Wahlperiode unabsetzbar. Nach außen ist seine Vertretungsmacht beschränkt durch die Bestimmungen der Satzung und den Gegenstand des Unternehmens. Nach innen bestimmt der board allein die Geschäftspolitik; an Weisungen der Aktionärversammlung ist er nicht gebunden. Praktisch sind amerikanische directors immer Aktionäre.

Es ist selbstverständlich, daß jedes Rechtssystem, das den Direktoren die rechtliche und wirtschaftliche Gewalt über die Vermögenswerte der Aktionäre gibt, dafür sorgt, daß diese Gewalt nicht mißbraucht wird. Ein Schutz läßt sich auf zweierlei Art erreichen. Einmal kann das Gesetz die Gesellschaft selbst mit gewissen Rechten gegen die Direktoren ausstatten, wenn diese sich eine Pflichtverletzung zuschulden kommen lassen, es kann aber auch den Aktionären allein oder neben der Gesellschaft unmittelbare Rechte gegen einen pflichtvergessenen Direktor gewähren. Nach amerikanischem Recht sind die gesellschaftlichen Rechte des Aktionärs gegenüber dem board of directors insbesondere deshalb sehr schwach, weil die Aktionärversammlung nicht einmal befugt ist, die Direktoren während ihrer Amtsperiode abzusetzen oder ihnen Anweisungen über die Geschäftsführung zu erteilen. Dagegen ist die Stellung des Einzelaktionärs in seinen außergesellschaftlichen Rechten verhältnismäßig stark. Nach deutschem Recht dagegen, welches die Stellung des Aktionärs innerhalb der Körperschaft verhältnismäßig machtvoll gestaltet, sind seine Rechte gegenüber dem Vorstand außerhalb derselben ziemlich geringfügig.

Die wichtigste Grundlage der Verantwortlichkeit der Verwaltungsmitglieder gegenüber der Gesellschaft sind im deutschen Recht die §§ 241 (Vorstand) und 249 (Aufsichtsrat). Verwaltungsmitglieder haben bei der Geschäftsführung bzw. bei der Erfüllung ihrer Obliegenheiten die je nach der Art des Betriebes zu beurteilende [1]) Sorgfalt eines ordentlichen Kaufmannes anzuwenden. Bei Pflichtverletzungen haften sie der Gesellschaft für den daraus entstehenden Schaden als Gesamtschuldner. Im Innenverhältnis bestimmt sich die Haftung des einzelnen Mitgliedes nach § 254 BGB. [2]). (In bestimmten, im Gesetz aufgezählten Fällen können auch die Gläubiger der Gesellschaft deren Ersatzanspruch gegen Verwaltungs-

[1]) OLG. 9, 266; RG in Gruchot, 58, 1126; ebenda 56, 1129.

[2]) Brodmann, Anm. 2 c zu § 241; anders OLG. 18, 8.

mitglieder geltend machen, soweit sie von der Gesellschaft Befriedigung nicht erlangen können.) Der Anspruch der Gesellschaft gegen Mitglieder der Verwaltung auf Schadenersatz für Pflichtverletzungen ist ein normaler schuldrechtlicher Anspruch. Geltend zu machen ist er vom Vorstand bzw. vom Aufsichtsrat (§ 247). Die Verfügung über den Anspruch würde bei Anwendung allgemeiner Grundsätze dem Vorstand oder der Generalversammlung zustehen. Diese beiden Organe könnten dann auch auf Ansprüche der genannten Art nach der Entstehung verzichten oder wenigstens ihre Geltendmachung verhindern. Nun ist die Gefahr vorhanden, daß dies in arglistiger Weise geschieht, da die Mehrheit und der Vorstand in der Regel doch in einem Sinne arbeiten. Das Gesetz hat daher in den §§ 268ff. für die Ansprüche einer Aktiengesellschaft gegen ihre Verwaltungsmitglieder wegen Pflichtverletzung eine Sonderregelung getroffen. Die Verfügungsmacht der Generalversammlung, d. h. praktisch die Verfügungsmacht der Mehrheit, über die genannten Ansprüche, ist sehr eingeschränkt. Die Möglichkeit eines Mißbrauchs zum Nachteil der Minderheit ist damit, besonders nach der Ausgestaltung, die diese Gesetzesbestimmungen durch die Verordnung über Aktienrecht vom 19. September 1931 erfahren haben, sehr verringert. Nach § 268 müssen nämlich die genannten Ansprüche geltend gemacht werden, wenn es in der Generalversammlung mit einfacher Stimmenmehrheit beschlossen wird, oder von einer Minderheit, deren Anteile zusammen den zehnten Teil des Grundkapitals erreichen, verlangt wird. Der Minderheitsanteil braucht nur den zwanzigsten Teil des Grundkapitals zu erreichen, wenn aus einem der in den §§ 193 Abs. II, 207 Abs. II, 262 e, 267 Abs. II vorgesehenen Prüfungsberichte Tatsachen hervorgehen, aus denen sich Ersatzansprüche gegen die Verwaltungsmitglieder ergeben, wenn also die Ansprüche auf jeden Fall nicht gänzlich haltlos sind. Um nun auch die Durchführung der Rechtsverfolgung gegen die Verwaltungsmitglieder in geeigneten Händen zu wissen, kann die Gesellschaft zur Führung des Rechtsstreits besondere Vertreter wählen. Erfolgt die Geltendmachung des Anspruchs auf Verlangen der Minderheit, so können die von dieser bezeichneten Personen durch das Gericht des Sitzes der Gesellschaft zu Vertretern der Gesellschaft für die Führung des Rechtsstreits bestellt werden. Damit ist eine weitere Möglichkeit, die Ansprüche der Gesellschaft zu sabotieren, beseitigt.

§ 270 macht einen Verzicht oder einen Vergleich über die Ersatzansprüche gegen Verwaltungsmitglieder wegen Pflichtverletzung, die auf Verlangen der Minderheit geltend gemacht werden, fast unmöglich. Da der Vorstand zu Vergleichen und Verzichten dieser Art nicht befugt ist[1]), können sie nur von der Generalversammlung abgeschlossen werden. Hierzu erfordert § 270 jedoch, daß von den die Minderheit bildenden Aktionären so viele zustimmen, daß die Aktien der übrigen nicht mehr den zehnten bzw. den zwanzigsten Teil des Grundkapitals darstellen. Diese Vorschrift verhindert, daß die Mehrheit der Aktionäre nachträglich der erhobenen Klage durch Verzicht oder Vergleich den Boden entzieht.

§ 269 bestimmt, daß ein Anspruch, der auf Verlangen der Minderheit gegen Verwaltungsmitglieder erhoben wird, innerhalb eines Zeitraumes von drei Monaten nach der Generalversammlung geltend gemacht werden muß. Um zu verhindern, daß die Minderheit mit ihrem Recht Mißbrauch treibt, bestimmt § 269 weiter, daß die Minderheit für die Dauer des Rechtsstreits eine den zehnten bzw. zwanzigsten Teil des Grundkapitals erreichende Anzahl von Aktien der Gesellschaft hinterlegen und glaubhaft machen muß, daß sie schon mindestens drei Monate lang vor der Generalversammlung Inhaberin der hinterlegten Aktien war. Unter gewissen Umständen kann das Gericht anordnen, daß die Minderheit dem Beklagten für einen ihm möglicherweise gegen sie wegen der Klage erwachsenden Schadenersatzanspruch Sicherheit leistet. Stellt sich die Klage als unbegründet heraus, so haften diejenigen Aktionäre, denen Vorsatz oder grobe Fahrlässigkeit zur Last fällt, dem oder den Beklagten als Gesamtschuldner auf Schadenersatz. Verliert die Gesellschaft den auf Verlangen der Minderheit geführten Prozeß, so muß die Minderheit der Gesellschaft die ihr zur Last fallenden Kosten ersetzen [2]).

Die gesellschaftlichen Rechte der Aktionärminderheit sind, soweit die Verfolgung von Ansprüchen gegen die Verwaltungsmitglieder in Frage steht, ziemlich stark. Außergesellschaftliche Rechte hat sie dagegen so gut wie gar nicht. Insbesondere kann ein Aktionär wegen schlechter Geschäftsführung niemals unmittelbar gegen ein Verwaltungsmitglied vorgehen[3]). Die Aktionäre können weder in ihrer Gesamtheit noch als Einzelne neben oder anstatt der Gesellschaft Rechte wegen Schädigung des Gesellschaftsvermögens geltend machen.

---

[1]) Brodmann, a. a. O., Anm. 1 e zu § 241.
[2]) Vgl. RGZ. 73, 80.
[3]) Staub-Pinner, a. a. O., Anm. 21 zu § 241.

Anders beurteilt werden müssen natürlich diejenigen Fälle, in denen Verwaltungsmitglieder für ihre eigene Person, wenn auch im Zusammenhang mit Geschäften der Gesellschaft, in unmittelbare Rechtsbeziehungen zu Aktionären treten. In solchen Fällen, wenn also z. B. ein Aufsichtsratsmitglied durch falsche Angaben einen Aktionär schuldhaft zur Gewährung von Kredit an die Gesellschaft veranlaßt, haftet es persönlich nach den allgemeinen Vorschriften [1]. Ebenso ist ein Verwaltungsmitglied — neben der Gesellschaft — dem Aktionär persönlich haftbar, wenn es, sei es auch für die Gesellschaft, dem Aktionär gegenüber eine unerlaubte Handlung begeht. Man kann sich niemals damit entschuldigen, man habe eine unerlaubte Handlung für einen anderen vorgenommen. So ist z. B. ein Vorstandsmitglied persönlich haftbar, wenn es arglistig in einer gegen die guten Sitten verstoßenden Weise einen Aktionär namens der Gesellschaft durch falsche Angaben zum Ankauf von Aktien der Gesellschaft veranlaßt. Alle diese Fälle haben aber im Grunde gar nichts mit dem hier behandelten Problem zu tun. Sie gehören in Wirklichkeit nicht in das Gebiet des Gesellschaftsrechts.

Das gleiche gilt, wenn eine gegen die Gesellschaft begangene Rechtsverletzung zugleich eine Verletzung der Rechte des einzelnen Aktionärs in sich schließt [2]. Das ist beispielsweise der Fall, wenn ein Vorstandsmitglied der Generalversammlung eine falsche Bilanz vorlegt und sie zu einer Kapitalserhöhung veranlaßt, durch welche die Aktionäre zur Zeichnung von Aktien bestimmt werden. Staub, der einige weitere Beispiele dieser Art erörtert [3], geht bei ihrer Beurteilung, wie auch das Reichsgericht [4], davon aus, daß die Vorschriften der §§ 241 und 249, wie auch die Strafbestimmungen der §§ 312 ff. (mit Ausnahme des § 314[5]), nicht als Schutzgesetze im Sinne des § 823 Abs. II BGB. zugunsten des Einzelaktionärs und des Publikums, sondern nur zugunsten der Gesellschaft und zum Teil der Gläubiger anzusehen [6], und daher nicht als Grundlage für einen unmittelbaren Ersatzanspruch geeignet seien. Staub-Pinner folgert hieraus unter Berufung auf JW. 1903 Beil. 126 Nr. 281; Goldmann-Lilienthal 886, 4; 889, 4 und RG. in LZ. 08, 448, 449, daß immer dann, wenn ursächlicher Zusammenhang zwischen

---

1) Vgl. Staub-Pinner, a. a. O., Anm. 37 ff. zu § 349, 23 zu § 241.
2) Praktische Beispiele bei Staub-Pinner, a. a. O., Anm. 25 ff. zu § 241.
3) Staub-Pinner, a. a. O., Anm. 25 zu § 241.
4) RGZ. 70, 30; 70, 393; 81, 271; JW. 1910, 285 und 617.
5) RGZ. 81, 271; RG. DJZ. 1910, 82.
6) Vgl. auch Friedländer, Anm. zu § 314.

Widerrechtlichkeit und Schaden, außerdem eine Rechtsverletzung gegen den Aktionär und ein widerrechtlicher Eingriff in seine Rechtssphäre vorliegen, eine Haftung des Vorstandsmitgliedes gegeben ist, vorausgesetzt, daß es vorsätzlich gehandelt hat. Ich halte die Ausführungen des Staub'schen Kommentars zu dieser Frage für ziemlich unklar und ihr Ergebnis für unrichtig. M. E. genügt es zur Begründung einer Haftung des Vorstandsmitgliedes gegenüber dem Aktionär nicht, wie Staub annimmt, daß das Vorstandsmitglied seine Pflicht gegenüber der Gesellschaft vorsätzlich verletzt hat. Schon die auf diese Weise entstehende Doppelhaftung gegenüber der Gesellschaft und dem Aktionär für einen Schaden, der wirtschaftlich doch nur einmal entsteht, führt zu einer Schwierigkeit, für die Staub-Pinner, wie sie selber zugeben[1]), keine befriedigende Lösung wissen. M. E. ist vielmehr eine Haftung des Vorstandsmitgliedes gegenüber dem Aktionär für Verfehlungen in seiner Eigenschaft als Vorstandsmitglied nur dann gegeben, wenn subjektiv und objektiv diese Verfehlungen gleichzeitig eine unerlaubte Handlung gegenüber dem Aktionär darstellen. In dem oben genannten Fall, daß das Vorstandsmitglied falsche Bilanzen aufstellt und dadurch den Aktionär zum Kauf von Aktien oder zur Zeichnung junger Aktien veranlaßt, würde ich die Haftung nicht schon dann annehmen, wenn das Vorstandsmitglied nur den Vorsatz gehabt hat, durch die falsche Bilanz andere zum Kauf bzw. zur Zeichnung zu veranlassen, sondern erst, wenn er auch den Vorsatz gehabt hat, dem Käufer bzw. Zeichner vorsätzlich und sittenwidrig einen Schaden zuzufügen. Dies wäre z. B. in folgendem Fall anzunehmen: A, das Vorstandsmitglied der X.-A. G., will seinen persönlichen Feind B dadurch schädigen, daß er ihn durch Aufstellung und Veröffentlichung falscher Bilanzen zum Ankauf von Aktien der X.-A. G. veranlaßt, welche, wie A weiß, unmittelbar vor dem Zusammenbruch steht. Die Rechtsprechung des Reichsgerichts[2]) zu dieser Frage ist spärlich und hatte bisher noch keine Gelegenheit, sich eindeutig auf den Staub'schen oder den hier vertretenen Standpunkt zu stellen. Folgt man der hier vertretenen Auffassung, bei der das Problem der Doppelhaftung von selbst eine befriedigende Lösung findet, so scheidet die persönliche Haftung der Verwaltungsmitglieder den Aktionären gegenüber aus

---

[1]) A. a. O., Anm. 29 zu § 241.

[2]) RGZ. 62, 29; 63, 324; 70, 207; 73, 30; 81, 271; 100, 147; RG. in LZ. 1908, 448, 449, 853; 1909, 66; 1910, 219; RG. in DJZ. 1900, 82; RG. in JW. 1910, 109, 285, 617.

dem Kreise des eigentlichen Gesellschaftsrechts aus und wird zu einer Frage des bürgerlichen Rechtes, die nach den Regeln über die unerlaubten Handlungen zu beurteilen ist.

Meines Erachtens kann nach geltendem Recht ein Aktionär auf gesellschaftsrechtlicher Grundlage nur in einem Fall die Rolle des Klägers gegen ein Verwaltungsmitglied wegen Pflichtverletzung gegen die Gesellschaft erhalten, nämlich dann, wenn die Gesellschaft selbst nach § 268 auf Verlangen der Minderheit gegen Verwaltungsmitglieder eine Klage nach § 241 bzw. 249 erhebt, und die Minderheitsaktionäre der Gesellschaft als Nebenintervenienten beitreten [1]). Hierzu sind sie deshalb berechtigt, weil in einem solchen Prozeß sowohl die Gesellschaft (wegen der Kosten) als auch das beklagte Vorstandsmitglied (wegen des Schadenersatzanspruches aus § 269 Abs. V) den Minderheitsaktionären den Streit verkünden kann.

Nach amerikanischem [2]) Recht sind die Direktoren einer corporation dieser für die Geschäftsführung verantwortlich. Über den Grad der Verantwortlichkeit herrscht in der Rechtsprechung keine Einigkeit. Eine Minderheit [3]) nimmt an, daß die Direktoren nur für Redlichkeit und die Anwendung normaler Sorgfalt (ordinary skill and diligence) einzustehen brauchen. Das heißt, es wird nicht ein besonderer kaufmännischer, sondern nur der allgemeine Maßstab angelegt. »Wer die Wahl zum Bankdirektor annimmt, hat damit noch nicht behauptet, er besitze die Fähigkeiten eines Bankiers [3])«.

Die neuere und herrschende Meinung [4]) ist, daß Direktoren haftbar sind »für Verluste, die herrühren aus unredlichen Handlungen, Überschreitung ihrer Befugnisse, oder aus Vernachlässigung derjenigen Sorgfalt, Fähigkeit und Pflichttreue, die normaler Weise ein ausgebildeter vernünftiger Mensch unter Umständen gleicher

---

[1]) Friedländer, a. a. O., Anm. 1 zu § 268 meint, daß sich jeder Aktionär jeder Ersatzklage der Gesellschaft als Nebenintervenient anschließen kann. M. E. ist das Recht zum Beitritt nur gegeben, wenn die Klage auf Verlangen der Minderheit angestrengt ist, und dann nur den Minderheitsaktionären, weil sonst die Voraussetzungen des § 66 ZPO. nicht vorliegen. Vgl. auch RGZ. 83, 183.

[2]) Vgl. Dwight, Liability of Corporate Directors, 17 Yale Law Journal 33; Lynch, Diligence of Directors in Management of Corporations, 3 California Law Review 21; Rhodes, Personal Liability of Directors for Corporate Mismanagement, 65 Pensylvania Law Review 128.

[3]) Vgl. Spering's Appeal, 71 Pensylvania 11, 10 Am. Rep. 684. In England sind Direktoren nur für Arglist haftbar.

[4]) Hun v. Cary, 82 New York 65, 37 Am.Rep. 546; Bowerman v. Hamner, 250 U. S. 504.

Art anwenden würde [1]«. Nach der herrschenden Lehre ist ein Direktor der Gesellschaft insbesondere für solche Schäden persönlich haftbar, die ihr aus ultra vires Akten erwachsen, vorausgesetzt, daß er ihnen zugestimmt oder sie schuldhafter Weise nicht verhindert hat [2]).

Die persönliche Haftung des Direktors dem Aktionär gegenüber ist ähnlich ausgestaltet wie im deutschen Recht. Zunächst einmal haftet der Direktor den Aktionären persönlich für den Schaden aus unerlaubten Handlungen, die er ihnen gegenüber für die Gesellschaft begeht, gleichgültig ob er zu ihnen ermächtigt war oder nicht. Diese Haftung beruht auf allgemeinen Grundsätzen und hat mit Gesellschaftsrecht nichts zu tun. Im übrigen steht das amerikanische Recht ebenso wie das deutsche grundsätzlich auf dem Standpunkt, daß die Direktoren nur der Gesellschaft, nicht den einzelnen Aktionären haften [3][4]).

Das amerikanische Recht gibt jedoch den Aktionären eine unserem Recht fremde Möglichkeit, sich gegen eine nachlässige oder unredliche Geschäftsführung der Direktoren zu schützen. Zunächst einmal können sie, was nach deutschem Recht unzulässig ist [5]), der

---

1) **Ballantine**, a. a. O., S. 358.

2) Holmes v. Crane, 232 New York 571, 134 N. E. 576. Zweifelhaft ist, ob ein Direktor sich mit entschuldbarem Irrtum über die kaufmännische Vernünftigkeit eines Geschäftes entschuldigen kann. Bejahend Hodges v. New England Screw Co. 53 Am. Dec. 624; verneinend Gilbert v. Finch, 173 New York 455, 55 N. E. 133.

3) Seitz v. Michel, 147 Minnesota 80, 181 N. W. 102.

4) Hingewiesen sei auf eine interessante Lehre, die allerdings nur indirekt mit dem Gesellschaftsrecht zusammenhängt. Wenn Direktoren, die natürlich über die Geschäftslage besser orientiert sind als die Aktionäre, von diesen Aktien der Gesellschaft kaufen, so dürfen sie einem Aktionär auf Befragen zwar keine falschen Angaben machen, sie sind aber auch grundsätzlich nicht verpflichtet, ohne Befragen Auskunft über besonders wichtige Ereignisse, die sie dienstlich erfahren haben, Auskunft zu geben. Waller v. Hodge, 214 Kentucky 705; Hooker v. Midland Steel Co., 215 Illinois 444, 74 N. E. 445. Von dieser Regel machen die Gerichte jedoch gelegentlich Ausnahmen; nicht nach besonderen Grundsätzen, sondern dann, »wenn es zu doll ist«. Wenn z. B. der Direktor einer Landgesellschaft weiß, daß in absehbarer Zeit eine günstige Verwertung des Landes an einen bestimmten Käufer erfolgen wird, so darf er nicht den ahnungslosen Aktionären ihre Aktien zu einem billigen Preise abkaufen, sondern ist verpflichtet, ihnen vorher von dem wertsteigernden Umstand Mitteilung zu machen. Strong v. Repide, 213 U. S. 419; Dawson v. Life Insurance Co., 176 Iowa 362, 157 N. W. 929.

Diese Regel gilt natürlich nicht, wenn es sich um Papiere handelt, die an der Börse gehandelt werden.

5) RGZ. 81, 183.

13*

Gesellschaft in jedem Prozeß als Nebenintervenienten beitreten. Voraussetzung ist allerdings, daß sie die corporation vor dem Eintritt vergebens zum Gebrauch eines bestimmten, ihre Stellung stärkenden Mittels aufgefordert haben, oder daß eine solche Aufforderung untunlich oder zwecklos wäre [1]). Letzteres wird immer dann als selbstverständlich vorausgesetzt, wenn der Prozeßgegner ein Großaktionär oder eine andere Persönlichkeit ist, die die Gesellschaft kontrolliert [2]). Auch können die Aktionäre immer dann intervenieren, wenn der Prozeß von den Direktoren offensichtlich nachlässig geführt wird [3]). Die Aktionäre, die intervenieren, können, ähnlich wie ein Nebenintervenient im deutschen Recht, jedes Angriffs- und Verteidigungsmittel vorbringen, daß der Gesellschaft zusteht. Wenn die Direktoren sich unzulässiger Weise weigern, ein Recht der Gesellschaft geltend zu machen, können die Aktionäre eine sog. »representative suit«, d. h. eine Klage in eigenem Namen auf Leistung an die Gesellschaft, erheben. Beklagte in diesem Rechtsstreit sind erstens die Gesellschaft selbst und zweitens der Schuldner, gegen den vorzugehen die Gesellschaft sich weigert. Zur Schlüssigkeit der Klage gehört die Behauptung, die Gesellschaft habe einen Anspruch gegen den angeblichen Schuldner und die weitere Behauptung, die Gesellschaft verletze durch Nichterhebung der eigentlich notwendigen Klage ihre Pflichten gegenüber den Aktionären [4]).

Voraussetzung einer »representative suit« ist natürlich, daß die Gesellschaft durch Nichtgeltendmachung des Anspruches eine Pflicht verletzt. Eine Pflichtverletzung liegt nicht vor, wenn die Entscheidung über die Frage, ob das betreffende Recht geltend gemacht werden soll, dem pflichtgemäßen Ermessen der Direktoren überlassen ist. Dieser Grundsatz geht von dem vernünftigen Gedanken aus, daß es nicht immer die weiseste Geschäftspolitik ist, auf der unerbittlichen Geltendmachung aller Rechte zu bestehen. Durch die Zulassung der representative suit soll keineswegs der Rechthaberei querulierender Aktionäre Vorschub geleistet werden. Eine representative suit kann nur dann erhoben werden, wenn die Weigerung der Direktoren, das Recht der Gesellschaft geltend zu

---

[1]) Delaware & H. Co. v. Albany & S. R. Co., 213 U. S. 435.

[2]) In re Eureka Anthracite Coal Co., 197 Fed. 216; Ogden v. Gilt Edge Consolidated Mines Co., 225 Federal 723.

[3]) Shively v. Eureka Tellurium Gold Mining Co., 129 California 293, 61 Pac. 939.

[4]) Flyn v. Brooklyn City R. Co., 158 New York 493, 53 A. R. 520; Dickinson v. Consolidated Trust Co., 114 Fed. 232.

machen, »satzungswidrig, grob fahrlässig, ungesetzlich, betrügerisch, anmaßend oder offensichtlich willkürlich ist« (ultra vires, negligent, illegal, fraudulent, oppressive or a palpable abuse of discretion [1])).

Ein representative suit kann nun nicht nur gegen Dritte, sondern auch gegen die Direktoren selbst erhoben werden. Jeder Aktionär kann zugunsten der corporation in equity gegen die Direktoren klagen, wenn diese bei der Besorgung der Angelegenheiten der Gesellschaft betrügerisch handeln oder gehandelt haben und keine Möglichkeit besteht, durch ein Vorgehen der Gesellschaft selbst Abhilfe zu schaffen. Dies kann entweder daran liegen, daß die Direktoren zugleich Mehrheitsaktionäre sind, oder daran, daß die Mehrheit aus arglistigen Gründen die Mißwirtschaft duldet. Eine Klage gegen die Direktoren kann gerichtet werden auf Unterlassung der beanstandeten rechtswidrigen Handlung, auf Amtsentsetzung, auf Schadenersatz [2]), oder auf eine Kombination dieser Ziele [3]).

Der »representative suit« verwandt ist folgende amerikanische Rechtsregel: Wenn ein Dritter die Gesellschaft durch betrügerische Maßnahmen dazu veranlaßt hat, an ihn ungerechtfertigter Weise Aktien auszugeben, kann jeder Aktionär gegen den Dritten auf Feststellung klagen, daß die an ihn ausgegebenen Aktien nichtig sind. Seine Befugnis zur Klage gründet sich darauf, daß der innere Wert seiner eigenen Aktien jeweils entsprechend der ungerechtfertigten Ausgabe weiterer Aktien sinkt. Ehe ein Aktionär eine solche Klage erhebt, braucht er nicht die Direktoren, deren Sache eigentlich die Durchführung des Rechtsstreits wäre, hierzu aufzufordern, vielmehr hat er ein unbedingtes selbständiges Klagerecht. Eine Entscheidung [4]) hierüber sagt: »The action is in such case not in interests of the corporation, but in the interests and for the protection of the individual rights of stockholders. ... Here the injury complained of, and consequently the right of action, accrued to the stockholders and not to the corporation as such«. (Eine Klage dieser Art ist nicht zugunsten der Gesellschaft erhoben, vielmehr zugunsten und zum Schutze der eigenen Rechte des Aktionärs. ... Hier ist das beanstandete Unrecht den Aktionären gegenüber begangen, und daher sind sie auch zur Klage legitimiert und und nicht (nur) die Gesellschaft als solche.)

---

[1]) Foss v. Harbottle, 2 Hare 461 (Warren, S. 862).

[2]) Vgl. Ballantine, a. a. O., S. 616.

[3]) Decatur Mineral Land Co. v. Palm, 113 Alabama 431, 21 Southern 315; Wallace v. Lincoln Savings Bank, 89 Tennessee 630, 15 S. W. 448.

[4]) Shaw v. Staight, 107 Minnesota 152, 119 N. W. 951.

Über die Natur der »representative suit«, auch »derivative suit« genannt, ist sich die amerikanische Rechtslehre nicht einig. Tritt der Aktionär als Vertreter der Gesellschaft auf? Ist er ihr Treuhänder? Ihr Prozeßpfleger (guardian ad litem)? oder macht er ein eigenes Recht geltend? Alle diese Ansichten sind vertreten. Die Auffassung der herrschenden Meinung ist wohl, daß die Gesellschaft jedem einzelnen Aktionär die Geltendmachung des Anspruchs schuldet, und daß deshalb dem Aktionär, wenn die Gesellschaft dieser Verpflichtung nicht nachkommt, und so durch Verminderung ihres Vermögens den Aktionär indirekt schädigt, aus Billigkeitsgründen die Möglichkeit gegeben sein muß, selber für die Geltendmachung der wirtschaftlich ihm zustehenden Rechte zu sorgen [1]).

Bei einer Neuordnung des deutschen Aktienrechts wird das Verhältnis der Vorstandsmitglieder zu den Aktionären eine wesentliche Umgestaltung dadurch erfahren müssen, daß dem Vorstand etwa die im IV. Abschnitt erörterte Führerstellung eingeräumt wird. Das Schwergewicht dieser Neuordnung wird nicht in der vorgeschlagenen Erweiterung der Befugnisse des Vorstandes liegen, sondern in der psychologischen Beeinflussung und ständischen Erziehung der beteiligten Personen. Die Leiter der Unternehmungen unseres nationalen Wirtschaftskörpers dürfen sich weder als Funktionäre der — so schlecht als möglich zu behandelnden — Aktionäre noch als unumschränkte Herren der ihnen anvertrauten Betriebe fühlen. Vielmehr müssen sie äußerlich und innerlich die Stellung echter verantwortungsbewußter Wirtschaftsführer bekommen. Ist das erreicht, so werden wir bestimmt auch eine Wiedergeburt unserer deutschen Geschäftsmoral erleben, die die Korruption von Verwaltungsmitgliedern nicht mehr als leicht zu nehmende »Kavaliersvergehen« ansehen darf, wie es bisher vielfach geschehen ist. Es wird eine ungeheure Arbeit kosten, die kommende Generation unserer Unternehmer zu verantwortungsvollen Wirtschaftsführern zu erziehen. Gelingt es aber, so wird sich von selbst ein fruchtbares Vertrauensverhältnis zwischen Aktionären und Verwaltung entwickeln, in dem die sachliche Arbeit aller Beteiligten einen starken Auftrieb erfahren wird.

Aber die psychologische Umstellung allein genügt nicht. Die dem Unternehmensleiter eingeräumte freie Stellung erfordert, daß

---

[1]) Deshalb steht einem representative suit die Einrede entgegen, der Kläger trete nur als Strohmann einer Konkurrenzgesellschaft auf, um Schwierigkeiten zu bereiten. Beshoar v. Chapell, 6 Colorado Appeal 323, 40 Pac. 244. Sonst kommt es auf die Motive des Aktionärs nicht an.

ihm außer der moralischen auch eine erhöhte rechtliche Verantwortlichkeit auferlegt wird. Diese Verantwortlichkeit wird unter dreierlei Gesichtspunkten ausgebaut werden müssen.

Im Vordergrund steht die pivatrechtliche Verantwortlichkeit gegenüber der Gesellschaft bzw. den Aktionären. In dieser Richtung bietet das amerikanische Recht keine Anregungen zu Verbesserungen unseres Rechts. Man soll m. E. an dem Gedanken, daß die Direktoren gesellschaftsrechtlich nur der Gesellschaft, nicht auch den einzelnen Aktionären verantwortlich sind, festhalten, Es besteht dabei allerdings die Gefahr, daß eine mit der Verwaltung zusammenarbeitende Mehrheit die Geltendmachung von Ersatzansprüchen verhindert. Die durch die Notverordnungen vom 19. 9. und 6. 10. 1931 getroffene Neuregelung gibt der Minderheit jedoch so weitgehende Rechte, daß auch diese Gefahr im wesentlichen beseitigt sein dürfte [1]). Es erscheint dem Verfasser daher nicht ratsam, jedem Aktionär eine der »representative suit« entsprechende direkte Klagemöglichkeit gegen die Verwaltungsmitglieder zu eröffnen. Eine solche Regelung würde nur dem Querulantentum und dem Mißbrauch Tür und Tor öffnen; ihre Vorteile wiegen ihre Nachteile nicht auf.

Neben die privatrechtliche Verantwortlichkeit gegenüber der Gesellschaft bzw. den Aktionären tritt die ständische Verantwortlichkeit. Diese ist im bisher geltenden deutschen Recht für Unternehmensleiter so gut wie gar nicht ausgebildet. Das amerikanische Recht kann seiner Grundeinstellung nach in dieser Richtung erst recht keine Anregungen bieten. Die Säuberung und Reinhaltung des Personenkreises, der als Unternehmer tätig ist, insbesondere der Leiter von Aktiengesellschaften, ist aber ein dringendes Erfordernis für den organischen Neubau unseres Wirtschaftslebens. Endgültige Vorschläge in dieser Richtung zu machen, geht über den Rahmen dieser Arbeit hinaus. Man kann aber bereits die beiden Wege andeuten, auf denen die ständische Auslese sich ermöglichen ließe.

Zunächst soll man den Gerichten die Befugnis geben, einer

---

1) In diesem Zusammenhang ist von Bedeutung, daß in Zukunft Pflichtverstöße der Verwaltung weit seltener als bisher unentdeckt bleiben werden als bisher. Der ungeheure Fortschritt, den die deutsche Wirtschaftswissenschaft in den letzten zwei Jahrzenten gemacht hat und die praktischen bei der Durchführung der Pflichtprüfungen gesammelten Erfahrungen werden die mit der Beaufsichtigung und Kontrolle befaßten Persönlichkeiten immer mehr in den Stand setzen, jedem Pflichtverstoß auf die Spur zu kommen und den Schuldigen zu bezeichnen.

Person in gewissen Fällen die Fähigkeit abzusprechen, Vorstandsmitglied einer juristischen Person zu sein. Und zwar sollte man dies obligatorisch machen bei rechtskräftiger Verurteilung wegen bestimmter noch auszuwählender Straftaten, wie z. B. betrügerischem Bankrott u. ä. Fakultativ sollte es sein in bestimmten festzusetzenden anderen Fällen, wenn der Betroffene vom Standpunkt der deutschen Geschäftsmoral ein besonders verwerfliches Verhalten an den Tag gelegt hat. Was das Verfahren anbelangt, so ist zu erwägen, ob man diese Befugnis nur dem Strafrichter oder auch dem Zivilrichter und dem Richter der freiwilligen Gerichtsbarkeit geben soll.

Weit umfangreicher als die Tätigkeit der Gerichte muß das ständische Wirken der Unternehmer selbst sein. Ebenso wie die Ärzte und Anwälte müssen sie durch ihre ständischen Organe sich selbst beaufsichtigen und ihre Reihen rein halten von unwürdigen Elementen. Wie diese ständische Tätigkeit im einzelnen ausgestaltet werden muß, bedarf einer besonderen Prüfung.

Die dritte Verantwortlichkeit, die den Unternehmer trifft, ist die Verantwortlichkeit gegenüber dem Staat, die hier ebenfalls nicht erörtert werden kann. Sie sei nur erwähnt, um zu zeigen, welches Gesamtbild von der Stellung eines Unternehmers, insbesondere der Leiter der Aktiengesellschaften, dem Verfasser vorschwebt. Die Verantwortung der Wirtschaftsführer gegenüber dem Staat wird in Zukunft stärker betont sein als bisher. Zwar wird der Staat sich selbst mehr als früher aus dem Bereich der privatwirtschaftlichen Betätigung zurückziehen. Auf der anderen Seite wird er aber in erhöhtem Maße die Gestaltung des nationalen Wirtschaftsorganismus in die Hand nehmen, d. h. er wird mehr als bisher die Leitung der inneren und auswärtigen Wirtschaftspolitik nach nationalsozialistischen Gesichtspunkten beeinflussen und gestalten. Der vom Staat angegebenen Gesamtrichtung der nationalen Wirtschaftspolitik müssen sich die einzelnen Unternehmer fügen, und zwar freiwillig oder notfalls unter Zwang.

Schluß.

Eine Reform des deutschen Aktienrechtes wird nur erfolgen können im Rahmen einer organischen Neuordnung unseres Wirtschaftslebens auf nationaler und sozialer Grundlage. Wie in dem sich bildenden nationalen Wirtschaftsorganismus das Verhältnis vom Staat zur einzelnen Unternehmung und das Verhältnis der einzelnen Unternehmung zur anderen sein wird, sind Fragen, die die vorliegende Arbeit nicht behandelt hat. Sie hat sich vielmehr nur mit dem Verhältnis zwischen der Gesellschaft bzw. der Leitung und den Aktionären, außerdem mit dem Verhältnis der Aktionäre untereinander befaßt.

Der Vergleich des deutschen Rechts mit dem vorwiegend auf germanischen Rechtsgedanken aufgebauten amerikanischen Recht zeigt, was die Ausgestaltung der Rechtsstellung des Aktionärs anbelangt, zunächst einmal, daß die Vorschriften unseres geltenden Rechts zum großen Teil sehr segensreich sind und einer Nachprüfung in vieler Beziehung standhalten. Dies gilt insbesondere für alle Vorschriften zum Schutze des redlichen Verkehrs und der Rechtssicherheit. Hierher sind zu rechnen die strenge Scheidung zwischen Handlungsfähigkeit der juristischen Person und Gegenstand des Unternehmens, die Abgrenzung der Vertretungsmacht des Vorstandes nach außen und seiner Stellung im Innenverhältnis zur Gesellschaft; ferner die Vorschriften zur Sicherstellung einer redlichen Gründung und ordnungsmäßigen Einzahlung der gezeichneten Aktienbeträge, die Verfahrensvorschriften bei der Einberufung der Generalversammlung und der Publizitätszwang durch die neuen Regeln über die Aufstellung der Bilanz u. a. mehr.

Der Vergleich mit dem amerikanischen Recht gibt aber auch viele Anregungen, die zu der Neuentwicklung unseres Gesellschaftsrechts Wertvolles beisteuern können. Wegen der Einzelheiten sei auf die einzelnen Abschnitte verwiesen. Hier seien nur noch einmal die großen richtunggebenden Gedanken zusammengestellt.

Zunächst einmal muß wieder voll zur Anerkennung kommen, daß eine kommerzielle A. G. ein privatwirtschaftliches Gebilde zu Erwerbszwecken ist. Es mögen sich Beschränkungen der Erwerbstätigkeit aus dem Verhältnis von Staat zu Unternehmung oder von Unternehmung zu Unternehmung ergeben. Die Wirtschaftsführung des neuen Staates wird in Zukunft gewiß wesentlich kräftiger sein, als sie bisher gewesen ist und die ständische Disziplin wird bei ihrer Arbeit für die Reinhaltung und Säuberung des Unternehmertums den Einzelnen manche bisher unbekannten Beschränkungen auferlegen. Auf der anderen Seite muß die privatwirtschaftliche Seite eines jeden Unternehmens von allen Einwirkungen des marxistischen Sozialismus wieder befreit werden. Eine A. G. ist keine wirtschaftliche Niederlassung des Staates und muß grundsätzlich in sich selbst nach privatwirtschaftlichen Grundsätzen leben und geleitet werden, ohne dem Staat zur Last zu fallen oder ihn zum privatwirtschaftlichen

Interessenträger zu machen. Die kommerzielle A. G. ist genau wie eine natürliche Unternehmerperson vom privatwirtschaftlichen Gesichtspunkt aus dazu da, Geld zu verdienen, und zwar für die Aktionäre. Ihre nationalwirtschaftlichen Aufgaben sind völlig getrennt hiervon zu betrachten und haben auf die privatrechtlichen Verhältnisse nur mittelbaren Einfluß.

Bei einem Neubau der A. G. wird ihre innere Struktur eine wesentliche Neugestaltung erfahren. Der Vergleich mit dem amerikanischen Recht zeigt deutlich, was man an die Stelle der »Demokratie des Kapitals« setzen sollte. Die Geschicke eines lebenden Wirtschaftsorganismusses sollten nicht abhängig sein von der Entscheidung schwankender Aktionärmehrheiten, die oft kein Interesse an der Produktionsstätte als solcher haben. Heute ist es doch so, daß die Aktionäre sich im besten Fall in guten Zeiten nicht um die Gesellschaft kümmern und in schlechten schimpfen, ohne jedoch willens oder auch nur in der Lage zu sein, selber sachlich wertvolle Arbeit zu leisten. Die Wertlosigkeit des Einflusses solcher Persönlichkeiten, die ihren Aktienbesitz nur zu Finanztransaktionen und Börsenmanövern benutzen, braucht nicht erst bewiesen zu werden. Man sollte daher daran gehen, die »Demokratie des Kapitals« durch ein echtes Wirtschaftsführertum zu ersetzen. Man sollte dabei nicht vom Kapitalisten, sondern vom Unternehmer ausgehen. Man sollte also, wie es das amerikanische Recht tut, die Leiter einer A. G. zwar von den Aktionären bzw. dem Aufsichtsrat auswählen lassen, sollte ihnen dann aber die unabhängige Führung des Unternehmens anvertrauen. Auf der anderen Seite aber sollte man ihre Verantwortlichkeit stärker ausbauen. Und zwar werden drei Arten der Verantwortlichkeit geschaffen werden müssen. Eine gegenüber dem Staat, eine gegenüber der zuständigen ständischen Körperschaft und eine dritte gegenüber den Aktionären, die durch die neu eingeführten Pflichtprüfungen sehr an Bedeutung und Durchführbarkeit gewonnen hat.

Es mag manchem scheinen, daß die Praxis eine gewisse Souveränität der Verwaltung herausgebildet hat, und daß deshalb die vorgeschlagene Heraushebung des Unternehmergedankens wenig Neues bringt. Die äußere Handhabung ist jedoch hier nicht das allein ausschlaggebende. Vielmehr kommt es auf die psychologische Wirkung einer solchen Umstellung an, und diese wird unser Aktienrecht gewaltig fördern. Man wird es dann nicht mehr als einen Mißstand empfinden, daß sich die Aktionäre nicht um die Verwaltung ihrer Gesellschaft kümmern. Man wird aber auf der anderen Seite erleben, daß sich durch Ausgestaltung der Verantwortlichkeiten und durch Schaffung einer neuen ethischen Atmosphäre ein neues Unternehmertum auf der Grundlage eines ständischen Pflichtbewußtseins bilden wird.

Auch für die Neugestaltung des Verhältnisses von Aktionär zu Aktionär bietet der Vergleich mit dem auf germanischen Grundlagen aufgebauten amerikanischen Aktienrecht eine wertvolle Anregung. Man sollte die organische Verbundenheit der Aktionäre untereinander dadurch stärken, daß man die A. G. nicht als Körperschaft, sondern als echte Gesellschaft, d. h. als Vertragsverhältnis aufbaut. Das Verhalten des einen Aktionärs gegenüber dem anderen würde dann nicht nur unter dem Gesichtspunkt des § 826 BGB. beurteilt und mit dem Maßstab der Sittenwidrigkeit gemessen werden; vielmehr würde ein Aktionär gegenüber dem anderen Vertragspflichten haben und sich so verhalten müssen, wie es Treu und Glauben mit Rücksicht auf die Verkehrssitte für Vertragspartner verlangen.

Anhang.

I.

Certificate of Incorporation of United States Steel Corporation.

We, the undersigned, in order to form a corporation for the purposes hereinafter stated, under and pursuant to the provisions of the Act of the Legislature of the State of New Jersey, entitled »An Act concerning corporations (Revision of 1896),« and the acts amendatory thereof and supplemental thereto, do hereby certify as follows:

I. The name of the corporation is United States Steel Corporation.

II. The location of its principal office in the State of New Jersey is at No. 51 Newark Street, in the City of Hoboken, County of Hudson. The name of the agent therein and in charge thereof, upon whom process against the corporation may be served is Hudson Trust Company. Said office is to be the registered office of said corporation.

III. The objects for which the corporation is formed ase:

To manufacture iron, Steel, manganese, coke, copper, lumber and other materials, and all or any articles consisting, or partly consisting, of iron, steel, copper, wood or other materials, and all or any products thereof.

To acquire, own, lease, occupy, use or develop lands containing coal or iron, manganese, stone, or other ores, or oil, and any wood lands, or other lands for any purpose of the Company.

To mine, or otherwise to extract or remove, coal, ores, stone and other minerals and timber from any lands owned, acquired, leased or occupied by the Company, or from any other lands.

I.

Gründungsurkunde der United States Steel Corporation.

Wir, die Unterzeichneten, in der Absicht eine Gesellschaft zu den weiter unten angegebenen Zwecken zu gründen, und zwar nach den Bestimmungen des Gesetzes des Staates New Jersey betreffend die Gesellschaften in der Fassung aus dem Jahre 1896 sowie der in Ergänzung dieses Gesetzes erlassenen Anordnungen und Bestimmungen, vereinbaren hiermit, was folgt:

I. Der Name der Gesellschaft ist »United States Steel Corporation«.

II. Der Sitz der Verwaltung im Staate New Jersey befindet sich in der Stadt Hoboken, Kreis Hudson, Newarkstraße 51. Der Name des dort befindlichen und mit der Verwaltung betrauten Vertreters, dem auch Klagen gegen die Gesellschaft zugestellt werden können, ist Hudson Trust Company.

III. Der Gegenstand des Unternehmens ist:

Die Herstellung von Eisen, Stahl, Manganeisen, Koks, Kupfer, Bauholz und anderen Materialien sowie allen anderen Gegenständen, die ganz oder teilweise aus Eisen, Stahl, Kupfer, Holz oder anderen Materialien bestehen und allen aus diesen Stoffen hergestellten Gegenständen.

Land, in dem Kohle, Eisen, Manganeisen, Steine oder andere Erze oder Petroleum gefunden wird, sowie Waldgebiete oder anderes Land, das für die Zwecke der Gesellschaft geeignet ist, zu erwerben, zu besitzen, zu mieten, innezuhaben, zu gebrauchen und zu erschließen.

Gruben zu betreiben oder auf andere Weise Kohle, Erze, Steine und Mineralien sowie Holz auf dem von der Gesellschaft besessenen, erworbenen, gemieteten oder erschlossenen Grund und Boden abzubauen oder anderweitig zu gewinnen.

To buy and sell, or otherwise to deal or to traffic in, iron, steel, manganese, copper, stone, ores, coal, coke, wood, lumber and other materials, and any of the products thereof, and any articles consisting, or partly consisting thereof.

To construct bridges, buildings, machinery, ships, boats, engines, cars, and other equipment, railroads, docks, slips, elevators, water works, gas works and electric works, viaducts, aqueducts, canals and other water-ways, and any other means of transportation, and to sell the same, or otherwise to dispose thereof, or to maintain and operate the same, except that the Company shall not maintain or operate any railroad or canal in the State of New Jersey.

To apply for, obtain, register, purchase, lease, or otherwise to acquire, and to hold, use, own, operate and introduce, and to sell, assign, or otherwise to dispose of, any trade-marks, trade names, patents, inventions, improvements and processes used in connection with, or secured under letters patent of the United States, or elsewhere, or otherwise to turn to account any such trade-marks, patents, licenses, processes, and the like, or any such property or rights.

To engage in any other manufacturing, mining, construction or transportation business of any kind or character whatsoever, and to that end to acquire, hold, own and dispose of any and all property, assets, stocks, bonds and rights of any and every kind; but not to engage in any business hereunder which shall require the exercise of the right of eminent domain within the State of New Jersey.

To acquire by purchase, subscription or otherwise, and to hold or dispose of stocks, bonds or any other obligations of any corporation formed for, or then or theretofore engaged in or pursuing any one or more of the kinds of business, purposes, objects or operations above indicated, or owning, or holding any property of any kind herein mentioned; or of any corporation owning or holding the stocks or the obligations of any such corporation.

To hold for investment, or otherwise to use, sell or dispose of,

Den Ankauf und Verkauf oder anderweitigen Handel in Eisen, Stahl, Manganeisen, Kupfer, Steinen, Erzen, Kohle, Koks, Grubenholz, Bauholz und andere Materialien zu betreiben; ebenso in Produkten aus diesen Stoffen oder solchen Sachen, die aus den Produkten ganz oder teilweise hergestellt sind.

Brücken, Gebäude, Maschinen, Schiffe, Fahrzeuge, Motore Wagen und andere Produkte, Eisenbahnen, Docks, Kranen, Wasser Gas- und Elektrizitätswerke, Viadukte, Aquädukte, Kanäle und Wasserwege sowie andere Transportmittel zu bauen; außerdem sie zu verkaufen, anderweitig über sie zu verfügen oder sie zu behalten und sie selber zu betreiben; die Gesellschaft darf nur keine Eisenbahn und keinen Kanal im Staate New Jersey unterhalten [1]).

Handelsmarken, Warenzeichen, Patente, Erfindungen sowie Zusätze und Verfahren, die in Verbindung mit ihnen gebraucht werden, gleichgültig, ob sie in Patentbriefen der Vereinigten Staaten oder sonst verbrieft sind, zu beantragen, zu besitzen, anzumelden, zu kaufen, zu mieten oder anderweitig zu erwerben, sowie innezuhaben, zu gebrauchen, zu Eigentum zu haben, auszunutzen und zu verbreiten, auch zu verkaufen, abzutreten oder anderweitig über sie zu verfügen. Auch darf die Gesellschaft solche Handelsmarken, Patente, Lizenzen, Verfahren und dergleichen Rechte oder Rechtstitel selbst gebrauchen, weiterentwickeln sowie Unterbeteiligungen an ihnen einräumen.

Sich in jedem Zweige der Fabrikation des Bergbaues, des Maschinenbaues oder des Transportgewerbes oder in sonstigen Geschäftszweigen zu betätigen und zu diesem Zwecke alle Arten von Eigentum, Vermögensstücken, Forderungen und Rechten jeder Art zu erwerben; die Gesellschaft soll sich aber unter Berufung auf diese Gründungsurkunde mit keinem Gewerbe befassen dürfen, das das Recht zur Enteignung im Staate New Jersey mit sich bringt.

Durch Kauf, Subskription oder andere Weise Aktien, Bonds oder andere Obligationen einer anderen Gesellschaft zu erwerben, welche zum Betriebe eines der oben genannten Geschäftszweige, Gegenstände oder Zwecke gegründet ist oder sich mit ihnen befaßt oder befaßt hat, oder welche Vermögensstücke der oben erwähnten Arten besitzt oder innehat; auch von solchen Gesellschaften, die Aktien oder Obligationen von Firmen der oben genannten Art innehaben.

Aktien, Bonds oder andere Obligationen solcher Gesellschaften

---

[1]) Also überall, nur nicht im Inkorporierungsstaat.

any stock, bonds or other obligations of any such other corporation; to aid in any manner any corporation whose stock, bonds or other obligations are held or are in any manner guaranteed by the Company, and to do any other acts or things for the preservation, protection, improvement or enchancement of the value of any such stock, bonds or other obligations, or to do any acts or things designed for any such purpose; and, while owner of any such stock, bonds or other obligations, to exercise all the rights, powers and privileges of ownership thereof, and to exercise any and all voting power thereon.

The business or purpose of the Company is from time to time to do any one or more of the acts und things herein set forth; and it may conduct its business in other States and in the Territories and in foreign countries, and may have one office or more than one office, and keep the books of the Company outside of the State of New Jersey, except as otherwise may be provided by law; and may hold, purchase, mortgage and convey real and personal property either in or out of the State of New Jersey.

Without in any particular limiting any of the objects and powers of the corporation, it is hereby expressly declared and provided that the corporation shall have power to issue bonds and other obligations, in payment for property purchased or acquired by it, or for any other object in or about its business; to mortgage or pledge any stocks, bonds or other obligations, or any property which may be acquired by it, to secure any bonds or other obligations by it issued or incurred; to guarantee any dividends or bonds or contracts or other obligations; to make and perform contracts of any kind and description; and in carrying on its business, or for the purpose of attaining or furthering any of the objects, to do any and all other acts and things; and to exercise any and all other powers which a copartnership or natural person could do and exercise, and which now or hereafter may be authorized by law.

IV. The total authorized capital stock of the corporation is

als Anlage zu besitzen, anderweitig zu verwerten, zu verkaufen oder zu veräußern; auch in jeder Weise die Gesellschaften zu unterstützen, deren Aktien, Bonds oder Obligationen sich im Eigentum der Gesellschaft befinden oder von ihr irgendwie garantiert sind, außerdem alle anderen Schritte und Maßnahmen für die Erhaltung, Verbesserung, Beschützung und Förderung des Kurses solcher Aktien, Bonds oder Obligationen zu ergreifen und alle Handlungen und Dinge zu tun, die zu diesem Zweck geeignet sind; solange die Gesellschaft Eigentümerin solcher Aktien, Bonds oder Obligationen ist, alle Rechte, Befugnisse und Privilegien dieser Rechtsstellung auszuüben und alle und jede auf sie entfallenden Stimmrechte auszuüben.

Es ist der Zweck und die Bestimmung der Gesellschaft, je nachdem einige oder mehrere der hierin festgesetzten Befugnisse auszuüben. Sie kann ihren Betrieb auch in anderen Staaten und Territorien sowie in fremden Ländern ausüben; sie kann einen oder mehrere Orte der Verwaltung haben und ihre Bücher auch außerhalb des Staates New Jersey führen, es sei denn, daß besondere gesetzliche Bestimmungen entgegenstehen. Sie kann liegendes und bewegliches Vermögen sowohl innerhalb des Staates New Jersey als auch außerhalb desselben zu Eigentum haben, kaufen, verpfänden und veräußern.

Ohne hierdurch die Befugnisse und Zwecke der Gesellschaft irgendwie schmälern zu wollen, wird hierdurch ausdrücklich bestimmt und vorgesehen, daß die Gesellschaft die Befugnis haben soll, Bonds und andere Obligationen auszugeben, und zwar sowohl als Gegenleistung für Vermögensstücke, die sie gekauft oder erworben hat, als auch für andere Zwecke ihres Unternehmens oder für solche Zwecke, die mit diesem im Zusammenhang stehen; sie kann alle Aktien, Bonds oder andere Obligationen oder andere Vermögensstücke, die sie erwirbt, verpfänden oder zur Sicherheit übereignen, um ihre eigenen Bonds und Obligationen, die sie ausgegeben hat, oder andere Verpflichtungen, die sie eingegangen ist, zu sichern; die Garantie für Dividenden, Bonds oder vertragliche Verpflichtungen oder andere Verbindlichkeiten zu übernehmen; Verträge jeder Art und jeden Inhalts abzuschließen; alle anderen Rechtsgeschäfte und Handlungen, die beim Betriebe ihres Unternehmens vorkommen oder für ihre Zwecke oder die Förderung ihres Betriebes nützlich sind, vorzunehmen. Alle und jede Befugnisse auszuüben, die eine oder mehrere natürliche Personen ausüben und wahrnehmen können und die sich jetzt oder später mit den Gesetzen vereinbaren lassen.

IV. Das gesamte autorisierte Grundkapital der Gesellschaft

three thousand dollars, divided into thirty shares of the par value of one hundred dollars each. Of such total authorized capital stock, fifteen shares, amounting to fifteen hundred dollars, shall be preferred stock, and fifteen shares, amounting to fifteen hundred dollars, shall be common stock. From time to time, the preferred stock and the common stock may be increased according to the law, and may be issued in such amounts and proportions as shall be determined by the board of directors, and as may be permitted by law.

The holders of the preferred stock shall be entitled to receive when and as declared, from the surplus or net profits of the corporation, yearly dividends at the rate of seven per centum per annum, and no more, payable quarterly, on dates to be fixed by the by-laws. The dividends on the preferred stock shall be cumulative, and shall be payable before any dividend on the common stock shall be paid or set apart; so that, if in any year dividends amounting to seven per cent, shall not have been paid thereon, the deficiency shall be payable before any dividends shall be paid upon or set apart for the common stock. Whenever all cumulative dividends on the preferred stock for all previous years shall have been declared and shall have become payable, and the accrued quarterly installments for the current year shall have been declared, and the company shall have paid such cumulative dividends for previous years and such accrued quarterly installments, or shall have set aside from its surplus or net profits a sum sufficient for the payment thereof, the Board of Directors may declare dividends on the common stock, payable then or thereafter, out of any remaining surplus or net profits.

In the event of any liquidation or dissolution or winding up (whether voluntary or involuntary) of the corporation, the holders of the preferred stock shall be entitled to be paid in full both the par amount of their shares, and the unpaid dividends accrued thereon before any amount shall be paid to the holders of the common stock; and after the payment to the holders of the preferred stock of its par value, and the unpaid accrued dividends thereon, the remaining assets and funds shall be divided and paid to the holders of the common stock according to their respective shares.

V. The names and post-office addresses of the incorporators and the number of shares of stock for which severally and respectively we do hereby subscribe (the aggregate of our said subscriptions,

beträgt dreitausend Dollars, eingeteilt in dreißig Aktien zu je einhundert Dollars. Von diesem Grundkapital sollen fünfzehn Aktien zu insgesamt fünfzehnhundert Dollars Vorzugsaktien sein und fünfzehn Aktien zu insgesamt fünfzehnhundert Dollars sollen Stammaktien sein. Nach Maßgabe der bestehenden Gesetze sollen die Stammaktien und die Vorzugsaktien vermehrt werden, und zwar sollen sie jeweils in der Höhe und dem Verhältnis ausgegeben werden, das der board of directors bestimmt, vorausgesetzt, daß es sich mit den Gesetzen vereinbaren läßt.

Die Vorzugsaktionäre haben ein Recht darauf, daß aus dem Überschuß oder Reingewinn der Gesellschaft jährlich sieben Prozent, aber nicht mehr, Dividende erklärt und ihnen vierteljährlich zu den in den by-laws zu bestimmenden Terminen ausgezahlt werden. Die Dividende für die Vorzugsaktien soll kumulativ sein und soll gezahlt werden, ehe überhaupt eine Dividende auf die Stammaktien gezahlt oder für diese bereit gestellt werden darf; das soll derart geschehen, daß, wenn in einem Jahr die sieben Prozent nicht gezahlt werden, der rückständige Betrag gezahlt werden muß, bevor irgendwelche Dividenden auf die Stammaktien ausgeschüttet oder erklärt werden dürfen. Wenn alle kumulative Dividende auf die Vorzugsaktien für alle vorhergehenden Jahre erklärt und zahlbar geworden ist, und die vierteljährlichen Zahlungen für das laufende Jahr erklärt sind und die Gesellschaft die kumulative Dividende für vergangene Jahre sowie die fällig gewordenen vierteljährlichen Raten gezahlt hat oder aus ihrem Überschuß oder ihrer Reineinnahme einen für diese Zahlungen ausreichenden Betrag bereit gestellt hat, können die Direktoren aus dem dann noch zur Verfügung stehenden Überschuß oder Reingewinn auf die Stammaktien Dividende erklären, zahlbar gleich oder später.

Im Falle der Liquidation, Auflösung oder Beendigung der Gesellschaft (freiwilliger oder gezwungener) haben die Vorzugsaktionäre ein Recht, den vollen Nennbetrag ihrer Aktien sowie sämtliche aufgelaufenen Zinsrückstände zu verlangen, bevor irgend etwas an die Stammaktionäre ausgezahlt werden darf. Nachdem die Vorzugsaktionäre mit dem Nennbetrag ihrer Aktien und den rückständigen Zinsbeträgen abgefunden sind, können die restlichen Werte und Vermögensstücke an die Stammaktionäre im Verhältnis ihrer Anteile verteilt werden.

V. Namen und Postadressen der Gründer und die Anzahl der Aktien, die jeder von ihnen für sich hiermit zeichnet (wobei der Gesamtbetrag der Zeichnungen, dreitausend Dollars, das Grund-

being three thousand dollars, is the amount of capital stock with which the corporation will commence business) are as follows:

Name	Post Office Address	Number of Shares Preferred Stock	Number of Shares Common Stock
Charles C. Cluff	51 Newark Street, Hoboken, New Jersey	5	5
William J. Curtis	Dito	5	5
Charles MacVeagh	Dito	5	5

VI. The duration of the corporation shall be perpetual.

VII. The number of directors of the company shall be fixed from time to time by the by-laws; but the number if fixed at more than three, shall be some multiple of three. The directors shall be classified with respect to the time for which they shall severally hold office by dividing them into three classes, each consisting of one-third of the whole number of the Board of Directors. The directors of the first class shall be elected for a term of one year; the directors of the second class for a term of two years; and the directors of the third class for a term of three years; and at each annual election the successors to the class of directors whose terms shall expire in that year shall be elected to hold office for the term of three years, so that the term of office of one class of directors shall expire in each year.

The number of the directors may be increased as may be provided in the by-laws. In case of any increase of the number of the directors the additional directors shall be elected as may be provided in the by-laws, by the directors or by the stockholders at an annual or special meeting; and one-third of their number shall be elected for the then unexpired portion of the term of the directors of the first class, — one-third of their number for the unexpired portion of the term of the directors of the second class, and one-third of their number for the unexpired portion of the term of the directors of the third class, so that each class of the directors shall be increased equally.

In case of any vacancy in any class of directors through death, resignation, disqualification or other cause, the remaining directors, by affirmative vote of a majority of the Board of Directors, may elect a successor to hold office for the unexpired portion of the term

kapital beträgt, mit dem die Gesellschaft ihren Betrieb eröffnen will), sind folgende:

Name	Adresse	Zahl der Aktien Vorzugs-	Stamm- aktien
Charles C. Cluff	51 Newark Street Hoboken, New Jersey	5	5
William J. Curtis	Dito	5	5
Carles MacVeagh	Dito	5	5

VI. Die Dauer der Gesellschaft soll ewig sein.

VII. Die Zahl der Direktoren soll von Zeit zu Zeit durch die by-laws festgesetzt werden. Wird die Zahl auf mehr als drei festgesetzt, so soll sie ein vielfaches von drei betragen. Die Direktoren sollen im Hinblick auf die jeweilige Amtsdauer in drei Klassen eingeteilt werden, von denen jede ein Drittel der Gesamtzahl der Direktoren umfaßt. Die Direktoren der ersten Klasse sollen alle auf ein Jahr gewählt werden. Die Direktoren der zweiten Klasse sollen alle für zwei Jahre gewählt werden. Und die Direktoren der dritten für drei Jahre. Bei jeder der nächsten alljährlich stattfindenden Wahlen sollen die Nachfolger der Direktoren derjenigen Klasse gewählt werden, deren Amtszeit in dem Jahr abläuft, und zwar soll die Wahl dann auf drei Jahre erfolgen, so daß jeweils eine Klasse der Direktoren jährlich ausscheidet.

Die Zahl der Direktoren kann nach Maßgabe der durch die by-laws getroffenen Bestimmungen erhöht werden. Jedesmal, wenn die Zahl der Direktoren erhöht wird, sollen die neuen Direktoren nach Maßgabe der Bestimmungen der by-laws von den Direktoren oder der Aktionärversammlung in einer ordentlichen oder außerordentlichen Aktionärversammlung gewählt werden. Ein Drittel soll dann gewählt werden für die noch nicht vrstrichene Amtszeit der Direktoren der ersten Klasse, ein Drittel für die noch nicht verstrichene Amtszeit der Direktoren der zweiten Klasse und ein Drittel für die noch nicht verstrichene Amtszeit der Direktoren der dritten Klasse, so daß jede Klasse der Direktoren einen gleich hohen Zuwachs erhält.

Sollte der Platz eines Direktors durch Tod, Rücktritt, Disqualifizierung oder aus anderen Gründen vorzeitig frei werden, können die restlichen Direktoren durch Mehrheitsbeschluß des board of directors einen Nachfolger wählen, der die Stellung des ausgeschie-

of the director whose place shall be vacant, and until the election of a successor.

The Board of Directors shall have power to hold their meetings outside of the State of New Jersey at such places as from time to time may be designated by the by-laws or by resolution of the Board. The by-laws may prescribe the number of directors necessary to constitute a quorum of the Board of Directors, which number may be less than a majority of the whole number of Directors.

Unless authorized by votes given in person or by proxy by stockholders holding at least two-thirds of the capital stock of the corporation, which is represented and voted upon in person or by proxy at a meeting specially called for that purpose or at an annual meeting, the Board of Directors shall not mortgage or pledge any of its real property, or any shares of the capital stock of any other corporation; but this prohibition shall not be construed to apply to the execution of any purchase-money mortgage or any other purchase-money lien.

Any officer elected or appointed by the Board of Directors may be removed at any time by the affirmative vote of a majority of the whole Board of Directors. Any other officer or employee of the Company may be removed at any time by vote of the Board of Directors, or by any committee or superior officer upon whom such power of removal may be conferred by the by-laws or by vote of the Board of Directors.

The Board of Directors, by the affirmative vote of a majority of the whole board, may appoint from the directors an executive committee, of which a majority shall constitute a quorum; and to such extent as shall be provided in the by laws, such committee shall have and may exercise all or any of the powers of the Board of Directors, including power to cause the seal of the corporation to be affixed to all papers that may require it.

The Board of Directors, by the affirmative vote of a majority of the whole board, may appoint any other Standing Committee, and such Standing Committees shall have and may exercise such powers as shall be conferred or authorized by the by-laws.

The Board of Directors may appoint not only other officers of the Company, but also one or more vice-presidents, one or more assistant treasurers and one or more assistant secretaries; and, to the extent provided in the by-laws, the persons so appointed respecti-

denen Direktors für die noch nicht verbrauchte Amtszeit innehaben soll bis zur Neuwahl eines Nachfolgers.

Der board of directors soll das Recht haben, seine Versammlungen außerhalb des Staates New Jersey abzuhalten und zwar an dem durch die by-laws oder Beschluß des board festgesetzten Ort. Die by-laws können eine Mindestzahl vorschreiben als Quorum für Beschlüsse des board, und zwar darf diese Zahl geringer sein als die Hälfte der Gesamtzahl der Direktoren.

Der board of directors hat nicht das Recht, Liegenschaften oder Aktienbeteiligungen an anderen Gesellschaften, die der Gesellschaft gehören, mit einer Hypothek zu belasten oder sie zu verpfänden, wenn nicht auf einer ordentlichen oder einer besonders zu diesem Zweck berufenen außerordentlichen Generalversammlung mindestens zwei Drittel der Aktionäre, die persönlich anwesend oder durch Vertreter vertreten waren und sich an der Abstimmung beteiligt haben, sie dazu ermächtigt haben; dieses Verbot soll so ausgelegt werden, daß es keine Anwendung findet auf Restkaufgeldhypotheken und Pfänder für Restkaufgelder.

Jeder vom board of directors angestellte Beamte kann jederzeit durch Mehrheitsbeschluß des ganzen board abgesetzt werden. Jeder andere Beamte oder Angestellte der Gesellschaft kann jederzeit auf Beschluß des board of directors oder eines anderen Kollegiums oder durch Anordnung eines anderen leitenden Beamten, auf den diese Absetzungsbefugnis durch die by-laws oder einen Beschluß des board of directors übertragen ist, abgesetzt werden.

Der board of directors kann mit Stimmenmehrheit aller Mitglieder aus dem Kreise der Direktoren einen Arbeitsausschuß bestellen, in dessen Kreise jeweils die Mehrheit ein Quorum bildet. Und nach Maßgabe der näheren Bestimmungen in den by-laws soll dieser Arbeitsausschuß alle Befugnisse und Rechte des board of directors haben, einschließlich des Rechtes, das Siegel unter alle Urkunden setzen zu lassen, bei denen das erforderlich ist.

Der board of directors kann durch Mehrheitsbeschluß aller seiner Mitglieder andere ständige Ausschüsse einsetzen, und diese ständigen Ausschüsse sollen die Rechte und Befugnisse haben, die ihnen übertragen oder durch die by-laws zugewiesen sind.

Der board of directors kann nicht nur andere Beamte der Gesellschaft einsetzen, sondern auch einen oder mehrere Vizepräsidenten, einen oder mehrere Hilfsschatzmeister sowie einen oder mehrere Hilfsschriftführer, und in dem durch die by-laws bestimmten Um-

vely shall have and may exercise all the powers of the president, of the treasurer and of the secretary, respectively.

The Board of Directors shall have power from time to time to fix and to determine and to vary the amount of the working capital of the Company; and to direct and determine the use and disposition of any surplus or net profits over and above the capital stock paid in; and in its discretion the Board of Directors may use and apply any such surplus or accumulated profits in purchasing or acquiring its bonds or other obligations, or shares of its own capital stock, to such extent and in such manner and upon such terms as the Board of Directors shall deem expedient; but shares of such capital stock so purchased or acquired may be resold, unless such shares shall have been retired for the purpose of decreasing the Company's capital stock as provided by law.

The Board of Directors from time to time shall determine whether and to what extent, and at what times and places, and under what conditions and regulations, the accounts and books of the corporation, or any of them, shall be open to the inspection of the Stockholders, and no Stockholder shall have any right to inspect any account or book or document of the corporation, except as conferred by Statute or authorized by the Board of Directors, or by a resolution of the Stockholders.

Subject always to by-laws made by the Stockholders, the Board of Directors may make by-laws, and, from time to time, may alter, amend or repeal any by-laws; but any by-laws made by the Board of Directors may be altered or repealed by the Stockholders, at any annual meeting, or at any special meeting, provided notice of such proposed alteration or repeal be included in the notice of the meeting.

In Witness whereof, we have hereunto set our hands and seals the 23rd day of February, 1901.

Charles C. Cluff (L. S.)
William J. Curtis (L. S.)
Charles MacVeagh (L. S.)

Signed, sealed and delivered
in the presence of
Francis Lynde Stetson.
Victor Morawetz.

fang sollen die auf diese Weise bestimmten Personen jeweils alle Befugnisse des Präsidenten, des Schatzmeisters und des Schriftführers ausüben.

Der board of directors soll das Recht haben, jeweils das Grundkapital festzusetzen, zu bestimmen und zu ändern, auch soll er über die Verwendung und Zweckbestimmung des Reingewinnes und des über pari eingezahlten Grundkapitals bestimmen.

Es ist in das Ermessen des board of directors gestellt, Überschüsse und angesammelte Einnahmen zum Ankauf und Erwerb von Bonds und anderen Obligationen der Gesellschaft sowie von ihren eigenen Aktien zu verwenden, jeweils in dem Umfang, in der Weise und unter den Bedingungen, die der board of directors für ratsam hält. Eigene Aktien, die auf diese Weise erworben oder gekauft sind, können wieder veräußert werden, es sei denn, daß sie in der gesetzlich vorgeschriebenen Weise zum Zweck der Herabsetzung des Grundkapitals eingezogen sind.

Der board of directors soll von Zeit zu Zeit festsetzen, ob, in welchem Umfange, an welchem Ort und zu welcher Zeit, auch unter welchen Bedingungen und Umständen die Geschäftspapiere und Bücher der Gesellschaft ganz oder teilweise zur Einsicht durch die Aktionäre ausgelegt werden sollen. Kein Aktionär soll das Recht haben, irgendwelche Geschäftspapiere, Bücher oder Unterlagen der Gesellschaft einzusehen, wenn es ihm nicht durch das Statut, durch Beschluß des board of directors oder durch Beschluß der Aktionärversammlung eingeräumt ist.

Unbeschadet des Rechtes der Aktionärversammlung, by-laws zu machen, kann der board of directors by-laws machen, auch sie jeweils ändern, ergänzen oder widerrufen. Jedoch können alle by-laws, die der board of directors beschlossen hat, von der Aktionärversammlung widerrufen oder geändert werden, und zwar auf jeder ordentlichen oder außerordentlichen Aktionärversammlung, in der letzteren aber nur, wenn in der Einladung zu der Versammlung ein Hinweis auf die ins Auge gefaßte Änderung oder Aufhebung enthalten war.

Zur Genehmigung alles Vorstehenden haben wir hier eigenhändig unterschrieben und gesiegelt, so geschehen am 23. Februar 1901.

Charlse C. Cluff (L. S.)
William J. Curtis (L. S.)
Charles Macveagh (L. S.)

Unterschrieben, gesiegelt
und ausgetauscht
Francis Lynde Stetson.
Victor Morawetz.

State of New Jersey, }
County of Hudson. } ss:

Be it remembered that on this 23rd day of February, 1901, before the undersigned, personally appeared Charles C. Cluff, William J. Curtis and Charles MacVeagh, who, I am satisfied, are the persons named in and who executed the foregoing certificate; and I having first made known to them, and to each of them, the contents thereof, they did each acknowledge that they signed, sealed and delivered the same as their voluntary act and deed.

Geo. Holmes,
Master in Chancery of New Jersey.

(10 I. R. Stamp Can.)
Endorsed:
Received in the Hudson Co., N. J. Clerk's Office February 25 th A. D. 1901, and Recorded in Clerks Record, No. . . . . on Page . . . .

Maurice J. Stack.
Clerk.«

»Filed Feb. 25, 1901.
»George Wurts,
»Secretary of State.«

2.

Extract from the Statute of the Standard Oil Company

(Concerning the Powers of Directors.)

In furtherance and not in limitation of the powers conferred by statuts, the board of directors is expressly authorized:

a) To make and alter the by-laws of this corporation, without any action on the part of the stockholders, but the by-laws made by the directors and the powers so conferred may be altered or repealed by the directors or stockholders.

b) To fix, determine, and vary the amount to be maintained as surplus, and subject to the other provisions and requirements of this certificate of incorporation the amount or amounts to be set apart or reserved as working capital.

Staat New Jersey } ss
Kreis Hudson.

Zum ewigen Gedächtnis bescheinige ich, daß heute, am 23. Februar 1901, vor dem Unterzeichneten erschienen in Person die Herren Charles C. Cluff, William J. Curtis und Charles MacVeagh, die sich zu meiner Zufriedenheit über ihre Person ausgewiesen haben und die vorstehende Urkunde vollzogen haben; ich habe zunächst allen und jedem den Inhalt derselben verlesen, dann haben die Erschienenen denselben genehmigt, unterschrieben, gesiegelt und als freiwilliges bindendes Rechtsgeschäft eingereicht.

Geo Holmes
Master in Chancery of New Jersey.

(10 I. R. Stempel entwertet.)

Vermerk auf der Rückseite: Eingegangen bei der Geschäftsstelle der Verwaltung des Kreises Hudson, N. J., am 25. Februar 1901 und registriert im Verzeichnis unter Nr .... auf Seite ....

Maurice J. Stack.
Bürobeamter.

Eingetragen am 25. Februar 1901
George Wurts,
Secretary of State.

2.

Auszug aus der Satzung der Standard Oil Company (betreffend die Befugnisse der Direktoren.)

In Erweiterung, nicht in Beschränkung der Befugnisse, die den Direktoren durch Gesetz übertragen sind, wird ausdrücklich bestimmt, daß der board of directors folgende Rechte haben soll:

a) Ohne Mitwirkung der Aktionäre by-laws für die Gesellschaft aufzustellen und zu ändern; jedoch sollen die von den Direktoren aufgestellten by-laws und die von ihnen an andere übertragenen Befugnisse jeweils von den Direktoren oder Aktionären widerrufen oder geändert werden können.

b) Die Höhe des Reservefonds festzusetzen, zu bestimmen und zu ändern und in Übereinstimmung mit den anderen Bestimmungen und Vorschriften dieser Gründungsurkunde die Beträge festzusetzen, die als Betriebskapital zu verwenden und beiseite zu stellen sind.

c) By resolution passed by a majority of the whole board, to designate three or more of their number to constitute an executive committee, which committee, to the extent provided in said resolution or in the by-laws of this corporation, shall have and exercise (except when the board of directors shall be in session) any and all of the powers of the board of directors and the management of the business and affairs of this corporation and have power, to authorize the seal of this corporation to be affixed to all papers which may require it.

d) To authorize and cause to be executed mortgages and liens, without limit as to amount, on the real and personal property of this corporation.

e) To sell, exchange, assign, convey or otherwise dispose of a part of the property, assets and effects of this corporation less than the whole or less than substantially the whole thereof, on such terms and conditions as they shall deem advisable without the assent of the stockholders in writing or otherwise.

f) With the consent in writing of, or pursuant to a vote of, the holders of a majority of the number of shares of capital stock issued and outstanding to sell, exchange, assign, transfer and convey or otherwise dispose of the whole of the property, assets, effects and good will of this corporation (including the corporate franchise and other intangible property of this corporation) upon such terms and conditions as the board of directors shall deem expedient and for the best interests of this corporation.

g) From time to time to determine whether and to what extent and at what time and place and under what conditions and regulations the accounts and books of this corporation, or any of them, shall be open to the inspection or any stockholder; and no stockholder shall have any right to inspect any account, book or document of this corporation except as conferred by statute or the by laws or as authorized by resolution of the stockholders or board of directors.

c) Durch Mehrheitsbeschluß des boards einen Ausschuß von drei Mitgliedern zu wählen. Dieser Ausschuß soll nach Maßgabe des ihn einsetzenden Beschlusses oder der by-laws zu den Zeiten, in denen der board nicht zusammengetreten ist, alle Befugnisse des board of directors haben und soll die Leitung der Geschäfte und Angelegenheiten der Gesellschaft in Händen haben; außerdem soll er das Recht haben, das Siegel der Gesellschaft unter alle Urkunden setzen zu lassen, bei denen das erforderlich ist.

d) Ohne Beschränkung im Betrage an dem beweglichen und unbeweglichen Vermögen der Gesellschaft Hypotheken und Pfänder einzuräumen und zu bestellen.

e) Über Vermögensstücke und Guthaben der Gesellschaft zu verfügen, sie zu verkaufen, zu vertauschen, abzutreten und zu veräußern, vorausgesetzt, daß diese Vermögensstücke nicht das ganze oder fast ganze Vermögen der Gesellschaft ausmachen, und zwar unter solchen Umständen und Bedingungen, wie es ihnen gut scheint, ohne die schriftliche oder sonstige Zustimmung der Aktionäre einholen zu müssen.

f) Mit schriftlicher Zustimmung der Aktionäre oder auf einen Beschluß der Aktionärversammlung hin, das gesamte oder fast das gesamte Vermögen der Gesellschaft einschließlich ihres Eigentums, ihrer Forderungen und ihres goodwill und der Inkorporierungsprivilegien sowie der anderen nicht faßbaren Güter der Gesellschaft zu verkaufen, zu vertauschen, abzutreten, zu übertragen, zu veräußern oder sonst über sie zu verfügen, und zwar zu den Bedingungen und unter den Umständen, die dem board of directors im Interesse der Gesellschaft ratsam erscheinen.

g) Von Zeit zu Zeit festzusetzen, ob, in welchem Umfang, zu welcher Zeit und an welchem Ort, sowie unter welchen Bedingungen und näheren Umständen die Geschäftspapiere und Bücher der Gesellschaft ganz oder teilweise für die Nachprüfung durch die Aktionäre zur Verfügung stehen; kein Aktionär soll das Recht haben, die Geschäftspapiere, Bücher oder Unterlagen der Gesellschaft einzusehen, außer in dem durch die Satzung festgelegten oder durch die by-laws festgesetzten Umfang, oder wenn ihn ein besonderer Beschluß der Aktionärversammlung oder des board of directors dazu ermächtigt.

3.

Extract from the Ohio General Corporation Act, 1927.

Section 8.

Every corporation of this state, heretofore or hereafter organized, shall have the capacity possessed by natural persons to perform all acts, within or without this state.

Subject to any limitations or restrictions which may be imposed thereon by the articles, every corporation shall have authority to

Sue and be sued, contract and be contracted with;

Adopt, use, and at will alter a common seal (but failure to affix a seal shall not affect the validity of any instrument);

Purchase, acquire, hold, convey, lease, mortgage or dispose of property, real or personal, tangible or intangible;

Borrow money and issue, sell or pledge bonds, promissory notes, bills of exchange, debentures, and other obligations and evidences of indebtedness payable at a specified time or times, or payable upon the happening of a specified event or events, whether secured by mortgage, pledge or otherwise, or unsecured;

Purchase, acquire, guarantee, hold and dispose of the shares, bonds and other evidences of indebtedness, or contracts of any corporation, domestic or foreign;

Do all acts permitted by this act and all such further acts as are necessary, convenient or expedient to accomplish its stated purposes.

The articles of incorporation shall constitute an agreement by the directors and officers with the corporation to those arts which are authorized by the statement of purposes and within such limitations and restrictions as may be imposed by the articles.

No limitation on the exercise of the authority of the corporation shall be asserted in any action between the corporation and any person, except by or on behalf of the corporation against a director or an officer or a person having actual knowledge of such limitation.

3.

Auszug aus der Ohio General Corporation Act von 1927.

§ 8.

Jede corporation in diesem Staate, gleichgültig, ob sie vor oder nach Erlaß dieses Gesetzes gegründet ist, soll dieselbe Fähigkeit haben wie natürliche Personen, innerhalb und außerhalb dieses Staates zu handeln.

Vorbehaltlich aller Begrenzungen und Beschränkungen, die der Inhalt der Gründungsurkunde der Gesellschaft auferlegt, soll diese das Recht haben

zu klagen und verklagt zu werden, sowie Verträge abzuschließen;

ein Siegel anzunehmen, zu gebrauchen und zu ändern (jedoch soll es die Gültigkeit einer Urkunde nicht berühren, wenn das Siegel fehlt);

jede Art von Eigentum, Sachen oder Rechten, zu kaufen, zu erwerben, zu besitzen, zu übertragen, zu vermieten, zu verpfänden oder zu veräußern;

Geld zu leihen oder Bonds, Wechsel, Anweisungen, Obligationen und andere Verpflichtungsurkunden auszugeben, zu veräußern oder zu verpfänden, die zu einer bestimmten Zeit oder unter einer bestimmten Bedingung zahlbar sind, und zwar ungesicherte und durch Hypothek, Pfand oder sonst gesicherte;

Aktien, Obligationen und andere Schuldurkunden einer anderen inländischen oder ausländischen Gesellschaft zu kaufen, zu erwerben, zu garantieren, zu besitzen und zu veräußern;

alle Handlungen, die dieses Gesetz erlaubt, und alle sonstigen Handlungen, die für den satzungsmäßigen Zweck der Gesellschaft notwendig, förderlich oder nützlich sind, auszuführen.

Die Gründungsurkunde soll ein besonderes Abkommen zwischen der Gesellschaft und ihren Direktoren und Beamten enthalten, daß diese für die Gesellschaft nur solche Akte vornehmen, die innerhalb des Gegenstands des Unternehmens liegen und nicht die durch die Satzung gezogenen Grenzen und Beschränkungen überschreiten.

In einem Rechtsstreit zwischen der Gesellschaft und einem Dritten kann sich niemand darauf berufen, daß die Gesellschaft ihre Handlungsfähigkeit überschritten habe; dies ist nur zulässig zugunsten der Gesellschaft in einem Rechtsstreit zwischen ihr und einem Direktor oder Angestellten oder einem Dritten, dem die Beschränkung der Handlungsfähigkeit bekannt war.

Section 9.

The filing and recording of articles and other certificates pursuant to this act is required for the purpose of affording all persons the opportunity of acquiring knowledge of the contents thereof, but no person dealing with a corporation shall be charged with constructive notice of the contents of any such articles or paper by reason of such filing or recording.

4.

Extract from the Statute of the Tide Water Associated Oil Company [1]) Concerning Preferred Stock.

6. So long as any of the preferred stock shall be outstanding, the corporation shall not mortgage any of its fixed assets or pledge any of the shares of stock owned by it in any affiliated company or any subsidiary company (said term subsidiary company to include any company in which the corporation owns a majority of the issued voting stock), unless authorized so to mortgage or pledge by vote or written consent of the holders of two-thirds in amount of the preferred stock then outstanding; but this prevision shall not apply to purchase money mortgages or property acquired subject to mortgage.

7. The preferred stock may be redeemed in whole or in part on any quarterly dividend payment date, at the option of the board of directors upon not less than sixty days' prior notice to the holders of record of the preferred stock, published, mailed and given in such manner and form and on such other terms and conditions as may be prescribed by the by-laws or by resolution of the board of directors, by payment in cash for each share of the preferred stock to be redeemed of one hundred and five per centum (105%) of the par amount thereof and in addition thereto all unpaid dividends accrued on such share. If less than all the outstanding shares are to be redeemed, such redemption may be made by lot or pro rata as may be prescribed by resolution of the board of directors. From and after the date fixed in any such notice as the date of redemption (unless default shall be made by the corporation in the payment of the redemption price), all dividends on the preferred stock thereby called for redemption shall cease to accrue and all rights of the holders thereof

[1]) Zitiert nach Ballantine a. a. O. S. 441.

§ 9.

Die Anmeldung und Eintragung der Satzung und sonstigen von diesem Gesetz verlangten Urkunden ist erforderlich, damit jedermann Gelegenheit hat, von ihrem Inhalt Kenntnis zu nehmen; es wird aber niemals unterstellt, jemand habe Kenntnis von der Satzung oder den erwähnten Urkunden gehabt, nur weil sie angemeldet und eingetragen sind.

4.

Die Bestimmungen der Satzung der Tide Water Associated Oil Company über den preferred stock. (Auszug).

6. Solange noch irgendwelche Vorzugsaktien ausstehen, soll die Gesellschaft keine Hypotheken an ihren Liegenschaften bestellen, noch soll sie irgendwelche Aktien von abhängigen oder Tochtergesellschaften (wobei unter Tochtergesellschaften all diejenigen Gesellschaften zu verstehen sind, in denen die Gesellschaft die Mehrheit der stimmberechtigten Aktien besitzt) verpfänden, es sei denn, daß die Hypothekenbestellung oder die Verpfändung durch Beschluß der Generalversammlung oder durch schriftliche Zustimmungserklärung von zwei Dritteilen der dann ausstehenden Vorzugsaktien beschlossen worden ist; dies Verbot bezieht sich jedoch nicht auf Restkaufgeldhypotheken und Restkaufgeldpfänder.

7. Nach Wahl des board of directors kann der preferred stock ganz oder teilweise zu jedem der vierteljährlichen Dividendenzahlungstermine zurückgekauft werden, vorausgesetzt, daß dem im Aktienbuch verzeichneten Inhaber des preferred stock mindestens sechzig Tage vorher ordnungsmäßig durch öffentliche Ankündigung, birefliche Benachrichtigung oder sonst in einer Form, Art und Weise, die die by-laws oder ein Beschluß der Direktoren vorschreibt, gekündigt worden ist. Für jede Vorzugsaktie, die so zurückgekauft wird, müssen in bar 105% ihres Nennwerts und alle auf sie rückständigen, nicht bezahlten Dividenden ausgezahlt werden. Wenn nur ein Teil der ausstehenden Vorzugsaktien zurückgekauft werden soll, so können die zurückzukaufenden entweder durch das Los ausgewählt werden oder, wenn es die Direktoren so beschließen, kann jede einzelne Aktie anteilig zurückgekauft werden. Für die Zeit nach dem in der Kündigung als Rückkaufstermin bezeichneten Zeitpunkt sollen für die aufgerufenen Aktien keine Dividenden

as stockholders of the corporation, except the right to receive the redemption price, shall cease and determine. Any purchase by the corporation of shares of its preffered stock shall not be made at prices in excess of said redemption price.

8. Except as otherwise required by the statutes of the state of Delaware and as herein otherwise provided, the holders of the common stock shall exclusively possess voting power for the election of directors and for all other purposes, and the holders of the preferred stock shall have no voting power; provided, however, that in case the corporation shall be in default in respect to the declaration and payment of full regular quarterly dividends on the preferred stock for four quarterly dividend periods, then and in every such case the holders of the preferred stock, until such default shall have been cured by the payment of dividends, shall have the right to vote at all meetings of stockholders for the election of directors and for all other purposes; but if all such accrued unpaid dividends shall be paid by the corporation at any time, then and thereupon all power of the holders of the preferred stock to vote as in this paragraph provided shall cease, subject, however, to being again revived upon any such subsequent failure of the corporation in respect of four quarterly dividend periods to declare and pay the full dividend on the preferred stock. The holders of the preferred stock shall not be entitled to notice of any meeting of stockholders, except when they shall have the right to vote thereat as herein provided.

mehr erwachsen, es sei denn daß der Rückkaufspreis nicht entrichtet ist, und alle Rechte der betroffenen Vorzugsaktionäre, abgesehen von dem Recht auf den Rückkaufspreis, sollen endigen und aufhören. Die Gesellschaft darf keine Vorzugsaktien zu einem Preise kaufen, der den oben genannten Rückkaufspreis übersteigt.

8. Von denjenigen Fällen abgesehen, in denen die Gesetze von Delaware oder die Bestimmungen dieses Statuts etwas anderes vorsehen, sollen bei der Wahl von Direktoren und für alle anderen Zwecke die Stammaktionäre das ausschließliche Stimmrecht haben. Die Inhaber von Vorzugsaktien sollen kein Stimmrecht haben. Hiervon gilt jedoch eine Ausnahme: wenn die Gesellschaft mit der Ausschüttung und Auszahlung der vollen vorgesehenen Vierteljahrsdividende auf die Vorzugsaktien hintereinander an vier der vierteljährlichen Zahlungstermine in Verzug kommt, sollen jedesmal die Vorzugsaktionäre das Recht haben, in den Aktionärversammlungen bei der Wahl von Direktoren und bei allen anderen Abstimmungen mitzustimmen. Wenn aber die angewachsenen Dividenden von der Gesellschaft zu irgend einer Zeit bezahlt werden, sollen alle Stimmrechtsbefugnisse, die dieser Abschnitt den Vorzugsaktionären einräumt, aufhören. Sie leben erst dann wieder auf, wenn die Gesellschaft in der dargestellten Weise viermal an den vierteljährlichen Zahlungsterminen nicht die für die Vorzugsaktien vorgesehene Dividende erklärt und auszahlt. Die Vorzugsaktionäre haben nicht das Recht, zu den Aktionärversammlungen der Gesellschaft eingeladen zu werden, es sei denn, daß ihnen nach den Bestimmungen dieses Abschnitts das Recht zusteht, in ihnen mitzustimmen.

FSC
www.fsc.org
MIX
Papier | Fördert gute Waldnutzung
FSC® C083411

Kolibri 360 GmbH
Ferdinand-Jühlke-Straße 7
99095 Erfurt, Deutschland
produktsicherheit@kolibri360.de